MIT ARBEITSHILFEN ONLINE

Burnout

Ihre Arbeitshilfen online:

- Checklisten
- Gesprächsleitfäden
- Betriebsvereinbarungen

Und so geht's:

- einfach unter www.haufe.de/arbeitshilfen den Buchcode eingeben
- Oder direkt über Ihr Smartphone bzw. Tablet auf die Website gehen

Buchcode: 7SZ-P56V

www.haufe.de/arbeitshilfen

Burnout

Burnout

Präventionsstrategien und Handlungsoptionen für Unternehmen

Julia Scharnhorst

1. Auflage

Haufe Gruppe
Freiburg · München

Bibliographische Information der Deutschen Nationalbibliothek
Die Deutsche Nationalbibliothek verzeichnet diese Publikation in der Deutschen Nationalbibliographie; detaillierte bibliographische Daten sind im Internet über http://www.dnb.de abrufbar.

Print: ISBN: 978-3-648-03034-9 Bestell-Nr.: 01334-0001
EPUB: ISBN: 978-3-648-03034-9 Bestell-Nr.: 01334-0100
EPDF: ISBN: 978-3-648-03036-3 Bestell-Nr.: 01334-0150

Scharnhorst
Burnout
1. Auflage 2012

Redaktionsanschrift: Fraunhoferstraße 5, 82152 Planegg/München
Telefon: (089) 895 170
Telefax: (089) 895 17290
www.haufe.de
online@haufe.de
Produktmanagement: Ulrich Leinz
Satz: Reemers Publishing Services GmbH, 47799 Krefeld
Umschlag: RED GmbH, 82152 Krailing
Druck: Schätzl Druck & Medien, 86604 Donauwörth

Inhaltsverzeichnis

1 Burnout: Annäherung an ein neues Phänomen

Sie können kaum mehr eine Zeitung aufschlagen, ohne dass Sie auf einen Artikel zum Thema Burnout stoßen. Immer mehr Bücher zu diesem Phänomen erscheinen auf dem Markt. Und Sie selber halten jetzt eines davon in der Hand.

Was hat es auf sich mit diesem anscheinend neuen Phänomen? Was ist Burnout überhaupt? Ist das eine neue Erscheinung oder gab es das früher auch schon? Mit diesen grundlegenden Fragen wollen wir uns erst einmal beschäftigen, bevor wir dazu kommen, was Sie als Führungskraft oder Personalverantwortliche tun können, um psychischen Überlastungen möglichst vorzubeugen und im Akutfall bei Mitarbeitern oder Kollegen richtig zu handeln.

1.1 Was ist Burnout?

Die schlechte Nachricht zuerst: Es gibt **keine** einheitliche Definition des Burnouts! Selbst der in Deutschland weithin anerkannte Burnout-Experte Matthias Burisch verwendet über sieben Seiten auf dieses Thema, um letztendlich eine genaue Definition schuldig zu bleiben.

Geschichte des Begriffs Burnout

Lassen Sie uns deshalb einen Blick in die Geschichte dieses so schwer fassbaren Begriffs werfen, um uns auf diese Weise mit ihm und seinen wechselnden Bedeutungen vertrauter zu machen.

Schon in der Literatur lassen sich Beschreibungen des Zustandes finden: z. B. in Thomas Manns „Buddenbrooks“ beschreibt der Senator Thomas Buddenbrook einen Zustand der Müdigkeit und Verdrossenheit, einen Mangel an Interesse und eine innere Verarmung. Auch Graham Greene hat in seinem 1960 erschienen Roman „A Burnt-Out Case“ einen erfolgreichen Mann beschrieben, der sein Leben als Kirchenarchitekt als sinnlos empfindet und versucht, seinen Seelenfrieden wiederzufinden, indem er in Afrika ein Hospital für Leprakranke baut. Man könnte sogar bei Moses einen Burnout vermuten: „Da sprach der Schwiegervater Moses zu ihm: Die

Sache ist nicht gut, die du tust; du wirst ganz erschlaffen, sowohl du, als auch dieses Volk, das bei dir ist; denn die Sache ist zu schwer für dich, du kannst sie nicht allein ausrichten." (2. Mose 18, 17 — 18)

Der amerikanische Psychoanalytiker Herbert Freudenberger (der sich — in Deutschland geboren — 1938 nach der Reichspogromnacht zur Flucht aus Deutschland entschloss) schrieb 1975 den ersten wissenschaftlichen Artikel. Freudenberger war selbst betroffen, da er als Psychoanalytiker sehr lange Arbeitstage hatte und sich auch noch ehrenamtlich stark in der Drogenarbeit engagierte. Er beschrieb bei sich Kraftlosigkeit und Müdigkeit bei gleichzeitiger Schlaflosigkeit, zusätzlich litt er an Magen- und Kopfschmerzen. Auch seine Stimmung war betroffen: Er fühlte sich reizbarer und unflexibler. Freudenberger beschrieb unter dem Begriff „Burnout" den psychischen und physischen Abbau der ehrenamtlichen Mitarbeiter im sozialen Bereich (s. Hillert, 2010).

Ein Jahr später schrieb auch die Sozialpsychologin Christina Maslach über das Burnout-Syndrom. Sie entwickelte 1981 den noch heute am meisten verwendeten wissenschaftlichen Test zur Erfassung des Burnout, das Maslach Burnout Inventory (MBI). In diesen ersten Arbeiten wird Burnout dargestellt als ein Zustand der totalen Erschöpfung als Reaktion auf chronischen Stress im Beruf. Ursprünglich wurde der Begriff nur auf Menschen bezogen, die in sozialen Berufen arbeiten und viel mit Klienten zu tun haben, die selbst emotionalen Belastungen ausgesetzt sind. Seit den 1990er Jahren wird das Syndrom bei immer mehr Berufsgruppen beschrieben: von der Hausfrau bis zum Leistungssportler (s. Abschn. 1.4).

In diesen ersten wissenschaftlichen Beschreibungen wurden drei Dimensionen beschrieben, die den Zustand des Burnouts ausmachen:

- Emotionale Erschöpfung (durch fehlende emotionale und physische Ressourcen)
- Ein unpersönlicher bis zynischer Umgang mit den Klienten
- Ein Gefühl der Wirkungslosigkeit bei der Erreichung von persönlichen Zielen im Beruf.

Es geht also um **drei Ebenen**, die betroffen sind: **das persönliche Erleben** des Betroffenen, der **zwischenmenschliche Umgang** mit Klienten oder Patienten und die **Beziehung zur Arbeitsaufgabe**.

Inzwischen gibt es eine Fülle von Modellen, die sich vor allem darin unterscheiden, welche Ursachen sie für Burnout annehmen: Ist eher die Arbeitswelt schuld oder handelt es sich um persönliche Schwächen? Nicht einmal darüber, welche Symptome genau über welchen Zeitraum vorliegen müssen, damit man von Burnout sprechen kann, gibt es Einigkeit.

Definition des Burnouts

Eine recht umfassende und auch weitgehend anerkannte Definition für Burnout liefern Schaufeli und Enzmann (Schaufeli & Enzmann, 1998, S. 36):

„Burnout ist ein dauerhafter, negativer, arbeitsbezogener Seelenzustand ‚normaler' Individuen. Er ist in erster Linie von Erschöpfung gekennzeichnet, begleitet von Unruhe und Anspannung (distress), einem Gefühl verringerter Effektivität, gesunkener Motivation und der Entwicklung dysfunktionaler Einstellungen und Verhaltensweisen bei der Arbeit. Diese psychische Verfassung entwickelt sich nach und nach, kann dem betroffenen Menschen aber lange unbemerkt bleiben. Sie resultiert aus einer Fehlpassung von Intentionen und Berufsrealität. Burnout erhält sich wegen ungünstiger Bewältigungsstrategien, die mit dem Syndrom zusammenhängen, oft selbst aufrecht."

Burnout – keine klinische Diagnose

Im Gesundheitswesen gilt Burnout **nicht** als Krankheit! Krankheiten werden in der international weit verbreiteten und auch im deutschen Gesundheitswesen verwendeten ICD 10 (Internationale statistische Klassifikation der Krankheiten und verwandter Gesundheitsprobleme) beschrieben und mit einer Zahlen-Buchstaben-kombination verschlüsselt. Alle Erkrankungen, die im Gesundheitswesen auf Kosten der Krankenkassen behandelt werden dürfen, sind hierin enthalten. **Es gibt keine Möglichkeit, Burnout als Krankheits-Diagnose zu klassifizieren.** In dieser Klassifizierung findet sich ein Verweis auf Burnout nur an einer einzigen Stelle, nämlich im Kapitel zu „Faktoren, die den Gesundheitszustand beeinflussen und zur Inanspruchnahme des Gesundheitswesens führen" – alle anderen Kapitel beschreiben „Krankheiten".

„Z73 Probleme mit Bezug auf Schwierigkeiten bei der Lebensbewältigung

Inkl.:

Akzentuierung von Persönlichkeitszügen
Ausgebranntsein [Burn out]
Einschränkung von Aktivitäten durch Behinderung
Körperliche oder psychische Belastung o.n.A.
Mangel an Entspannung oder Freizeit
Sozialer Rollenkonflikt, anderenorts nicht klassifiziert
Stress, anderenorts nicht klassifiziert
Unzulängliche soziale Fähigkeiten, anderenorts nicht klassifiziert
Zustand der totalen Erschöpfung"
(DIMDI, Deutsches Institut für Medizinische Dokumentation und Information)

So wird Burnout also als Schwierigkeit bei der Lebensführung eingeordnet, zusammen mit sozialen Rollenkonflikten, Stress und mangelnden sozialen Fähigkeiten. Es wird auch keine Unterscheidung getroffen zwischen Burnout, Stress und einem Zustand der totalen Erschöpfung. Diese Einschätzung als „Randphänomen" steht in großem Widerspruch zur Aufmerksamkeit, die das Phänomen Burnout zurzeit bekommt. Damit wird einerseits das tatsächlich Leiden der Betroffenen eher verharmlost und einer persönlichen Unfähigkeit zur Lebensbewältigung zugeschrieben. Andererseits werden auch die gesellschaftlichen Auswirkungen nicht ausreichend präzise fassbar und Präventionsmaßnahmen am Arbeitsplatz erscheinen eher nebensächlich. Sollte denn der Arbeitgeber wirklich verantwortlich sein für die „Schwierigkeiten bei der Lebensbewältigung" seiner Mitarbeiter?

Letztendlich gibt es auch im alltäglichen Gebrauch des Begriffs Burnout starke Überschneidungen mit anderen Zuständen und Begrifflichkeiten, z. B. Überforderung und Stress, Depression, Lustlosigkeit, psychosomatische Störungen, Erschöpfung usw. Wo also hört eine „normale" Stressbelastung auf und wo fängt ein Burnout an? Das kann zurzeit niemand genau festlegen! Wir sind also entweder auf die Selbsteinschätzung der Betroffenen oder auf den Eindruck von Außenstehenden angewiesen.

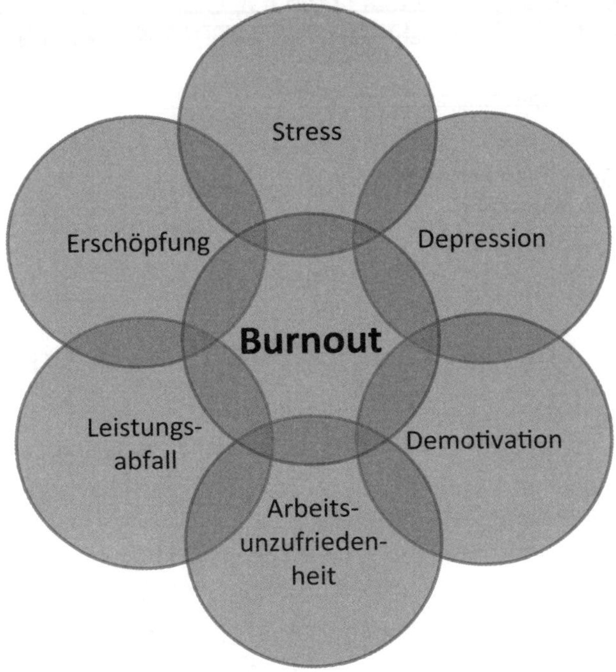

Abb. 1.1: Verschiedene Themenbereiche des Burnouts

Zum Glück müssen Sie im Umgang mit den Themen psychische Belastungen der Mitarbeiter und Burnout auch keine ganz genauen Unterscheidungen treffen. Die Vermeidung von Überforderung im Arbeitsleben ist immer sinnvoll, dafür gibt es viele Ansätze, die später noch vorgestellt werden. Und da Sie keine klinischen Diagnosen bei Ihren Mitarbeitern stellen müssen, brauchen Sie auch keine detaillierte Beschreibung von Symptomen, um Betroffene exakt herausfiltern zu können.

Für unsere Zwecke — also die Einführung von Präventionsstrategien und den hilfreichen Umgang mit Betroffenen — reicht eine eher praxis- und anwendungsorientierte Beschreibung des Phänomens.

Die Ursachen des Burnouts und die Abgrenzung zu anderen Erscheinungen werden in weiteren Abschnitten dieses Kapitels behandelt.

! ACHTUNG

Folgen eines unbehandelten Burnouts

Wird ein Burnout gar nicht oder zu spät behandelt, kann das zu gravierenden Folgen führen:

- Lange Krankschreibungen
- Abhängigkeiten
- Anhaltende Depressionen
- Selbstmordgefahr

1.2 Ist das nicht nur ein Modephänomen?

Was haben der Autor Frank Schätzing, Fernsehkoch Tim Mälzer, die Radsportlerin Hanka Kupfernagel, der vielversprechende Fußballer Sebastian Deisler, der schräge Moderator Bruce Darnell, der Musiker Robbie Williams und der Politiker Matthias Platzek gemeinsam? Richtig: Sie alle haben nach eigenen Angaben einen Burnout erlitten. Tim Mälzer erzählt über sich: „Ich habe mir keine Erholungsphasen gegönnt, brach vor fünf Jahren weinend in einem Fernsehstudio zusammen." Der Grund dafür war folgender: „Ich konnte meine Sätze nicht mehr sprechen, dann die Wut über mich selbst – da sind mir die Beine weggesackt." (In der Talkshow „Hart aber fair", am 15. 11. 2011)

Inzwischen gibt es Sonderausgaben von Zeitschriften, zahlreiche Bücher, Talkshows zum Thema sowie Bilderstrecken und Videos von prominenten Burnout-Opfern im Internet.

„Ich bin seit langem in einem Zustand, der mit Konzentrationsschwierigkeiten noch sehr dezent beschrieben ist. Mein Kopf brummt, so könnte ich es umgangssprachlich beschreiben. Er ist einfach immer übervoll, und es gelingt mir nicht, einen Teil der Impulse und Gedanken so abzuleiten, dass ich mich auf den verbleibenden Teil wirklich konzentrieren kann. (...) Wenn ich lese, merke ich plötzlich, dass ich ein anderes Problem in meinem Kopf durchdenke, während meine Augen weiter die Zeilen verschlingen. (...) Immer wieder springe ich während des Lesens auf, weil mir etwas einfällt, das mit dem Gelesenen nichts zu tun hat, wohl aber mit einem der vielen anderen Themen, die mich ansonsten gerade noch beschäftigen." (Meckel, 2010, S. 15–16)

Auf einmal scheint das Thema Burnout überall präsent zu sein. Wie kommt das? Handelt es sich tatsächlich um eine neues oder jetzt häufigeres Phänomen? Gab es das früher auch schon, wurde aber nicht so genannt? Sind die Zahlen alle völlig übertrieben? Oder sind die Menschen einfach wehleidiger und weniger belastbar geworden?

BEISPIEL

Die gewandelte Sicht auf den Begriff Burnout

- Früher wurde der Begriff Burnout beschränkt auf soziale Berufe, heute finden wir ihn angewandt auf die verschiedensten Tätigkeiten.
- Meist wurde der Begriff Burnout nur bezogen auf Erwerbstätige, inzwischen wird er auch angewandt bei Hausfrauen oder Menschen, die Familienangehörige pflegen.
- Ursprünglich wurde die Aussage: „Nur wer gebrannt hat, kann auch ausbrennen!" für wahr gehalten, heute ist sie wissenschaftlich widerlegt.
- Lange Zeit war es ein Tabu, psychisch zu leiden. Heute gilt Burnout als eine „Art Verwundetenabzeichen" (Schmidbauer, 2011)

Wenn ein Phänomen anscheinend innerhalb weniger Jahrzehnte zu einer Massenepidemie wird, ist ein kritisches Hinterfragen sicher sinnvoll. Das Hauptproblem besteht darin, dass es keine klare Definition von Burnout gibt. Es ist nicht möglich abzugrenzen, wer zu den Betroffenen gehört und wer nicht. So ist schon unter Experten unklar, worüber genau eigentlich diskutiert wird. Das führt dazu, dass jeder, der sich erschöpft, lustlos, depressiv oder sonstwie krank fühlt, von sich behaupten kann, unter einem Burnout zu leiden. Der Begriff wird manchmal geradezu inflationär verwendet. Wir sprechen hier also über ein nur vage einzugrenzendes Phänomen, unter dem jeder etwas anderes verstehen kann.

Kritik am Burnout-Begriff

Deswegen möchte ich ein paar der kritischen Stimmen zu Wort kommen lassen.

Prof. Dr. Dr. Hillert, Chefarzt einer bekannten Psychosomatischen Klinik, setzt seine Kritik vorwiegend an der mangelnden Abgrenzung des Begriffes Burnout an. Führungskräfte, die zu ihm in die Klinik kommen, werden meist mit der Diagnose „Major Depression, mittelgradig" eingewiesen, beschreiben sich selbst aber als Burnout-Fälle. Das hat für sie den Vorteil, dass sie sich nicht als psychisch krank sehen müssen — immer noch ein Tabu —, sondern als ausgebrannt durch sehr hohen eigenen Arbeitseinsatz oder durch die Schuld anderer, z. B. durch Mobbing. Hillert beklagt besonders die unscharfe Verwendung des Begriffs:

„Die Selbstverständlichkeit, mit der heute über Burnout gesprochen wird, steht in krassem Missverhältnis zur wissenschaftlichen Evidenz. Bereits die Frage, wie Burnout diagnostiziert werden soll, ist ein ungelöstes Problem. Welche Symptome müssen verbindlich über welche Zeit und in welcher Intensität vorliegen, damit von Burnout gesprochen werden kann?“ (Hillert A. , 2010)

Die meisten gängigen Fragebögen fußen auf der Abfrage von Befindlichkeiten und erfordern nur eine Selbsteinschätzung. Eine klare Abgrenzung zu Stress, Arbeitsunzufriedenheit, Motivation, Depressivität usw. lässt sich mit diesen Fragebögen nicht ziehen. Ist jemand, der in Fragebögen schlechte Werte erzielt hat, auch in der Leistung vermindert oder gar behandlungsbedürftig? Die verschiedenen Stadienmodelle des Burnouts, die in der Fachliteratur beschrieben werden, sieht Hillert als nicht wissenschaftlich fundiert an. Schwierig ist seiner Meinung nach auch die Unterscheidung zwischen Ursache und Wirkung: Wie will man Menschen, die durch ein Überengagement oder eine massive Überlastung in einen Burnout geraten sind, unterscheiden von den Menschen, die von vornherein für ihren Beruf nicht ausreichend motiviert oder geeignet waren?

Der renommierte Psychotherapeut und Autor Wolfgang Schmidtbauer sieht sowohl Positives, als auch Negatives in dieser „merkwürdige(n) Karriere eines Begriffs“ (Schmidbauer, 2011). Hilfreich an der öffentlichen Aufmerksamkeit ist es, dass psychische Probleme ihren Tabu-Charakter verlieren. Wenn auch zahlreiche Prominente und Leistungsträger zugeben können, dass sie seelisch leiden, müssen sich auch weniger erfolgreiche Menschen „nicht mehr schämen, psychologische Hilfe in Anspruch zu nehmen.“ (Schmidbauer, 2011) Andererseits kann der Burnout auch zum Mythos verklärt werden, der diejenigen trifft, die sich ganz besonders eingesetzt und verausgabt haben. Damit kritisiert Schmidtbauer nicht zuletzt die Leistungsgesellschaft, die gerade auch im Sport jahrzehntelang immer neue Rekorde gefordert hat, ohne Rücksicht auf die Grenzen der menschlichen Leistungsfähigkeit.

„Der Burnout-Begriff wird zum Mythos, die in ihm steckende Poesie von Feuer und Flamme, Glut und Asche wird nicht nur zum Verhängnis für seine präzise Verwendung, sondern auch zum Hindernis für eine gründliche Therapie.“ (Schmidbauer, 2011)

Die Deutsche Gesellschaft für Psychiatrie, Psychotherapie und Nervenheilkunde (DGPPN) hat sich im Frühjahr 2012 sogar veranlasst gesehen, ein öffentliches Positionspapier zum Thema Burnout herauszugeben. Darin werden besonders folgende Punkte als kritisch bezeichnet:

! ACHTUNG

Weit verbreitete Sichtweisen, die kritisch gesehen werden

- Gleichstellung von Burnout mit jeglicher Form einer psychischen Krise und Erkrankung im zeitlichen Zusammenhang mit einer Arbeitsbelastung
- Gebrauch des Begriffs Burnout ersatzweise für Depressionen von arbeitenden Menschen
- Burnout als primäres Problem des Gesundheitswesens

Die Position der Fachgesellschaft DGPPN

„Vom Gesundheitssystem wird erwartet, Burnout-Beschwerden und seine gesamtgesellschaftlichen Folgen, wie den Anstieg durch psychische Störungen bedingter Krankschreibungen und Frühberentungen, vorzubeugen und zu beheben. Diesbezüglich sehen wir jedoch primär Sozialpartner und Politik in der Pflicht, der postulierten Überforderung einer steigenden Zahl von Berufstätigen mit negativen Konsequenzen für ihre psychische Gesundheit entgegenzuwirken.“ (Deutsche Gesellschaft für Psychiatrie, Psychotherapie und Nervenheilkunde, 2012)

Die Fachgesellschaft weist in ihrem Positionspapier daraufhin, dass es keine verlässlichen Zahlen über die Häufigkeit von psychischen Beschwerden in Verbindung mit einer Überforderung bei der Arbeit gibt. Es wird ergänzt, dass es Burnout-ähnliche Beschwerden auch geben kann, wenn schon vorher eine körperliche oder psychische Krankheit bestand. Als Folge einer solchen Erkrankung kann es zu einer geringen Belastbarkeit und einer stärkeren Erschöpfung bei der Arbeit kommen. So wäre der meist angenommene Zusammenhang zwischen Ursache und Wirkung in diesem Fall umgekehrt.

Sehr wichtig ist auch der Hinweis der Autoren auf die gesellschaftlichen Bedingungen. Erschöpfung, Burnout und Depression werden (nach Ehrenberg und Han) als **Leitkrankheiten einer Leistungsgesellschaft** beschrieben. Der zunehmende Zwang, immer effektiver arbeiten zu müssen und die Überzeugung, beruflich durch eigene Leistung jeden Erfolg erringen zu können, führe zu einer Selbstüberforderung und Selbstausbeutung. Gerade diese Erfolgsorientierung in Verbindung mit einer Selbstausbeutung trifft natürlich besonders Führungskräfte, Spitzensportler, Selbstständige oder Menschen in Kreativberufen.

„Die DGPPN sieht in der Benutzung von Burnout als Oberbegriff für sämtliche arbeitsbedingte psychische Störungen eine erhebliche Gefahr. Viele Burnout-Coaches und Kliniken vermitteln den Patienten den Eindruck, dass mit Wellness-Methoden wie gesundem Essen, Sport, Entspannungs- und Zeitmanagement-Training oder einfachen

Empfehlungen zur Arbeitsplatzumstrukturierung jegliche psychische Störungsform im Zusammenhang mit Arbeitsstress behoben werden könnte.“ (Deutsche Gesellschaft für Psychiatrie, Psychotherapie und Nervenheilkunde, 2012)

Es bestehe die Gefahr, dass die Betroffenen dann keine fachliche Behandlung erhielten, die wirklich auf die vorliegenden Störungen ausgerichtet ist. Die DGPPN sieht es **nicht** als Ziel einer Behandlung an, dass die Patienten anschließend wieder „inakzeptable und unbewältigbare Arbeitsbedingungen“ eine Zeitlang aushalten. Die Arbeitsbedingungen müssten derart sein, dass das arbeitsbedingte Risiko, erneut zu erkranken, möglichst gering gehalten wird.

Neben diesen Kritikpunkten, die vorwiegend von Psychotherapeuten kommen, gibt es auch kritische Positionen auf Seiten der Arbeitgeberverbände. Hier hat man Probleme damit, Burnout vorwiegend als eine Folge von Arbeitsüberlastung anzusehen. Damit würde den Arbeitgebern quasi die „Schuld“ am Leiden der Betroffenen zugeschoben. Soweit möchte man natürlich nicht gehen, denn dann wäre ja auch die Initiative zum präventiven Handeln vorwiegend auf der Seite der Arbeitgeber angesiedelt. Nach einigen Diskussionen wurde von den Vertretungen der Arbeitgeber aber folgendes Ziel für die „Gemeinsame Deutsche Arbeitsschutzstrategie“ anerkannt: „Schutz und Stärkung der Gesundheit bei arbeitsbedingter psychischer Belastung“. Offiziell gibt es also von Arbeitgeberseite keine ernsthafte Verleugnung des Problems. Hinter verschlossenen Türen wird trotzdem versucht, das Thema eher zu relativieren.

! **WICHTIG**

Fakten zum Thema Burnout

- **Die Belastungen in der Arbeitswelt haben sich in den letzten Jahren massiv verändert und erhöht. Ein Ende ist noch nicht in Sicht.**
- **Zunehmend werden an jeden einzelnen daher immer höhere Anforderungen gestellt, die zu einer Selbstausbeutung führen können.**
- **Die Kennzahlen zu psychischen Störungen steigen seit Jahren unaufhaltsam an (s. Abschn. 1.4).**
- **Burnout und arbeitsbedingte Erschöpfung finden ein großes öffentliches Interesse.**
- **Weder Arbeitgeber noch das Gesundheitssystem können dieser Entwicklung im Moment gerecht werden.**

Fazit

Die Schlussfolgerung ist, dass wir uns dem Phänomen Burnout stellen müssen, egal wie wir es genau nennen oder abgrenzen können. Immer mehr Menschen leiden massiv an unseren Lebens- und Arbeitsbedingungen. Anscheinend erreichen wir alle allmählich die Leistungsgrenze dessen, was wir beruflich und privat schaffen können. Auch ein Verschieben der Verantwortung an jeweils andere, z. B. die einzelnen Betroffenen, das Gesundheitswesen oder die Arbeitgeber, führt nicht weiter. Unsere Gesellschaft als Ganzes ist auf ein immerwährendes Wachstum ausgerichtet, dass keinen Stillstand erlaubt, sondern immer weitere Leistungssteigerungen erfordert. Damit das auf Dauer nicht zu einem massiven Zusammenbruch der körperlichen und psychischen Leistungsfähigkeit zahlreicher Menschen führt, müssen alle Beteiligten in ihrer jeweiligen gesellschaftlichen Rolle aktiv werden. Wir müssen rechtzeitig erkennen, wo unsere Leistungsgrenzen liegen — sowohl als Individuum, als auch auf gesellschaftlicher Ebene — und diese Grenzen dann auch akzeptieren.

! ACHTUNG

Burnout ist kein neues Phänomen!
Häufig wird behauptet, dass Burnout als Modephänomen zu betrachten sei, weil es das früher nicht gegeben habe. Wie wir an den Schilderungen z. B. in Thomas Manns „Buddenbrooks" sehen können, gab es die gleichen Beschwerden auch früher schon. Sie wurden nur anders genannt, z. B. „Neurasthenie" (Nervenschwäche) oder man hatte einen „Nervenzusammenbruch".

1.3 Woher kommt Burnout?

Die meisten Menschen verbringen einen großen Teil ihres wachen Lebens bei der Arbeit. Neben Familie, Freunden und Freizeit ist das Arbeitsleben damit einer der zentralen Lebensbereiche. Bei günstigen Arbeitsbedingungen fördert es das Wohlbefinden, die psychische Gesundheit und trägt zur Persönlichkeitsentwicklung bei. Ungünstige Verhältnisse bei der Arbeit können aber zu einer Belastung werden, die sowohl psychische als auch körperliche Störungen nach sich ziehen kann.

Grundsätzlich kann ein Burnout zwei unterschiedliche Ursachen haben: Äußere Faktoren (aus der Umwelt) oder innere Faktoren (aus der Person).

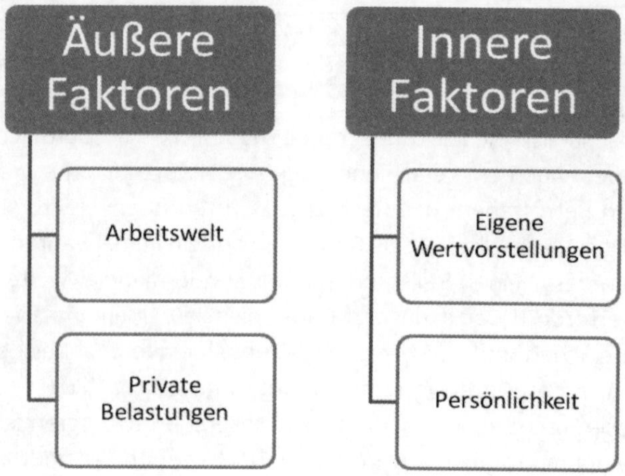

Abb. 1.2: Ursachen von Burnout

1.3.1 Ursachen in der Person

Eigene Wertvorstellungen

Zu den eigenen Wertvorstellungen, die zu einer Selbstüberforderung, dem Missachten der eigenen Leistungsgrenzen und im Endeffekt eventuell zu einem Burnout führen können, gehören z. B.:

- Sehr hohe Ideale, z. B. im sozialen Bereich
- Ausgeprägter Ehrgeiz
- Perfektionismus
- Unfähigkeit zum Nein-Sagen.

Diese Einstellungen klingen durchaus positiv, dahinter verbergen sich allerdings oft andere Motive. Häufig sind es Ängste, die die Menschen dazu bringen, mehr zu leisten, als sie auf Dauer eigentlich können, nämlich Ängste vor:

- Ablehnung
- Erwartungen nicht zu entsprechen
- Gesichtsverlust
- Arbeitsplatzverlust

- Versagen
- Kritik.

Diese Ängste werden oft mitverursacht durch starke – oft auch unbewusste – Wünsche:

- gut oder sogar am besten zu sein
- erfolgreich zu sein
- helfen zu können
- Anerkennung und Wertschätzung zu erfahren
- etwas zu bewirken
- nach Sicherheit.

Diese inneren Antreiber kennen sicherlich viele von uns, sie sind nicht schon per se Burnout auslösend. Hier kommt es auf die Ausprägung an, es gibt durchaus einen fließenden Übergang von einem noch normalen und gesunden Engagement hin zu einer Selbstüberforderung, die irgendwann schädliche Folgen für Körper und Seele haben kann. Ein wichtiges Kriterium zur Abgrenzung zwischen noch akzeptabel und Überforderung ist auch, ob man in der Lage ist, eine Überforderung überhaupt wahrzunehmen und dann auch Grenzen setzen können. Dies fällt natürlich schwer, wenn starke Ängste und Wünsche bestehen, die scheinbar durch eine hohe und gute Arbeitsleistung gemildert oder befriedigt werden können.

Persönlichkeit

Diese persönlichen Haltungen und Wertvorstellungen sind teilweise auch tief in der eigenen Geschichte und Persönlichkeit verankert. Die beschriebenen Einstellungen sind dann möglicherweise übersteigert und können zu neurotischen Zügen werden.

So sind Personen mit einem ausgeprägten **Neurotizismus** besonders anfällig für Burnout. Unter Neurotizismus versteht man eine emotionale Labilität, die mit Ängstlichkeit, Unsicherheit, Nervosität und Anspannung einhergeht. Ähnlich stellen sich die Hintergründe des sogenannten **Helfersyndroms** dar: dahinter steckt oft der unbewusste Wunsch, Versagenserlebnisse oder mangelnde Zuwendung in der Kindheit zu kompensieren. Mit der Anerkennung, die Menschen mit Helfersyndrom für ihre aufopferungsvolle Hilfeleistung bekommen, können sie ihr Selbstwertgefühl steigern und stabilisieren.

Ein übermäßiger Ehrgeiz kann ebenfalls noch aus der Kindheit stammen. Wenn Eltern ihrem Kind nur dann Zuwendung und Liebe schenken, wenn es eine besondere Leistung erbracht hat, prägt sich früh die Gleichung ein: Leistung = Anerkennung = „Ich bin ein guter und liebenswerter Mensch!"

Als weitere Mitverursacher für einen Burnout gilt auch **ADHS** (Aufmerksamkeits-Defizit-Hyperaktivitäts-Störung). Menschen mit ADHS leiden selber oft besonders unter ihrer Hyperaktivität. Es ist leicht nachvollziehbar, dass diese übermäßige Aktivität im Berufsleben auch zu einer Selbstüberforderung führen kann.

Gestörtes Energiesystem

Auch bei denjenigen, die nicht durch neurotische Verhaltensmuster in eine andauernde Selbstüberforderung kommen, kann nach und nach das persönliche Energiesystem aus dem Gleichgewicht geraten. Um dauerhaft im energetischen Gleichgewicht zu bleiben, müssen wir genauso viel Kraft und Energie aus den uns zur Verfügung stehenden Quellen schöpfen, wie wir ausgeben. Dieses System muss nicht jeden einzelnen Tag in einer perfekten Balance sein, sollte aber auf Dauer gesehen immer wieder ausgeglichen werden.

So sieht ein ausgeglichenes Energiesystem im Berufsleben aus:

Abb. 1.3: Ein gesundes und ausgeglichenes Energiesystem im Arbeitsleben [modifiziert nach (Berndt, 2009, S. 32)]

Die vorhandene Energie wird eingesetzt, um die gesteckten Ziele zu erreichen. Dadurch verringert sich das eigene Energieniveau vorübergehend. Wenn genügend Energie zur Verfügung steht und man sich mit voller Kraft einsetzen kann, wird man das gesteckte Ziel wahrscheinlich erreichen. Es kommt also zu einem Erfolgserlebnis, das durch Selbstbestätigung und Zufriedenheit bereits wieder neue Energie bringt. Wenn jetzt noch eine positive Rückmeldung von Vorgesetzten oder Kollegen zur erfolgreich gelösten Aufgabe hinzukommt, steigt das Energieniveau noch weiter an. Wenn dieser Kreislauf immer ähnlich abläuft, ist das System dauerhaft in Balance: der ausgegebenen Energie steht immer genügend neu aufgenommene Energie gegenüber. Da man sein Soll gut erfüllt hat, kann man auch entspannt und gut gelaunt in den Feierabend gehen und diesen genießen. Damit werden die inneren Batterien weiter aufgetankt und am nächsten Arbeitstag ist man wieder bereit für neue Herausforderungen!

Anders sieht es in einem aus dem Gleichgewicht geratenen System aus, das für Burnout anfällig wird.

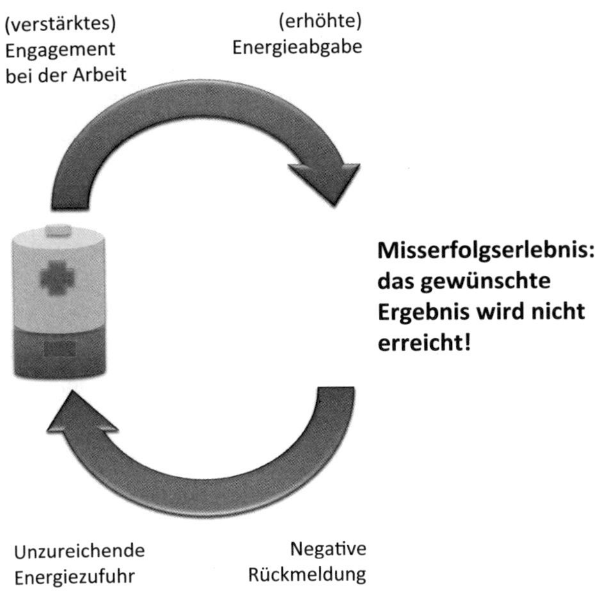

Abb. 1.4: Gestörtes Energiesystem: Burnout-Gefahr! [modifiziert nach (Berndt, 2009)]

Wenn weniger Energie vorhanden ist, z. B. nach einer Phase mit hohem Arbeitsanfall, führen der Arbeitseinsatz und das Engagement nicht zum gewünschten Erfolg. Es kann zu innerer Unzufriedenheit mit sich selbst kommen. Besonders betroffen hiervon sind die Perfektionisten, die sehr hohe Anforderungen an sich stellen und mit einer durchaus ausreichenden Leistung trotzdem nicht zufrieden sind. Auch das Feedback von außen bleibt jetzt entweder aus oder wird sogar negativ. Chef, Teamkollegen oder Kunden sind vielleicht unzufrieden mit der erbrachten Leistung. Damit bleibt die eigentlich nötige Energiezufuhr aus.

Jetzt kann ein Teufelskreis beginnen: Um den angestrebten Erfolg doch noch zu erreichen, werden als nächstes der Energieeinsatz und das Arbeitsengagement noch mehr gesteigert. Es wird also noch härter gearbeitet oder die Arbeitszeit wird noch weiter ausgedehnt.

„Wird das beabsichtigte Ergebnis – z. B. aufgrund der widrigen äußeren Umstände – erneut nicht erreicht oder nur mit so großer Anstrengung, dass der Energieaufwand in keinem Verhältnis zur anschließenden Energiezufuhr (durch positives Feedback, Belohnung, Regeneration etc.) steht, kommt es zu einem Ungleichgewicht im Energiehaushalt. Erstreckt sich dieser Zustand über längere Zeit, ist ein Burn-out vorprogrammiert." (Berndt, 2009)

Nun gewinnen wir neue Energie ja nicht nur am Arbeitsplatz. Viele Menschen finden ihre Hauptenergiequellen im Privatleben. Als sehr wichtige Kraftquellen werden z. B. Familie und Freunde, Sport, Natur sowie Hobbies genannt. Wer im privaten Bereich über ausreichende Möglichkeiten verfügt, die „Batterien wieder aufzutanken", kann auch hohe berufliche Belastungen gut ausgleichen, ohne Überforderungsanzeichen zu entwickeln.

! **ACHTUNG**

Ein gestörtes Energiesystem kann zum Burnout führen!
In einem gesunden Energiesystem müssen Energieabgabe und Energieaufnahme auf lange Sicht gesehen ausgeglichen sein. Kommt es zu einer Störung durch ein länger andauerndes Ungleichgewicht — es wird mehr Energie abgegeben, als aufgenommen — kann es zu einem Burnout kommen.

Leider kann sich aber eine Überforderung und Unzufriedenheit auch sehr negativ auf das private Leben auswirken. Einerseits wird die Zeit für Familie, Freunde und Hobbies immer kürzer, weil ja die Arbeitszeiten ausgedehnt werden. Andererseits kann die immer knapper werdende Zeit nicht mehr entspannt und fröhlich verbracht werden, weil die Erschöpfung zu groß ist und die Gedanken immer um die Arbeit kreisen. Außerdem beteiligt sich der Betroffene immer weniger an den häuslichen Aufgaben — und bekommt prompt Vorwürfe: „Immer muss ich alles alleine machen! Wann warst du denn zuletzt auf dem Elternabend? Um den Garten musste ich mich auch den ganzen Sommer über alleine kümmern! Du denkst ja nur immer an deine blöde Arbeit!" Und anstatt im Privatleben Kraftquellen zu finden, werden private Beziehungen plötzlich zum Energiefresser. Die meisten glauben, dass sei ja nur vorrübergehend und es werde bald alles besser. Dann könnte man ja die Freundschaften wieder pflegen und die Hobbies wieder aufnehmen. Meistens täuscht diese Hoffnung allerdings. Erst wenn es zu ernsthaften Konflikten kommt, merken die Betroffenen, dass sie ihre wichtigsten Kraftquellen verloren haben. Ein Burnout-Energiesystem entsteht.

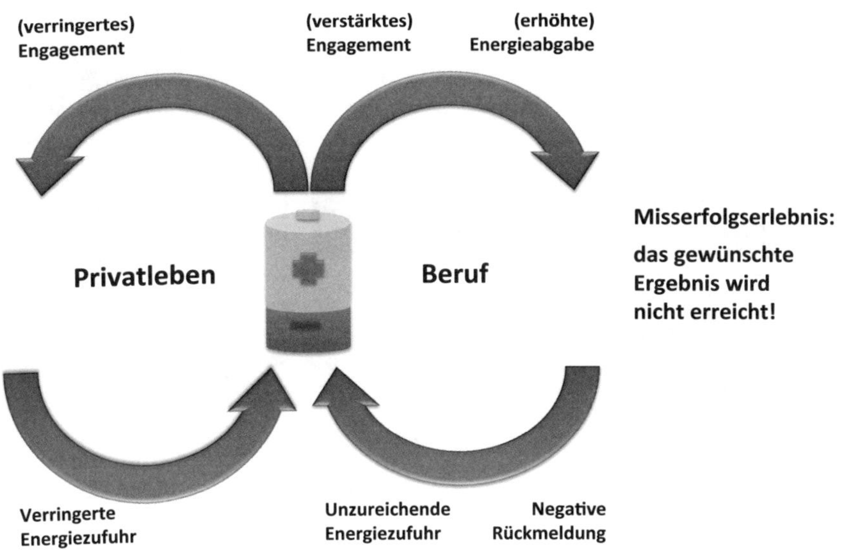

Abb. 1.5: Das Burnout-Energiesystem

Übrigens: Der gleiche Teufelskreis kann auch umgekehrt entstehen. Bei vielen Menschen, die dauerhafte Probleme im Privatbereiche haben — z. B. eine schwierige Partnerschaft oder eine schwere Erkrankung in der Familie — ist die Arbeit eine Kraftquelle. Wenn es jetzt im Privatleben noch zu weiteren Krisen kommt, kann es sein, dass die Energie für eine zufriedenstellende und erfüllende Arbeitsleistung nicht mehr reicht.

1.3.2 Ursachen in der Arbeitsumgebung

In der öffentlichen und auch in der fachlichen Diskussion wird Burnout immer mit dem Arbeitsleben in Verbindung gebracht. Die spontan am häufigsten genannten psychischen Belastungen sind **Zeitdruck** und **Überforderung** durch eine zu hohe **Arbeitsmenge**.

Aus der Forschung wissen wir allerdings, dass die Ursachen für psychische Überlastungen und damit auch für Burnout wesentlich vielfältiger und komplexer sind. Damit ergeben sich auch sehr unterschiedliche Anknüpfungspunkte für die Prävention von Burnout: an den individuellen Arbeitsplätzen, im gesamten Unternehmen und auch auf gesellschaftlicher Ebene.

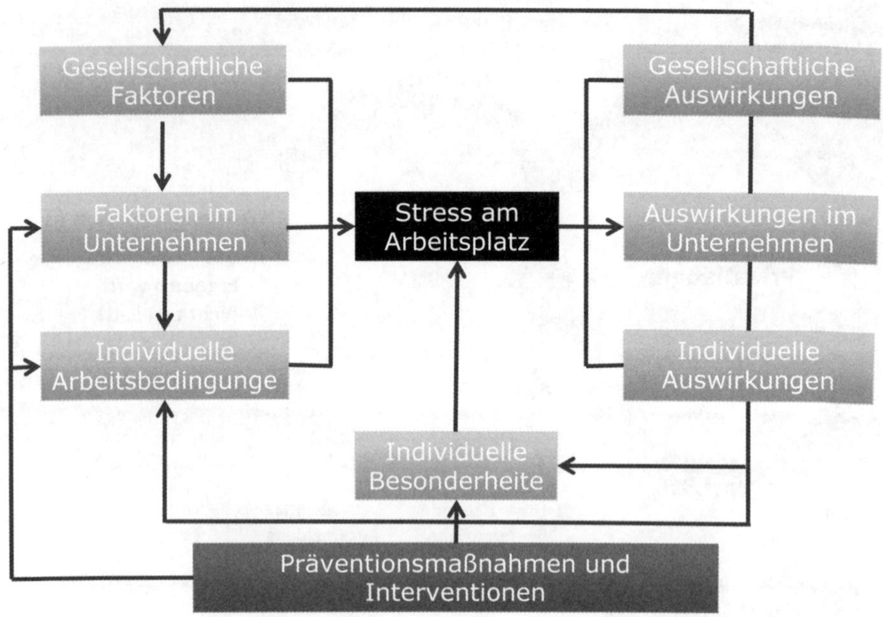

Abb. 1.6: Risikofaktoren für psychische Belastungen und Ansatzpunkte zur Prävention

Da es sehr schwierig ist, eine Grenze zu ziehen zwischen „noch normalem Stress" und den Anfängen eines Burnouts, gibt es auch nur wenige wissenschaftliche Erkenntnisse über die Ursachen eines Burnouts in der Arbeitswelt. Wir gehen davon aus, dass ein Burnout verursacht wird durch die **empfundene psychische Überlastung im Arbeitsleben** bei gleichzeitig vorliegenden **Persönlichkeitsmerkmalen und Einstellungen**, die dazu beitragen, dass zu viel Energie ausgegeben wird. Es ist dann nicht unbedingt sinnvoll, nach speziellen Burnout-Auslösern zu suchen. Erfolgversprechender ist es, sich die aus der Forschung gut bekannten Faktoren anzusehen, die zu Stress führen können.

Die psychische Leistungsfähigkeit bzw. Belastung der Mitarbeiter wird von verschiedenen Faktoren beeinflusst. Die wichtigsten Einflüsse sind:

- Arbeitsaufgabe und -inhalt, z. B. geringer Handlungsspielraum,
- physikalische Arbeitsbedingungen, z. B. Beleuchtung, Klima, Lärm,
- sozialer Kontext und Organisationsbedingungen, z. B. schlechtes Führungsverhalten,
- gesellschaftliche **Belastungen**, z. B. Arbeitsplatzunsicherheit.

Aus der Forschung sind verschiedene Belastungen bekannt, die sich negativ auf das psychische Wohlbefinden der Mitarbeiter auswirken können.

Einflussfaktoren auf psychische Belastungen

Einflussfaktoren	Merkmale
Arbeitsaufgabe und organisatorischer Rahmen	
Arbeitstätigkeit	Vollständigkeit der Tätigkeit Verantwortung Information zeitlicher und inhaltlicher Tätigkeitsspielraum Kooperation/Kommunikation Durchschaubarkeit, Vorhersehbarkeit, Beeinflussbarkeit emotionale Inanspruchnahme körperliche Abwechslung
Arbeitsablauf	Ausgeglichenheit des Arbeitsanfalls über die Arbeitszeit Störungen und Unterbrechungen des Arbeitsanfalls
Qualifikation	Qualifikationsnutzung und -erweiterung
Verhaltensanforderungen	Erfüllbarkeit und Akzeptanz
Arbeitszeit	Dauer Flexibilität Nacht- und Schichtarbeit Beschäftigungsbeschränkungen Pausengestaltung
Soziale Beziehungen	
Betriebsklima	Führungsverhalten Gruppenverhalten Mitsprache der Beschäftigten
Personalmanagement	berufliche Entwicklungsmöglichkeiten soziale Angebote

Einflussfaktoren	Merkmale
Einflüsse anderer Gefährdungsfaktoren	
Psychische Belastung	z. B. durch Lärm, Kälte, Hitze, elektrische Gefährdungen usw.

Tab. 1.1: Einflussfaktoren und Merkmale psychischer Belastungen (Stadler & Spieß, 2003)

Neben den schon lange bekannten Ursachen für Stress gibt es auch **neue** Belastungsfaktoren, die häufig die Folge von technischen und organisatorischen Veränderungen sind:

- neue Formen von (unsicheren) Arbeitsverträgen
- Arbeitsplatzunsicherheit,
- alternde Erwerbsbevölkerung,
- Intensivierung der Arbeit mit langen Arbeitszeiten
- Erhöhte Anforderungen an Flexibilität und Mobilität
- Informationsflut, ständige Unterbrechungen und ständige Erreichbarkeit durch neue Kommunikationstechnologien,
- hohe emotionale Anforderungen bei der Arbeit, z. B. im Gesundheitswesen und in der Dienstleistungsbranche,
- unzureichende Vereinbarkeit von Beruf und Privatleben
- Ständiger Wandel, wenig Stetigkeit und Verlässlichkeit am Arbeitsplatz.

Abb. 1.7: Arbeitsbedingte Risikofaktoren für psychische Beschwerden und Störungen (Sockoll, 2008)

Ein Burnout-Syndrom wird durch eine **Kombination** von **äußeren Faktoren**, z. B. Belastungen aus der Arbeitswelt und dem Privatleben, und **inneren Faktoren**, wie Persönlichkeit, Werte und Einstellungen, ausgelöst. Zu den äußeren Faktoren am Arbeitsplatz, die ein Erschöpfungssyndrom begünstigen können, gehören:

- Zu hohe Arbeitsbelastung
- Überforderung durch schwierige und komplexe Arbeitsaufgaben
- Mangelnde Ressourcen wie
  - Personal
  - Finanz- und Sachmittel
  - Ideelle Unterstützung
- Zu wenig positives Feedback
- Dauernde Probleme von Kunden
- Keine klare Abgrenzung zwischen Beruf und Privatleben, mangelnde Work-Life-Balance
- Zu starkes Engagement für das Unternehmen
- Zu hohe oder unklare Erwartungen und Ziele, Aufgaben- und Rollenunklarheiten
- Zerrissenheit zwischen Erwartungen des Chefs und der Kunden, Rollenkonflikte
- Schlechte oder unflexible Arbeitsorganisation, ungünstige Arbeitsabläufe und Strukturen
- Schlechte Teamarbeit, Konflikte bis hin zum Mobbing
- Fehlen sozialer Unterstützung
- Ständige Änderungen und Umstrukturierungen
- Angst vor dem Verlust des Arbeitsplatzes [vergl. (Berndt, 2009)].

! **ACHTUNG**

Unbewusste Ängste können einen Burnout fördern!
Die Angst vor dem Verlust des Arbeitsplatzes ist ein sehr starker innerer Antreiber, der durchaus einen Burnout begünstigen kann. Wiederholt bejahen in Umfragen ca. 25 % der Beschäftigten, dass sie Angst haben, ihren Arbeitsplatz zu verlieren. In den Hochzeiten der Finanzkrise war von diesen Befürchtungen sogar ungefähr jeder Zweite betroffen! Dies sind natürlich irrationale Ängste, denn es steht nicht wirklich zu befürchten, dass demnächst ein Viertel oder gar die Hälfte aller Angestellten entlassen wird. Gerade weil diese Gedanken aber nicht wirklich reflektiert und begründet sind, wirken sie eher im Unbewussten. So werden viele Erwerbstätige innerlich dazu getrieben, am Arbeitsplatz mehr Leistung zu bringen als nötig und als ihnen möglich ist. Wenn diese Unsicherheiten zum Dauerzustand werden, können sie die Betroffenen durchaus in einen Burnout treiben.

So vielfältig die Ursachen für psychische Belastungen und Überforderung auch sind, es gibt einige Faktoren, die mit einer erhöhten Burnout-Häufigkeit einhergehen:

Risikofaktoren in der IT-Branche

Auslösender Faktor	Burnout-Risiko erhöht um den Faktor
Wenig Partizipation Arbeitsalltag	3,5
Belastendes Sozialklima und Vorgesetztenverhalten	1,5 — 1,8
Führungsstil wenig Mitarbeiter-orientiert	2,5
Führungsstil mit wenig sozialer Unterstützung	2,3

Tab. 1.2: Risikofaktoren für Burnout am Arbeitsplatz (Klemens, Wieland, & Krajewski, 2004)

! WICHTIG

Faktoren, die einen Burnout fördern können

Mangelnde Handlungs- und Kontrollmöglichkeiten belasten psychisch und können zu Burnout führen:

- „Gelernte Hilflosigkeit": Eine unangenehme Situation konnte nicht verändert werden, daraus wird gelernt, dass man durch sein Verhalten generell nichts verbessern kann und hilflos leiden und aushalten muss.
- Frustration:
  - Es gibt Barrieren (psychische oder physische), die eine Reaktion verhindern
  - Belohnungen werden vorenthalten oder entzogen
  - Es werden innere Konflikte hervorgerufen durch sich widersprechende Anforderungen, es kann nichts richtig gemacht werden
- Ausbleibende Anerkennung bei dauernden hohen Anforderungen

Auch individuelle Unterschiede entscheiden über Burnout-Anfälligkeit

Wie wir gesehen haben, gibt es verschiedene Persönlichkeitsmerkmale und Einstellungen sowie eine Fülle von Stressauslösern am Arbeitsplatz, die zu einem Burnout führen können. Wie kommt es aber, dass nicht alle ehrgeizigen Perfektionisten oder alle gestressten Pflegekräfte in einem Burnout-Zustand landen? Der Perfektionist ist ja aufgrund seiner Arbeitshaltung für eine Selbstüberforderung anfällig und die meisten Pflegekräfte haben sehr belastende Arbeitsplätze. Die inneren Einstellungen und die äußeren Arbeitsbedingungen müssen also nicht zwangsläufig bei allen Betroffenen in einer Überforderung münden. Hierfür gibt es zwei Begründungen:

- Für die Entstehung eines Überforderungs- und Erschöpfungszustands ist nicht nur die Ausprägung der inneren Antreiber und der äußeren Belastungen entscheidend. Es kommt auch auf die **Fähigkeiten des Einzelnen** an, mit Belastungen umzugehen und sie auszugleichen. Außerdem können **Kraftquellen** in der Arbeitsumgebung auch objektiv schwierige Arbeitssituationen leichter erträglich machen, so dass sie subjektiv als nicht so gravierend und belastend empfunden werden. Eine der wichtigsten Kraftquellen im Arbeitsleben ist die Anerkennung.
- Eine erhöhte Burnout-Gefahr entsteht immer dann, wenn eine bestimmte **Persönlichkeitsausprägung mit ihren Fähigkeiten und Bedürfnissen** auf eine **Arbeitsumgebung** mit bestimmten Anforderungen trifft, die für diese Person nicht gut passt. Erst wenn der sogenannte „Person-Environment-Fit" — also die Passung zwischen Person und Arbeitsumgebung — für den Einzelnen ungünstig ist, steigt die Burnout-Wahrscheinlichkeit.

„Dieser Grundgedanke sieht die Person ausgestattet mit einem individuellen Satz von Fähigkeiten und Bedürfnissen (z. B. dem Bedürfnis, einzelne oder alle seine Fähigkeiten weiterzuentwickeln und anzuwenden). Die Arbeitsumwelt (...) hält nun einerseits Anforderungen an die Fähigkeiten, andererseits Chancen zur Bedürfnisbefriedigung bereit. (...) Klaffen wahrgenommene Anforderungen und Fähigkeiten merklich auseinander (...) und/oder werden Bedürfnisse nicht ausreichend befriedigt (...), so entsteht in einem allgemeinsten Sinne psychischer Stress.

Man kann sich einen Person-Environment-Misfit wie ein schlechtsitzendes Kleidungsstück vorstellen, das einerseits spannt und kneift, andererseits sensible Körperpartien ungeschützt lässt." (Burisch, 2010, S. 100 ff.)

▶ **BEISPIEL**

Die falsche Berufswahl
Ein zutiefst ehrlicher und moralisch denkender Mensch wird in den meisten **Vertriebs- und Verkaufsberufen** Probleme bekommen. Stellen wir uns einen Versicherungsvertreter vor, der seinen potentiellen Kunden vom Abschluss be-

stimmter Versicherungen abrät, weil sie die objektiv nicht wirklich brauchen. Dieser Vertreter wird mit Sicherheit Konflikte mit seinen Vorgesetzten bekommen, weil er die Verkaufsziele nicht erreicht. Und von seinen Kollegen wird er zumindest Unverständnis ernten, vielleicht sogar lächerlich gemacht. Hier passen die Persönlichkeit und die Anforderungen der Arbeitsaufgabe nicht zusammen. Ein erhöhter innerer und äußerer Druck ist die Folge.
Im **Call-Center**, wo z. B. Beschwerden von Kunden entgegen genommen werden, wird jemand schlecht passen, der eher schüchtern und introvertiert ist. Auch das Bedürfnis, es allen recht machen zu wollen und von allen anerkannt und gemocht zu werden, passt nicht in eine solche Arbeitssituation. Es liegt hier schon in der Rolle und Funktion des Call-Center-Agents, Kompromisse finden zu müssen zwischen den Wünschen, Ansprüchen oder Forderungen der Kunden und den Vorgaben des Unternehmens.

Eine Lücke zwischen Persönlichkeit und den Anforderungen der Umwelt ergibt sich eher, wenn

- die Persönlichkeit sehr extreme Ausprägungen hat, die in vielen Umgebungen „anecken" wird,
- die Arbeitsumgebung sehr spezielle Anforderungen stellt, die nicht von allen Menschen erfüllt werden können, z. B. im Sozial- und Gesundheitswesen.

! **ACHTUNG**

Psychische Belastung als Burnout-Auslöser!
Burnout wird auf jeden Fall mit **ausgelöst durch psychische Belastungen am Arbeitsplatz**. Eine große finnische Studie ergab, dass bei Beschäftigten mit hohen psychischen Belastungen ein Burnout über 7 Mal häufiger auftrat, als bei den Befragten mit niedrigem Belastungsniveau (Ahola, et al., 2006).

Sowohl innere Faktoren aus der Persönlichkeit als auch äußere Faktoren aus der Umwelt können einen Burnout verursachen. Bei dem einen wird mehr die leistungsorientierte und ehrgeizige Persönlichkeit zur Überforderung führen, bei dem anderen eher der äußere Druck.

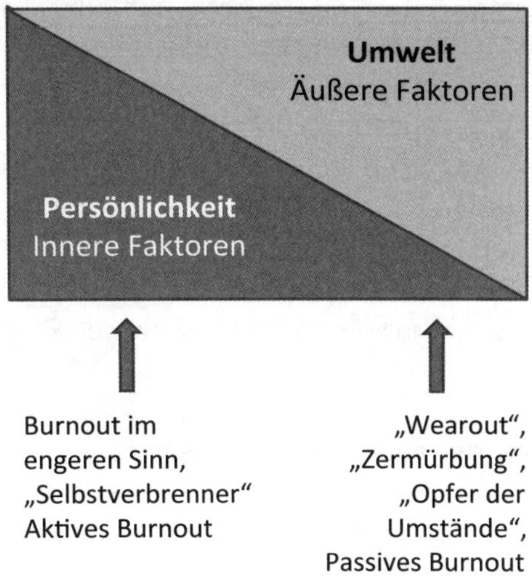

Abb. 1.8: Zusammenspiel innerer und äußerer Auslöser bei einem Burnout (Kaschka, Korczak, & Broich, 2011)

1.3.3 Gesellschaftliche Ursachen

Burnout-Ursachen finden sich nicht nur in der Persönlichkeit einzelner Menschen oder in den Arbeitsbedingungen von bestimmten Unternehmen oder Branchen. Es gibt auch gesamtgesellschaftliche Entwicklungen, die die Zunahme des Phänomens Burnout begünstigen.

Wirtschafts- und Finanzkrise

Wenn Krisen über die Weltwirtschaft hereinbrechen, können auch für sicher gehaltene Institutionen, z. B. Staaten, Unternehmen und große Banken, bedroht sein. Damit wird auch die Existenz für jeden Einzelnen unsicherer, egal ob man in einem krisengeschüttelten oder einem relativ stabilen Land lebt.

Dadurch nimmt ein allgemeines und unbestimmtes Gefühl von Angst und Unsicherheit in der Bevölkerung zu. Diese Gefühle, in der eigenen Lebensgrundlage bedroht zu sein, müssen nicht rational begründet sein. So fürchtete in Zeiten der Wirtschaftskrise gut die Hälfte der Menschen, ihren Job zu verlieren, obwohl sicherlich längst nicht die Hälfte aller Jobs weggefallen wäre.

Diese Existenzängste führen häufig dazu, dass gegenüber den Ansprüchen der Arbeitgeber nach mehr Leistung, mehr Überstunden, Ignorieren von Arbeitszeitgesetzen kein Widerspruch erhoben wird. Insbesondere wenn ein solcher erhöhter Arbeitsdruck dann noch begleitet wird von Bemerkungen wie: „Wenn es Ihnen bei uns zu viel wird, können Sie ja gehen. Es warten genügend Leute auf Ihren Arbeitsplatz.“ Wer sich vorwiegend von solchen Ängsten und Drohungen leiten lässt, ist eher gefährdet, einen Burnout zu erleiden, weil die eigenen Belastungsgrenzen immer wieder überschritten werden. Aus der Forschung ist auch bekannt, dass alleine die Sorge um den Arbeitsplatz massiven Stress auslöst, der sich dann sowohl in psychischen als auch in körperlichen Beschwerden äußern kann.

Anforderungen der Leistungsgesellschaft

Es ist inzwischen üblich geworden, sich selbst und anderen immerzu Höchstleistungen abzuverlangen. Früher gab es in Betrieben noch sogenannte „Schonarbeitsplätze“, also Arbeitsplätze, die auch von Mitarbeitern mit irgendwelchen Einschränkungen und Handicaps ausgefüllt werden konnten. Als ein ganz typischer Arbeitsplatz dieser Art galt der Pförtner. Mittlerweile sind in allen Firmen Mitarbeiter entlassen worden — man nennt das dann euphemistisch ein „Verschlanken der Belegschaft“ —, und die verbleibenden haben eine Fülle von neuen Aufgaben dazubekommen. Wo früher fünf Menschen in einer Abteilung gearbeitet haben, müssen jetzt vielleicht nur noch zwei diese Arbeit ausführen und noch eine Menge Aufgaben dazu übernehmen. Selbst Mitarbeiter am Empfang werden bereits mit zahlreichen Sachbearbeiter-Aufgaben beschäftigt.

Damit ist einerseits die Arbeitsdichte gestiegen, andererseits gibt es kaum noch Möglichkeiten, einen Arbeitsplatz für Mitarbeiter zu finden, die überarbeitet sind und — zumindest vorübergehend — etwas kürzer treten müssten.

Inzwischen gibt es kaum noch saisonale Schwankungen im Arbeitsanfall. Während es früher in vielen Branchen auch einmal Zeiten der Flaute gab, wo es insgesamt etwas ruhiger zuging, wird das Personal inzwischen so eingesetzt, dass viele dauernd an der Grenze ihrer Leistungsfähigkeit arbeiten.

Es hat sich eine derartige Leistungskultur entwickelt, dass aufstrebende Mitarbeiter nur dann Karriere machen können, wenn sie in größerem Maße Überstunden leisten. Da gilt lange Anwesenheitszeit im Betrieb mehr als die erbrachte Leistung. Das hat zu den bekannten Auswüchsen geführt, dass Mails absichtlich erst abends versandt werden oder dass die Jacke abends noch am Bürostuhl hängt, bei laufendem

Computer, um zu zeigen, wie spät man noch am Schuften ist. Wo ein solches Klima herrscht, wird Burnout der normale Preis, den man für den Aufstieg bezahlen muss.

Antreiber Globalisierung

Dank Internet stehen wir inzwischen mit der ganzen Welt in Kontakt, wir können Informationen von überall her bekommen und überall hin verschicken. Damit haben sich auch Wirtschaftswege verändert und verkürzt. Wo früher nur die regionale Konkurrenz von Bedeutung war, steht ein Kleinunternehmen jetzt vielleicht weltweit mit anderen Anbietern im Wettbewerb. Das erhöht Ängste und Unsicherheiten — und natürlich auch den Leistungsdruck.

„Nicht mehr Europäer oder Amerikaner, sondern alle Menschen der Welt stehen plötzlich vor der Möglichkeit zu Entwicklung und Konkurrenz. Dies macht auch Angst. (...) Globalisierung ist also nicht nur eine Chance für uns, Globalisierung löst Ängste in uns aus. (...) Neben die Chancen tritt so die Unsicherheit. Und es ist vielleicht auch diese Angst, die uns in einer bisher nicht gekannten Weise in die Arbeit treibt.“ (Unger & Kleinschmidt, 2006)

Auch für viele Angestellte großer Unternehmen hat die Globalisierung zunehmende Leistungsanforderungen gebracht. Es wird selbstverständlich um die Welt gejettet, um Betriebsteile oder Kunden in anderen Kontinenten aufzusuchen. Die vielen Stunden Reisezeit gelten dabei dann nicht völlig als Arbeitszeit, sondern als private Zeit. Niemand wird allerdings behaupten können, dass viele Stunden im Flugzeug oder in der Bahn ähnlich erholsam sind, wie Zeit zu Hause mit der Familie. Und am Tag nach der Rückkehr aus Indonesien oder Brasilien geht es dann natürlich wieder ins Büro. Gerade Manager verbringen immer mehr Zeit auf Reisen. Damit leiden sie häufig sowohl unter Jetlag als auch unter Schlafmangel und bekommen gleichzeitig nicht genügend Erholungszeiten.

Tabuthema psychische Belastungen

Obwohl die Zahlen zeigen, dass psychische Belastungen und Erkrankungen jeden treffen können, gelten diese Störungen immer noch als Tabuthema und sind immer auch mit einem gewissen Schuldgefühl behaftet. Kann der antriebslose Depressive sich nicht einfach mal zusammenreißen? Und der getriebene und gestresste Mensch soll doch bitte abends einfach mal abschalten, damit er morgens wieder am Arbeitsplatz einsetzbar ist. Dahinter steht die Annahme, psychische Störungen seien mit ein wenig Willenskraft zu beherrschen. Es ist immer noch leichter, einen hohen Blutdruck zu akzeptieren und davon auch im Freundeskreis zu berichten, als mit der Diagnose „Depression" oder „Burnout" vom Arzt zu kommen.

Wer psychische Probleme hat, gilt immer noch irgendwie als nicht belastbar, als ungenügend. Und immer noch wird unterstellt, man könne sich einfach „zusammenreißen" und dann müsse es doch auch wieder gehen. Natürlich führt eine solche Tabuisierung psychischer Überforderungen und ihrer Folgen dazu, dass sie erst thematisiert werden, wenn es gar nicht mehr geht und der Zusammenbruch unmittelbar bevorsteht oder bereits stattgefunden hat.

Und dann ist es auch leichter, einen Burnout zu haben als eine Depression. Wer einen Burnout hat, hat sich ja schließlich bei der Arbeit aufgeopfert, hat gebrannt. Man kann sich also ein bisschen wie ein verwundeter Kriegsheld fühlen. Dagegen wird eine Depression oder Angsterkrankung eher als persönliche Schwäche und als dicht am „Verrücktsein" gesehen.

Mangelnde gesetzliche Regelungen

Diese Tendenz, psychische Überlastungen und ihre Folgen, als Zeichen persönlicher Schwächen anzusehen, macht sich auch in der mangelnden Gesetzgebung zum Thema bemerkbar. Während es in Deutschland ein wirklich ausgefeiltes System für den Arbeits- und Unfallschutz gibt, fehlt es an Schutzmaßnahmen der Beschäftigten vor Überforderung und psychischen Überlastungen fast völlig. Es gibt lediglich einen kurzen Passus in einer Verordnung für Bildschirmarbeitsplätze, der auf psychische Belastungen und die Verantwortung der Arbeitgeber für deren Verhütung hinweist. Die Berufsgenossenschaften und Gewerbeaufsichtsämter prüfen alle Unfallgefahren penibel, für die Beurteilung psychischer Gefährdungen sind sie als Ingenieure und Techniker weder ausgebildet noch fähig. Hier fehlt es an gesetzlichen Regelungen. Sicherlich wird es auch noch eine Weile dauern, bis diese Lücken geschlossen werden, auf Dauer wird eine moderne Gesellschaft aber nicht umhin kommen, auch die psychische Gesundheit von arbeitenden Menschen zu schützen.

„15 Jahre nach dem Inkrafttreten des Arbeitsschutzgesetzes zeigt sich: In dem Maße, wie psychische Belastungen am Arbeitsplatz zugenommen haben und die psychische Gesundheit vieler Beschäftigter ernsthaft gefährdet ist, wird sichtbar, das hier eine Regelungslücke besteht, die geschlossen werden muss. Das ist eine der wichtigsten Aufgaben für die Weiterentwicklung eines zeitgemäßen Arbeitsschutzes." (Kamp & Pickshaus, 2011)

1.4 Häufigkeit und Gefahr von Burnout in bestimmten Branchen und Berufen

1.4.1 Häufigkeit von Burnout

Obwohl das Thema Burnout so großes Interesse findet, gibt es leider nur sehr wenige genaue Angaben über die Häufigkeit von Burnout. Das liegt u. a. daran, dass es keine einheitliche Definition von Burnout gibt. Was man nicht genau definieren kann, kann man auch schlecht studieren und messen. Außerdem lassen sich psychische Phänomene nur annähernd quantifizieren, genaue Möglichkeiten der Messung gibt es für diesen Bereich naturgemäß nicht. So muss man sich in der Burnout-Forschung mit verschiedenen Methoden behelfen, um einen Eindruck von der Häufigkeit zu bekommen:

- Es werden Fragebögen verwendet; in den meisten Studien wird das Maslach-Burnout-Inventar (s. Abschn. 6.1) eingesetzt.
- Die Befragten schätzen ihren Zustand ganz subjektiv selbst ein.
- Experten, z. B. Psychotherapeuten und Fachärzte, schätzen den Zustand der Betroffenen ein.
- Die Daten von Krankenkassen werden ausgewertet, z. B. die Diagnosen der Krankschreibungen.

Aus einigen neueren Untersuchungen und Daten aus dem europäischen Ausland lässt sich die Burnout-Häufigkeit zumindest annähernd abschätzen.

Studie zur Gesundheit Erwachsener in Deutschland (DEGS)

In Deutschland ist das Robert-Koch-Institut zuständig für die Gesundheitsberichterstattung des Bundes. In seiner „Studie zur Gesundheit Erwachsener in Deutschland", von der im Juni 2012 die ersten Ergebnisse veröffentlicht wurden, machte das Institut auch das Thema Burnout zum Schwerpunkt. Über 7.000 Personen wurden mit Hilfe von Fragebögen und eines ärztlichen Interviews zum Vorliegen einer Depression, eines Burnouts, von Schlafstörungen und von subjektiv erlebtem chronischem Stress befragt. Zum Burnout-Syndrom wurde gefragt, ob jemals ein Arzt oder Psychotherapeut diese Störung festgestellt hätte. Insgesamt erklärten 4,2 % der Befragten, dass bei ihnen ein Burnout-Syndrom festgestellt wurde. Frauen waren dabei mit 5,2 % häufiger betroffen, als Männer mit 3,3 %. Im Laufe eines Jahres waren 1,5 % der Befragten betroffen. Die am häufigsten betroffene Altersgruppe sind die 40- bis 49-Jährigen.

Chronischen Stress gaben 13,2 % der Frauen an, bei den Männern waren es mit 11,1 % etwas weniger. Die Stressbelastung wurde in allen Altersgruppen als gleich hoch empfunden, erst bei den über 60-Jährigen wurde sie geringer. Die Befragten, die auch ein Burnout-Syndrom hatten, gaben fast doppelt so hohe Werte bei der Stressbelastung an verglichen mit denjenigen ohne Burnout.

Studie zur Arbeitsunfähigkeit der Bundespsychotherapeutenkammer

Ebenfalls im Jahr 2012 hat die Bundespsychotherapeutenkammer die Daten der großen gesetzlichen Krankenkassen zur Arbeitsunfähigkeit der Arbeitnehmer wegen psychischer Erkrankungen und Burnout ausgewertet.

„Dabei zeigte sich, dass die Anzahl der Krankschreibungen aufgrund eines Burnout (...) seit 2004 um 700 Prozent, die Anzahl der betrieblichen Fehltage sogar um fast 1.400 Prozent gestiegen ist.“ (Bundespsychotherapeutenkammer, 2012)

Die Zahlen der Krankenkassen lassen allerdings nur einen begrenzten Rückschluss auf die tatsächlichen Zahlen zu, da Burnout keine Diagnose im klinischen Sinne ist, sondern nur zusätzlich zur Beschreibung angegeben werden kann. So wurden nur 15 % der Krankschreibungen aufgrund von Burnout ohne weitere Diagnosen gestellt, bei 85 % der Fälle mit Burnout wurden zusätzlich andere psychische oder körperliche (z. B. Rückenschmerzen) Erkrankungen festgestellt. Bei ca. der Hälfte der Fälle wurde neben dem Burnout eine psychische Erkrankung diagnostiziert. Es ist also davon auszugehen, dass die Ärzte nicht einheitlich vorgehen bei der Art, wie sie ein Burnout-Syndrom bei einer Krankschreibung verschlüsseln: Einige geben andere psychische Diagnosen an, z. B. Depression, einige wählen die auffälligste körperliche Symptomatik und wieder andere schreiben wegen eines Burnouts krank, obwohl das eigentlich so in den Diagnoseklassifikationen nicht regulär vorgesehen ist.

Dennoch geben diese Zahlen einen Eindruck davon, wie das Burnout-Syndrom auch aus der Perspektive der Krankenkassen immer häufiger und besorgniserregender wird.

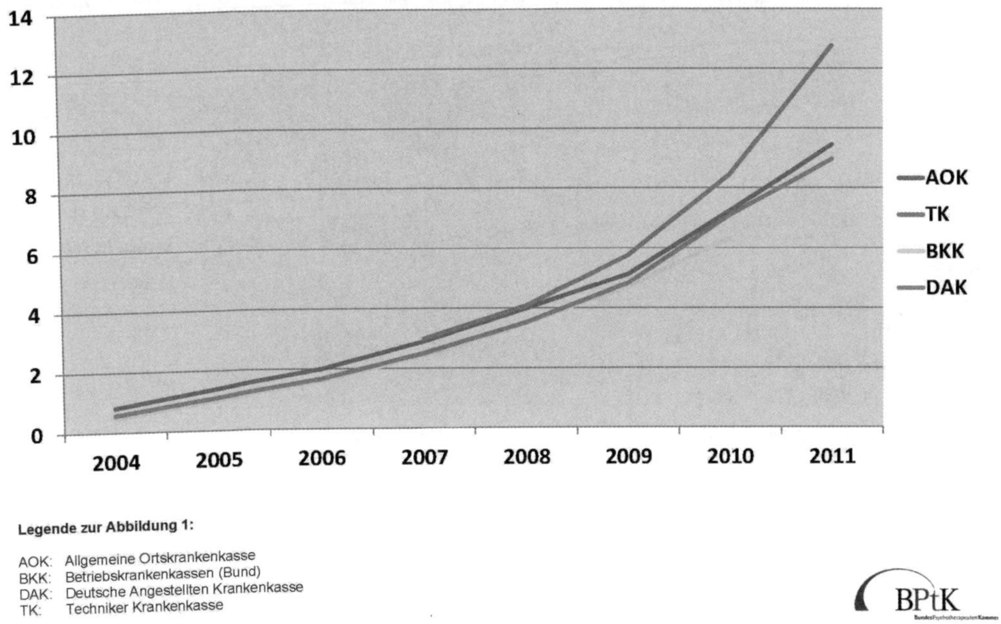

Abb. 1.9: Burnout: Krankheitstage (Arbeitsunfähigkeit) pro 100 Versichertenjahre (Bundespsychotherapeutenkammer, 2012)

Bei allen Krankenkassen ist seit Jahren ein stetiger Anstieg sowohl bei den Krankheitstagen als auch bei den Krankheitsfällen wegen Burnout zu beobachten. Demnach hat sich der Anteil der Arbeitsunfähigkeitsfälle in den Jahren 2004 bis 2011 verachtfacht! Eine Krankschreibung wegen Burnout dauert im Durchschnitt fast vier Wochen (26 Tage).

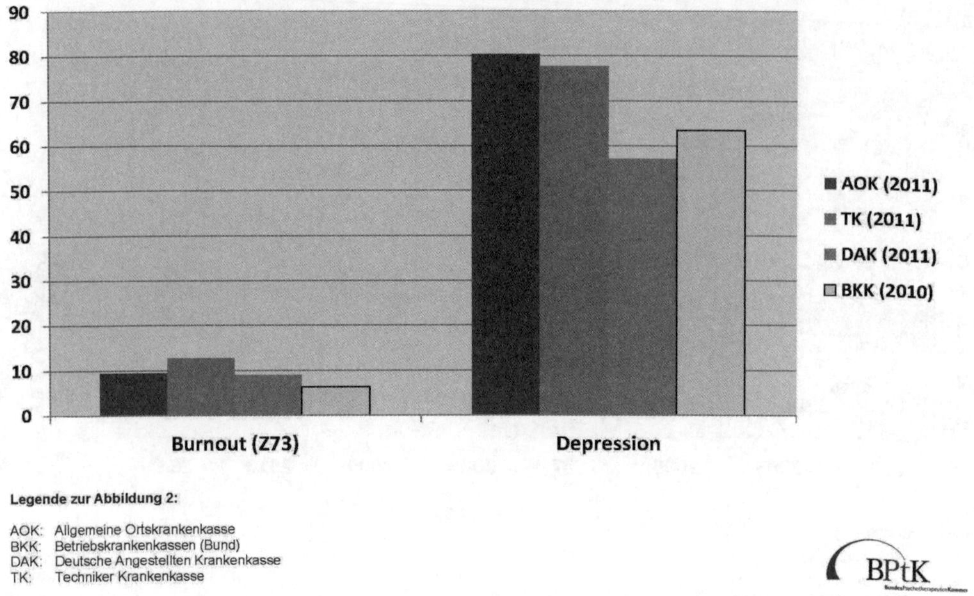

Abb. 1.10: Burnout und Depression: Krankschreibungstage pro 100 Versicherte

Es setzte sich auch für das untersuchte Jahr 2010 der Trend der letzten 10 Jahre fort, dass immer mehr Beschäftigte wegen psychischer Erkrankungen krankgeschrieben werden.

„Aktuell werden fünf Prozent aller Krankschreibungen bzw. 12,5 Prozent aller betrieblichen Fehltage durch psychische Erkrankungen verursacht. Damit hat sich der Anteil der AU-Tage aufgrund von psychischen Erkrankungen an allen betrieblichen Fehltagen seit 2000 etwa verdoppelt. Die Krankschreibungen aufgrund psychischer Erkrankungen sind überdurchschnittlich lang, durchschnittlich 30 Tage.“ (Bundespsychotherapeutenkammer, 2012)

Weitere Studien zur Burnout-Häufigkeit

Die Erhebungsdaten weisen eine ziemliche Spanne auf: Andere Untersuchungen, z. B. die von Krankenkassen, nennen Zahlen von ca. 10 — 25 % der Erwerbstätigen als von chronischer Erschöpfung bis hin zu Burnout betroffen. 20 — 30 % der Beschäftigten in Risikoberufen gelten als gefährdet, ebenfalls in einen Burnout zu rutschen. Eine repräsentative Umfrage von TNS Emnid vom Dezember 2010 ergab, dass sich 12,5 % aller Beschäftigten in ihrem Job überfordert fühlen (Kaschka, Korczak, & Broich, 2011).

Eine große Studie aus Finnland ergab, dass 2,4 % der Untersuchten an einem schweren Burnout litten und insgesamt 25 % von einem „milden" Burnout betroffen waren. In Schweden fand sich in einer Studie unter Erwerbstätigen ein ausgeprägter Burnout bei 13 %. Frauen waren dabei stärker betroffen, was mit deren Lebenssituation und ungünstigeren Arbeitsbedingungen erklärt wurde (Norlund, Reuterwall, Höög, Lindahl, Janlert, & Birgander, 2010).

Der Bundesverband der Betriebskrankenkassen hat für mehrere Jahre geschätzt, wie viele Krankheitstage durch das Burnout-Syndrom mit verursacht wurden:

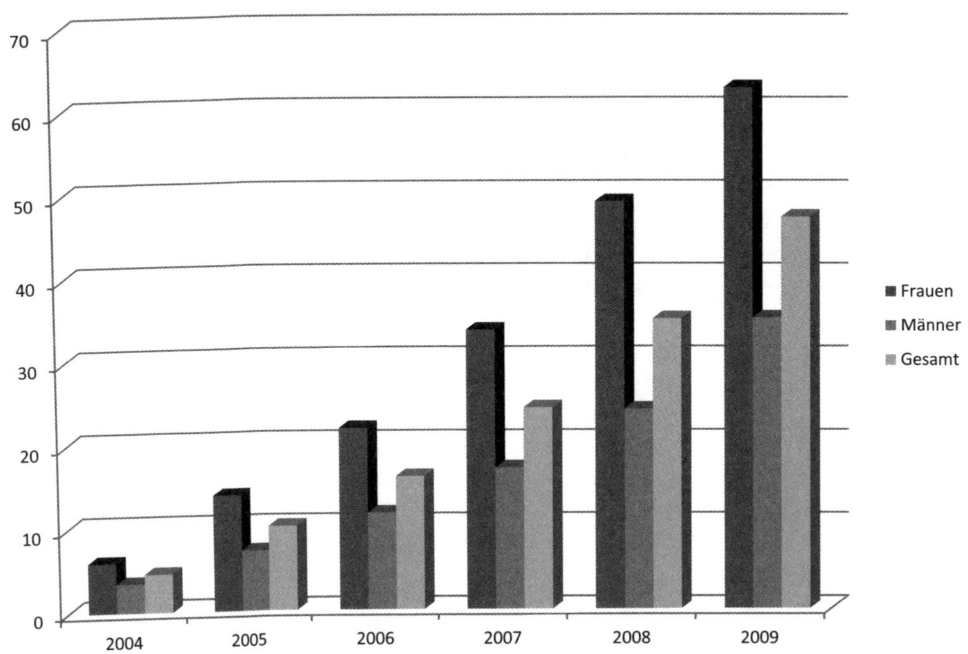

Abb. 1.11: Krankheitstage verursacht durch das Burnout-Syndrom (Bundesverband der Betriebskrankenkassen, 2010)

Auch hier zeigt sich, dass die Zahlen Jahr für Jahr steigen. Besonders Frauen sind stark betroffen. Das kann einerseits damit zusammenhängen, dass Frauen eher zum Arzt gehen und auch psychische Störungen zugeben. Andererseits stehen Frauen häufig auch unter mehrfachen Belastungen, neben dem Beruf auch im Privatleben.

Für finnische Angestellte gilt, dass Männer mit Burnout siebenmal häufiger und Frauen mit Burnout doppelt so häufig krankgeschrieben sind im Vergleich zu Beschäftigten ohne Burnout (Ahola, Honkonen, Virtanen, Koskinen, Vahtera, & Lönnqvist, 2008).

Berufe mit erhöhtem Burnout-Risiko

Es gibt auch Untersuchungen und Schätzungen zur Häufigkeit des Ausgebranntseins in bestimmten Risiko-Berufsgruppen:

- Ärzte: 15 — 30 %
- Lehrer: 35 %
- Pflegekräfte auf Intensiv-, AIDS- und Krebsstationen: 40 — 60 %.

Generell kann Burnout in allen Berufs- und Altersgruppen auftreten (Ahola, et al., 2006). Es gibt aber durchaus Berufsgruppen, die als besonders anfällig für Burnout gelten:

- Ärzte (besonders in Kliniken)/Zahnärzte
- Krankenpflegeberufe
- Hebammen
- Psychologen/Psychotherapeuten
- Personal in Beratungsstellen
- Sozialarbeiter
- Altenpfleger
- Erzieher
- Jugendfürsorge
- Lehrer
- Pfarrer
- Architekten
- Journalisten
- Manager
- EDV-Spezialisten
- Rechtsanwälte
- Richter

- Polizisten
- Gefängnispersonal
- Fluglotsen
- Stewardessen
- Sportler
- Trainer

! **ACHTUNG**

Führungskräfte sind besonders gefährdet!

Führungskräfte sind besonders gefährdet, einen Burnout zu erleiden!
Bei ihnen treffen starke innere Antreiber — wie z. B. große Leistungsbereitschaft — mit einem oft sehr starken äußeren Druck zusammen. Bei Führungskräften wird oft nicht akzeptiert, dass auch ihre Energien und Leistungsmöglichkeiten begrenzt sind. Schnell gilt man als nicht ausreichend leistungsbewusst, wenn man scheinbare „Schwächen" zugibt.
Daher sollten Führungskräfte bei sich selbst besonders sensibel mit Warnsignalen einer Überlastung umgehen (s. Abschn. 2.1), andererseits sollte auch von Seiten der Personalabteilung speziell auf das Belastungsniveau dieser Gruppe geachtet werden.

1.4.2 Große Firmen und Organisationen

Wenn man das Modell des Person-Environment-Fit auf große Unternehmen anwendet, lassen sich auch hier Burnout-Gefährdete ausmachen. Besonders Menschen mit einem hohen Bedürfnis nach Autonomie bei der Arbeit können in Großorganisationen Probleme bekommen, weil hier wegen des höheren Bedarfs an Koordination meistens auch die Bürokratie ausgeprägter ist [vergl. (Burisch, 2010)]. Auch in der Ausführung der Arbeitsaufgaben gibt es normalerweise weniger Freiheiten, und die Möglichkeiten, kurzfristige Erfolge zu erzielen oder etwas zu bewegen, sind hier begrenzter.

Je mehr Stufen die Hierarchie umfasst, desto intransparenter werden die Strukturen und desto schwerfälliger wird auch der Informationsfluss. Dies kann einerseits den Arbeitsaufwand erhöhen, andererseits auch die Identifikation mit dem Unternehmen erschweren: „Warum haben die da oben wieder so idiotische Entschlüsse gefasst?" — „Warum stellen die Mitarbeiter sich nur dauernd quer?". Wer sich in einer Organisation mit vielen Hierarchiestufen oder einer Projektstruktur zurechtfinden muss, wird auch immer wieder in Rollenkonflikte geraten, die in kleineren und überschaubareren Firmen nicht auftreten.

1.4.3 Sozial- und Gesundheitsberufe

Da Freudenberger damals den Begriff Burnout vorwiegend auf Angehörige der sozialen Berufe bezogen hat, gelten diese nach wie vor als besonders prädestiniert für das Ausbrennen. Insbesondere Pflegekräfte, die auf Stationen mit besonders schwer Erkrankten arbeiten, haben sicherlich ein erhöhtes Risiko. Neben der psychischen Belastung durch die Arbeit mit schwer Kranken und der häufigen Auseinandersetzung mit dem Tod kommen hier auch noch oft sehr lange und wechselnde Arbeitszeiten hinzu.

Als Stressquellen für die sozialen Berufe werden besonders genannt:

- Zweifel an der eigenen Kompetenz
- Probleme mit Klienten
- Bürokratische Hemmnisse
- Mangel an Anregung und Erfüllung
- Fehlende Kollegialität (Burisch, 2010).

Auch in der Freizeit wird die Rolle des oder der Helfenden nur schwer abgelegt. So kommt es oft vor, dass Pflegekräfte in ihrer privaten Zeit noch Angehörige pflegen oder Ärzte von Freunden und Bekannten um Rat gefragt werden.

In den sozialen Berufen finden sich besonders viele Menschen, die mit einem hohen Idealismus in ihr Arbeitsleben gestartet sind. Hier folgt dann häufig der Praxisschock, wenn die Arbeit z. B. viel mehr Bürokratie umfasst und wenig Zeit für die erfüllenden Aspekte in der Arbeit mit Menschen lässt. Das führt natürlich zu enttäuschten Erwartungen, außerdem ist die Versuchung groß, die sozialen Aspekte der Arbeit dann durch Mehrarbeit doch noch umzusetzen.

Die Situation der Lehrer lässt sich gut folgendermaßen beschreiben:

„Der Grad der psychischen Gesundheit im Zusammenhang mit dem Beruf wird hier als Resultante aus KÖNNEN – WOLLEN – SOLLEN verstanden. Dabei steht KÖNNEN für die individuellen Ressourcen, die persönlichen und beruflichen Kompetenzen sowie für Gelingensaspekte in Anbetracht der jeweiligen Situation. SOLLEN umfasst die Arbeitssituation mit ihren Aufgaben, Anforderungen und Belastungen, während die Leistungsmotivation, die beruflichen und privaten Zielsetzungen und das persönliche Anspruchsniveau an die Qualität eigener Arbeit und Lebensführung mit WOLLEN bezeichnet werden. Im Verhältnis dieser Faktoren zueinander sind Risiken auszumachen, z.B. Über- und Unterforderung, Selbstausbeutung und Selbstverwöhnung, Überidentifikation und innere Kündigung." (Heyse, 2008)

1.4.4 Emotionsarbeit

Immer gut gelaunt, freundlich, lächelnd, zuvorkommend — so sollen Mitarbeiter sein, die im direkten Kundenkontakt stehen. Überall, wo Dienstleistungen erbracht werden, gehört es auch zur Arbeit, sein Verhalten und seine Gefühle anzupassen.

Gefühle gehören also nicht nur in das Privatleben, sondern sie spielen auch bei der Arbeit eine wichtige Rolle. Mitarbeiter empfinden positive oder negative Emotionen, wenn sie entweder gelobt oder vielleicht einmal ungerecht behandelt werden.

Neben diesen Gefühlen, die die Mitarbeiter als Person sowohl im Privat- als auch im Arbeitsleben haben, gibt es eine zweite Ebene: Gefühle, die im Umgang mit Kunden entstehen. Gerade Dienstleistungsberufe, wie z. B. im Bankgewerbe oder in Verkehrsbetrieben, haben ja eine große Anzahl an direkten Kundenkontakten. Zum Servicegedanken des Unternehmens gehört es dazu, dass die Mitarbeiter immer zugewandt, höflich, freundlich und aufmerksam sind. Der Kunde ist König!

Was aber, wenn Kunden sich beschweren, ärgerlich oder gar wütend werden? Oder wenn ein Kunde sehr umständlich reagiert und damit dem Mitarbeiter wertvolle Zeit nimmt, in der er schon andere Kunden hätte bedienen sollen? Solche Situationen sind eine psychische Belastung für die Mitarbeiter, und dann ist es für sie harte Arbeit, noch angemessen zu reagieren und ihre Gefühle zu kontrollieren.

Der Servicegedanke

Schon 1983 hat Alice Hochschild den Begriff der „Emotionsarbeit" geprägt. Damit beschreibt sie die Anforderungen besonders an Servicemitarbeiter, die nicht nur körperlicher oder geistiger Art sind, sondern darauf hinauslaufen, sein eigenes Gefühlsleben anzupassen. Für den Kunden bedeutet Servicequalität nämlich auch, dass die Servicemitarbeiter sich engagiert um seine Anliegen kümmern, lächeln, Augenkontakt halten, freundlich und persönlich bemüht sind. Aber wie schwer ist es für diese Mitarbeiter, einen ganzen Tag lang immer fröhlich und zugewandt zu sein, gerade auch bei schwierigen, aggressiven oder lästigen Kunden?

Diese Art der psychischen Belastung hat in letzter Zeit stark zugenommen. In Zeiten, in denen viele Produkte von den Kunden als mehr oder minder austauschbar empfunden werden, werden der Servicegedanke und die persönlichen Beziehungen des Kunden zur Firma immer wichtiger. Der Servicegedanke hat inzwischen auch Branchen erreicht, in denen er früher keine große Rolle spielte, z. B. im Gesundheitswesen. Außerdem hat sich die Art der Kommunikation geändert: Durch den vermehrten Einsatz von Call-Centern gibt es inzwischen Mitarbeiter, die den ganzen Tag nichts anderes tun, als Beschwerden entgegen zu nehmen. Und da der Kontakt hier sehr anonym abläuft, empfinden die wütenden Kunden auch keine großen Hemmungen, ihrem Ärger mal so richtig Luft zu machen.

Die Herausforderung für die Mitarbeiter besteht dann darin, weiter zu lächeln und zu nicken, dabei aber die eigenen tatsächlichen Gefühle gut zu verstecken. Unter anderen Umständen würden wir Kritik oder Beschwerden als unangenehm empfinden und daher solchen Situationen eher ausweichen. Das können und dürfen Service-Mitarbeiter gerade nicht!

Es gibt Branchen, in denen besonders viel Emotionsarbeit von den Mitarbeiterinnen und Mitarbeitern verlangt wird:

- Gastronomie: Bedienungs- und Servicepersonal
- Verkehrsbetriebe: Flug- und Zugbegleiter, Fahrkartenkontrolleure
- Gesundheitswesen: Pflege- und Servicepersonal
- Call-Center-Agents
- Banken und Versicherungen: Kassenpersonal, Berater, Außendienstmitarbeiter
- Bildung: Erzieherinnen, Lehrer
- Verkauf, Handel: Verkaufs- und Kassenpersonal

Die Regulierung von Gefühlen kann kurz- und langfristige Folgen für die betroffenen Mitarbeiter haben. Kurzfristig entstehen Gefühle der Stressbelastung, die oft einhergehen mit Ärger, Frustration, Gereiztheit, Anspannung, Ängstlichkeit. Daneben kann es zu mehr Fehlern, nachlassenden oder schwankenden Leistungen kommen. Also alles Folgen, die eigentlich im Servicebereich überhaupt nicht gewünscht sind!

Emotionale Dissonanz

Die langfristigen Auswirkungen dieser andauernden psychischen Belastungen können Burnout, psychosomatische Krankheiten oder starke Arbeitsunzufriedenheit sein. Burnout ist besonders häufig in Arbeitsbereichen, in denen viel Emotionsarbeit geleistet werden muss, z. B. im Gesundheits- oder Bildungswesen sowie in Call-Centern.

Im Privatleben dürfen wir so emotional reagieren, wie wir wollen, und können diesen Gefühlen auch Ausdruck geben. Im Berufsleben würde das als unprofessionell gelten. Daher müssen wir bei negativen Emotionen im Berufsleben eine von drei Verhaltensweisen wählen:

- Gefühle zeigen, die wir nicht wirklich empfinden
- Gefühle verbergen, die wir gerade haben
- Gefühle hervorrufen, die für diese Situation als angemessen gelten.

Wenn man also dauernd andere Gefühle nach außen zeigen muss, als man innerlich tatsächlich empfindet, gerät man in einen emotionalen Konflikt. Dieser Zustand wird emotionale Dissonanz genannt und ist subjektiv sehr unangenehm. Das Verstecken von Gefühlen führt zu Stress und insbesondere die emotionale Dissonanz kann zu Burnout führen. Das ist somit besonders im Dienstleistungsbereich ein wichtiger Risikofaktor für Burnout.

1.5 Boreout: das Gegenteil von Burnout

Während Burnout vorwiegend mit einer Überforderung durch die Arbeit in Verbindung gebracht wird, gibt es auch ein Phänomen, das durch eine Unterforderung verursacht wird: Boreout.

Das Phänomen „Boreout" wurde bekannt durch die Bücher des Autoren-Duos Rothlin und Werder, die 2007 das erste Buch dazu auf den Markt brachten. Sie haben sich — abgeleitet aus ihren Praxiserfahrungen als Berater — mit der Unterforderung am Arbeitsplatz intensiv beschäftigt. Da sonst sehr häufig das Thema Stress durch Überforderung thematisiert wird, wurde dieser neue Ansatz insbesondere von den Medien mit großem Interesse aufgegriffen. Es handelt sich allerdings (noch) **nicht** um ein wissenschaftlich anerkanntes oder untersuchtes Phänomen.

Was ist Boreout?

Der Begriff „Boreout" ist — in Anlehnung an den Begriff „Burnout" — aus den englischen Worten „bore" (langweilen) und „out" (aus, draußen) zusammengesetzt. Er soll so viel bedeuten wie „ausgelangweilt". Bei den betroffenen Arbeitnehmern hat die Langeweile ein solches Ausmaß angenommen, dass sie schier unerträglich wird (Rothlin & Werder, Diagnose Boreout, 2007).

Das Boreout-Syndrom besteht nach Rothlin und Werder aus drei Ebenen:

- Unterforderung
- Desinteresse
- Langeweile.

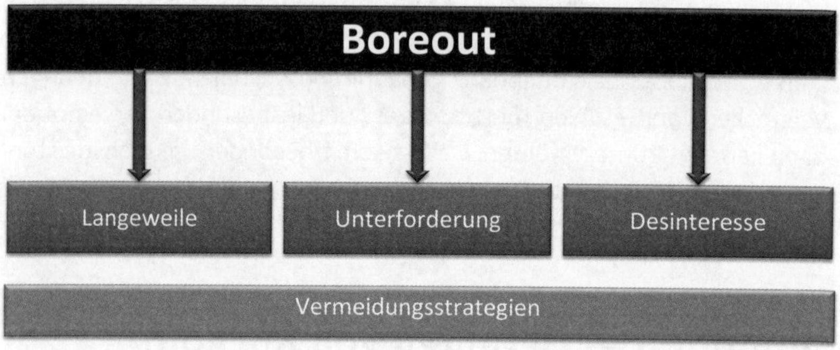

Abb. 1.12: Die Elemente des Boreout

Dazu kommen paradoxerweise auch noch Verhaltensstrategien, die gerade dazu beitragen, diesen Zustand zu erhalten. Der Arbeitnehmer hat Strategien entwickelt, die den Eindruck erwecken, er sei ausgelastet. So hält er sich zusätzliche Arbeit — eigentlich die Lösung des Problems — vom Leibe. Die „Erfinder" des Boreout-Syndroms beschreiben die drei Ebenen folgendermaßen:

„Bei der Langeweile geht es um Lustlosigkeit und um einen Zustand der Ratlosigkeit, weil man nicht weiß, was man tun soll.

Die Unterforderung beschreibt das Gefühl, mehr leisten zu können, als von einem gefordert wird.

Und beim Desinteresse schließlich steht die fehlende Identifikation mit der Arbeit im Vordergrund." (Rothlin & Werder, Diagnose Boreout, 2007)

Diese drei Ebenen sind nicht völlig unabhängig voneinander, sondern stehen in Wechselwirkung zueinander. Jemand, der dauernd unterfordert ist, wird sich bei der Arbeit langweilen. Und wer sich bei der Arbeit langweilt, wird auch das Interesse daran verlieren.

BEISPIEL

Die Entstehung eines Boreout

Frau Heinke ist Mitte Vierzig, seit vielen Jahren arbeitet sie halbtags in einer Behörde. Damals, als sie anfing, war immer viel zu tun, sie hatte ein sehr breites Aufgabengebiet. Dann kam eine Umstrukturierung nach der anderen, große Teile ihres Aufgabengebiets werden inzwischen in einem anderen Amt erledigt. Fakt ist: Frau Heinke hat eigentlich nichts mehr zu tun. Sie kann sich an ihrem Arbeitstag nur noch beschäftigen, indem sie sich morgens Zeitungen und ihr Strickzeug mitbringt. Inzwischen hat sie schon viele, viele Socken gestrickt ...

Ihre Freunde meinen, sie hätte den Traumjob: fürs Zeitunglesen bezahlt werden! Das wünschen sie sich auch. Frau Heinke ist aber gar nicht glücklich, sie weiß, dass sie nicht gebraucht wird und besonders herausfordernd ist das Strümpfestricken auch nicht. Kontakt mit Kollegen hat sie wenig, die würden dann ja auch merken, wie wenig sie eigentlich zu tun hat. Dennoch traut sie sich nicht, mit ihrer Vorgesetzten über die Situation zu sprechen. Wer weiß, welche Aufgaben man ihr dann zuschiebt? Ob sie sich dafür überhaupt interessiert? Und vielleicht kann sie das alles auch gar nicht mehr?

Den sicheren Job bei der Behörde mit dem relativ guten Gehalt aufgeben möchte sie auch nicht. Sie ist sich unsicher, ob sie in der freien Wirtschaft zurechtkäme. Also zieht sie sich jeden Morgen still in ihr Büro zurück, gibt ab und zu mal ein „Lebenszeichen" von sich. Frau Heinke hat resigniert: Sie ist im Boreout.

Checkliste: Der Boreout-Test

Frage	Ja
Erledigen Sie private Dinge während der Arbeit?	
Fühlen Sie sich unterfordert oder gelangweilt?	
Tun Sie ab und zu so, als ob Sie arbeiten würden – ohne etwas zu tun zu haben?	
Sind Sie abends müde und erschöpft, obwohl Sie keinen Stress hatten?	
Sind Sie mit Ihrer Arbeit eher unglücklich?	
Vermissen Sie den Sinn in Ihrer Arbeit, die tiefere Bedeutung?	
Könnten Sie Ihre Arbeit eigentlich schneller erledigen, als Sie es tun?	
Würden Sie gerne etwas anderes arbeiten, scheuen aber den Wechsel wegen des geringeren Verdienstes?	
Verschicken Sie während der Arbeit private Mails an Kollegen?	
Interessiert Sie Ihre Arbeit nicht oder nur wenig?	

Tab. 1.3: Der Boreout-Test

Auflösung: Falls Sie mehr als vier Mal mit Ja geantwortet haben, leiden Sie bereits am Boreout oder sind auf dem Weg dorthin. (Rothlin & Werder, Diagnose Boreout, 2007)

Boreout – alles nur Faulpelze?

„*Der Boreout ist zwar mit der Faulheit verwandt, aber er ist in seiner Ausprägung und in seinen Ursachen nicht mit ihr vergleichbar.*" (Rothlin & Werder, Diagnose Boreout, 2007, S. 25)

Faule Menschen wollen tatsächlich nicht (viel) arbeiten, sie wollen möglichst wenig tun. Auch sie wünschen sich mehr freie Zeit und entwickeln Strategien, um sich die Arbeit fern zu halten. „Arbeitnehmer, die an Boreout leiden, sind faul gemacht worden." (Rothlin & Werder, Diagnose Boreout, 2007, S. 25). Vom Boreout Betroffene sind also nicht von ihrer Persönlichkeit träge oder faul, sondern verschiedene innere und äußere Umstände machen sie dazu. Faulheit ist dann eher ein Zeichen des Boreout.

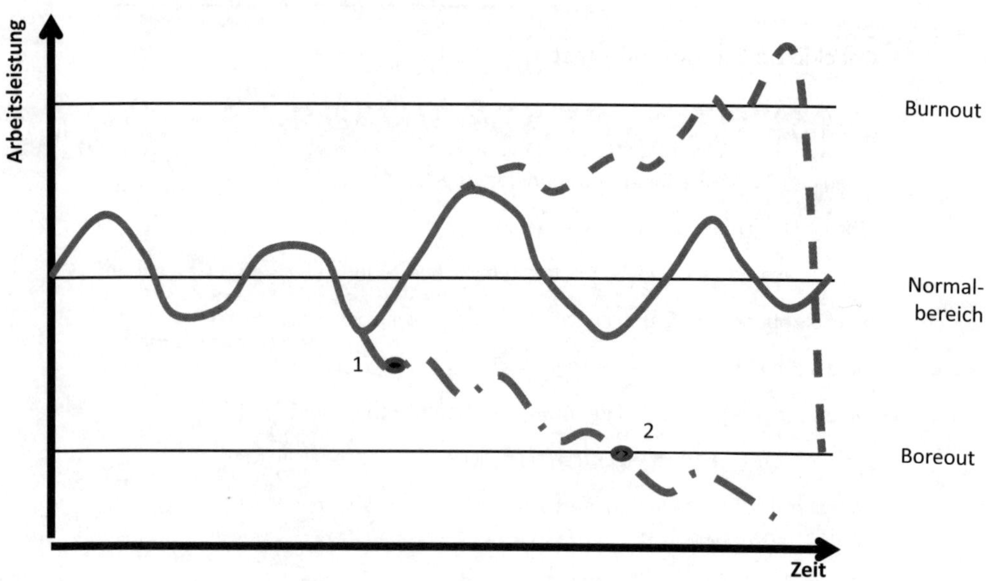

Abb. 1.13: Entwicklung von Burnout und Boreout (modifiziert nach Rothlin Werder, 2007)

Am Punkt 1 merkt der Arbeitnehmer, dass etwas nicht in Ordnung ist. Er langweilt sich zunehmend und fühlt sich unterfordert. Am Punkt 2 ist der Boreout eingetreten. Im Gegensatz dazu steigert ein Mitarbeiter im Burnout-Prozess seine Arbeitsleistung immer weiter, bis die Grenze erreicht ist und die Arbeitsleistung drastisch abfällt.

Wie man Arbeit vermeidet: Boreout-Strategien

Die Boreout-Strategien werden von den Autoren als ein integraler Bestandteil des Phänomens bezeichnet. Sie gehen davon aus, dass ein Boreout sich allmählich entwickelt und zwar dadurch, dass Mitarbeiter strategische Verhaltensweisen entwickeln, die ihnen dabei helfen, beschäftigt zu wirken. Dem liegen zwei Ziele zu Grunde:

- sich zusätzliche Arbeit fern zu halten
- am Arbeitsplatz freie Zeit für persönliche Interessen zu schaffen.

Die Autoren haben verschiedene — mehr oder minder raffinierte — Strategien zur Vermeidung von Arbeit ausgemacht. Beispiele für diese Strategien sind z. B.:

Die Dokumenten-Strategie

Diese Strategie ist einfach und sicherlich weit verbreitet: Der Beschäftigte ist am PC intensiv mit privaten Dingen befasst, z. B. der Urlaubsplanung. Falls der Vorgesetzte vorbeikommt, wird auf dem PC eine dienstliche Datei aufgerufen. So wird die private Tätigkeit vertuscht.

Die Pseudo-Commitment-Strategie

Mit dieser — ebenfalls sehr einfachen und weit verbreiteten — Strategie wird eine starke Identifikation mit dem Unternehmen vorgetäuscht. Das geschieht durch verlängerte Anwesenheitszeiten am Arbeitsplatz. Wer morgens früh kommt und abends spät geht, erweckt auf jeden Fall den Eindruck, sehr viel zu tun zu haben. Bei vielen Unternehmen gehört diese künstliche Verlängerung der Präsenzzeiten bereits zur Unternehmenskultur.

Die Komprimierungs-Strategie

Durch sehr effizientes Arbeiten wird das Projekt vor der gesetzten Deadline erledigt, dies dem Chef aber nicht mitgeteilt. So wird Zeit für Privates gewonnen. Bei Bedarf kann ein guter Eindruck erweckt werden durch Präsentieren der fertigen Aufgabe vor der Deadline.

Die Flachwalz-Strategie

Arbeit wird auf längere Zeit ausgedehnt als nötig, sie wird künstlich „flachgewalzt". Diese Strategie wird gern eingesetzt bei längeren Projekten. Nach außen hin werden eine starke Auslastung und eine intensive Bearbeitung des Projekts kommuniziert. Tatsächlich ist die Arbeitsbelastung gar nicht so groß, so dass immer wieder Zeiträume für private Aktivitäten eingeschoben werden können. Zum erwarteten Zeitpunkte liegt die fertige Aufgabe in guter Qualität vor. Wie in der Komprimierungs-Strategie kann sogar noch ein besonders guter Eindruck erweckt werden, indem der gesetzte Termin dann doch noch etwas unterschritten wird.

Die Aktenkoffer-Strategie

Es wird immer ein gut gefüllter Aktenkoffer von und zur Arbeit mitgeführt. So wird demonstriert, dass auch noch in der Freizeit gearbeitet wird: „Die Arbeit ist mir enorm wichtig, deshalb arbeite ich auch am Feierabend! Und ich bin unglaublich ausgelastet, deswegen werde ich nur fertig, wenn ich auch am Wochenende arbeite!" Tatsächlich enthält der Aktenkoffer gar keine Arbeit, sondern höchstens das Frühstücksbrot und die Tageszeitung. Nach außen hin wird wieder ein guter Eindruck erweckt, durch Vielbeschäftigtsein und scheinbar großes Interesse an der Arbeit.

Pseudo-Burnout-Strategie

Der Beschäftigte beklagt lautstark seine Überlastung. Auf keinen Fall könne er noch zusätzliche Aufgaben übernehmen, dann werde er bestimmt zusammenbrechen. Dadurch provoziert er eine Mitleids- und Entlastungsreaktion bei Kollegen und Vorgesetzten. Wenn diese Klagen überzeugend genug vorgetragen werden, wird niemand die tatsächliche Arbeitsauslastung überprüfen.

Lärm-Strategie

Wenn von einem Arbeitsplatz keinerlei Geräusche zu hören sind, könnten Kollegen oder Vorgesetzte den Eindruck bekommen, dort werde nicht gearbeitet. Als Gegenstrategie werden gezielt „Lebenszeichen" abgegeben, um Nichts-Tun zu überspielen:

- Lautes Tippen auf dem Computer oder der Rechenmaschine
- Drucken
- Akten holen, öffnen, blättern
- Geschäftig im Haus herumlaufen

Diese hörbaren Aktivitäten erwecken dann den Eindruck, der Mitarbeiter sei intensiv bei der Arbeit.

Was ist das Boreout-Paradox?

Rothlin und Werder gehen von einer beruflichen Entwicklung aus, die sie in drei Stufen unterteilt:

Die drei Stufen des Boreout

Stufe 1	Anfang der Karriere mit keiner oder wenig Berufserfahrung, die Motivation und die Freude auf das Berufsleben sind noch groß. Es werden Herausforderung und Stress erwartet, nicht das „süße Nichtstun".
Stufe 2	Bei steigender Arbeitserfahrung wird bemerkt, dass die Arbeit nicht so stressig ist wie erwartet. Mit entsprechender Kommunikation wird versucht, den Arbeitsaufwand noch zu vermindern, da angenommen wird, dass Nichtstun schön und erstrebenswert ist.
Stufe 3	Nach längerer Zeit kann der Boreout eintreten. Obwohl Nichtstun doch nicht als so attraktiv empfunden wird, wird trotz Unzufriedenheit daran gearbeitet, diesen Zustand zu erhalten.

Tab. 1.4: 3 Stufen des Boreout

Berufsanfänger starten häufig noch sehr motiviert und leistungsbereit in das Arbeitsleben (Stufe 1). Damit die älteren Kollegen im Vergleich dazu mit ihrer eigenen Arbeitsleistung und -einstellung nicht unangenehm auffallen, fangen sie dann an, die Neuen zu bremsen. Diese Mitarbeiter sind dann einer falschen Vorstellung aufgesessen: Es gilt als erstrebenswert, bei der Arbeit „eine ruhige Kugel zu schieben" und möglichst wenig zu tun. Die logische Folge daraus: Arbeitsvermeidung aus Angst vor Stress (Stufe 2).

Andererseits ist Nichtstun bei der Arbeit langweilig und macht unzufrieden. Daraus entsteht der Wunsch nach mehr Arbeit. So entwickeln Mitarbeiter, die vom Boreout betroffen sind, ein widersprüchliches Verhältnis zur Arbeit. Wer vom Boreout betroffen ist, will etwas, was er gerade nicht hat, entwickelt Strategien, um sich vor Arbeit zu schützen und belügt sich dabei selbst. So entsteht ein Teufelskreis von Unzufriedenheit, Nichtstun und Vermeidungsstrategien, der ein sehr **paradoxes Verhalten** hervorrufen kann: Obwohl die Betroffenen unter dem Zustand leiden, unternehmen sie nichts, um die Lage zu verbessern, sondern arbeiten sogar an deren Erhalt (Stufe 3).

Wie häufig ist Boreout?

Es ist nicht einfach, verlässliche Angaben über ein Phänomen wie den Boreout oder die Unterforderung zu bekommen. Naturgemäß wird darüber nicht offen oder nicht ehrlich geredet. Es gibt allerdings Angaben über Begleiterscheinungen des Boreout.

- **33,2 %** der amerikanischen Arbeitnehmer hatten nicht genügend Arbeit zu erledigen (Malachoswki, 2005).
- **39 %** der deutschen Manager sind **unterfordert** und betreiben **Boreout-Strategien**, ergab eine internationale Umfrage des Jobportals Stepstone, an der auch 5.467 deutsche Fach- und Führungskräfte teilnahmen (Theisen, 2009).

Abb. 1.14: Unter- und Überforderung bei deutschen Fach- und Führungskräften

Was sind die Ursachen für Boreout?

Es gibt verschiedene Ursachen für einen Boreout bei der Arbeit.

- **Falscher Beruf**: Der Beruf wird z. B. der Sicherheit des Arbeitsplatzes, der möglichen Karriere oder des Gehalts wegen gewählt und nicht nach dem eigenen Interesse.
- **Falscher Arbeitsplatz**: Selbst wenn der Beruf an sich Spaß macht, können die Gegebenheiten am Arbeitsplatz zum Boreout führen. Vielleicht sind die Aufstiegsmöglichkeiten begrenzt oder der Vorgesetzte macht alle interessanten Aufgaben selber und delegiert nur die langweiligen Tätigkeiten.
- Es gibt Strategien, um den **Status quo** zu erhalten. Dahinter steckt die Angst davor, was passieren könnte, wenn auf diese Strategien verzichtet würde. Möglicherweise bekäme man zu viel Arbeit oder nur langweilige Aufgaben, es könnte auch eine tief greifende Veränderung der beruflichen Situation nötig werden.
- Bei der Arbeit gibt es **Alternativen**, die Spaß machen (z. B. private Tätigkeiten wie Vereinsarbeit,...). So lange es interessante andere Möglichkeiten gibt, den Arbeitstag auszufüllen, außer mit der eigentlichen Arbeitstätigkeit, besteht ein Anreiz, den Status quo zu erhalten. Eine besondere Rolle bei diesen alternativen privaten Aktivitäten spielen das Internet und das Handy. Sie bieten eine Fülle von Möglichkeiten, neben der Arbeit privaten Beschäftigungen nachzugehen oder einfach nur zu spielen.
- **Mobbing** kann zur Ursache von Boreout werden, wenn die Mobbing-Handlungen in Arbeitsentzug bestehen. Insbesondere die Vorgesetzten können Arbeit bewusst vorenthalten oder nur langweilige und unterfordernde Tätigkeiten delegieren.

Auch ein Boreout kann also durch eine schlechte Passung von Mitarbeiter und Arbeitsplatz (Person-Environment-Fit) entstehen.

Was sind die äußerlichen und innerlichen Anzeichen von Boreout?

Bei der Betrachtung von Anzeichen für den Boreout ist es sinnvoll, zwischen innerlich spürbaren und äußerlich wahrnehmbaren Symptomen zu unterscheiden. Es ist ja gerade Bestandteil des Boreouts, sich diesen nach außen nicht anmerken zu lassen, daher geht es bei den äußeren Anzeichen eher darum, die angewandten Strategien zu entdecken. Diese Verhaltensmuster können dann als Hinweise auf einen Boreout gewertet werden, sind allerdings noch keine Beweise.

Äußerliche Anzeichen:

- Scheinbare Geschäftigkeit
- Viel im Betrieb unterwegs
- Private Telefonate, Mails
- Häufige Toilettengänge
- Versteckte Sitzposition, notfalls erreicht durch einen internen Umzug
- Bildschirm ist von außen nicht einsehbar.

Die inneren Symptome sind naturgemäß nur dem Betroffenen wahrnehmbar. Sie sind relativ unspezifisch und erfordern ein gewissen Maß an Ehrlichkeit und Selbstkritik, um sie selbst richtig einordnen und verstehen zu können. Ein Anzeichen ist die Unlust, überhaupt zur Arbeit zu gehen. Der Betroffene verspürt Ratlosigkeit, Langeweile, Desinteresse, Unzufriedenheit und Frustration. Da er oder sie sich am Arbeitsplatz nicht ehrlich verhält, kann daraus ein Gefühl von Anstrengung und Ermüdung resultieren. Selbst nach Dienstschluss kommt es dann nicht zu einer kompletten Erholung, weil die Gefühle von Frustration und Lustlosigkeit auch mit in den Feierabend genommen werden.

Innerliche Anzeichen:

- Unterforderung
- Müdigkeit, das Gefühl, ausgelaugt zu sein
- Gereiztheit durch Unzufriedenheit, mürrisches und empfindliches Verhalten
- Lustlosigkeit auch in der Freizeit
- Nach innen gewandt, introvertiert, Verstecken der eigentlichen Gefühle
- Unzufriedenheit

Boreout und innere Kündigung

Hinter dem Konzept der „inneren Kündigung“ steht der sogenannte „psychologische Arbeitsvertrag“. Es gibt nicht nur den offiziellen und schriftlichen Arbeitsvertrag, sondern auch den unausgesprochenen, in dem die stummen Erwartungen beider Seiten enthalten sind. So hat der Arbeitgeber bestimmte Vorstellungen von Arbeitseinsatz oder Loyalität des Mitarbeiters, die aber nirgendwo festgeschrieben sind. Der Beschäftigte auf der anderen Seite hat bestimmte Erwartungen an die Unternehmenskultur, die Art der Aufgaben oder die Aufstiegsmöglichkeiten. Eine „innere Kündigung“ — im Gegensatz zu der offiziellen Kündigung, die mit einem Verlassen der Firma einhergeht — kann stattfinden, wenn dieser psychologische Arbeitsvertrag aus Sicht des Arbeitnehmers verletzt wird. Dies kann z. B. geschehen durch objektiv gegebene oder subjektiv empfundene ungerechte Behandlung durch Vorgesetzte, durch fehlende Anerkennung, ausbleibende Beförderung der andere enttäuschte Erwartungen. Wenn ein Mitarbeiter innerlich gekündigt hat, ist er oder sie zwar noch körperlich in der Firma anwesend, empfindet aber keine Loyalität oder Verpflichtung mehr gegenüber der Firma und wird nur noch das nötigste tun, wenn er nicht zu den „aktiv Unengagierten" gehört, die laut den Gallup-Studien ca. 20 % (!) der Arbeitnehmerschaft ausmachen. Ursache für die innere Kündigung ist häufig eine Gratifikationskrise, also subjektiv als unzureichend erlebte Belohnung — auch in Form von Gehalt — und Anerkennung für die erbrachte Leistung.

Sowohl beim Boreout als auch bei der inneren Kündigung handelt es sich um einen schleichend einsetzenden Prozess der Distanzierung zwischen Arbeitnehmer und Arbeitgeber.

„Die eigentliche Konsequenz wäre (...) die Kündigung. Aber der Arbeitnehmer will oder kann diesen Schritt noch nicht tun, zum Beispiel, weil er Angst vor einer Veränderung hat, die finanzielle Nachteile, Unsicherheiten, Verlust von Bindungen und auch sozialen Abstieg mit sich bringen könnte." (Rothlin & Werder, Die Boreout-Falle, 2009)

Innere Kündigung und Boreout sind dabei nicht das gleiche, es gibt durchaus graduelle Unterschiede.

„...: Beim Boreout sinkt die Arbeitsleistung wegen Unterforderung, innere Kündigung kann eine Folge davon sein. Bei der inneren Kündigung versucht man, das als ungerecht empfundene Gleichgewicht zwischen Arbeitseinsatz und Belohnung wiederherzustellen, indem man die Arbeitsleistung senkt. Die Folgen davon können Unterforderung und Boreout sein." (Rothlin & Werder, Die Boreout-Falle, 2009)

Boreout oder Burnout — Über- und Unterforderung

Die Bundesanstalt für Arbeitsschutz und Arbeitsmedizin definiert die Begriffe Überforderung und Unterforderung wie folgt: „Überforderung kann durch Zeitdruck, Hetze, Arbeit im Akkord, d. h. durch ‚zu viel zu tun' entstehen. Unterforderung kann entstehen bei zeitlich monotonen Tätigkeiten und wenn zu wenig zu tun ist."

Eine nur leichte Überforderung kann die Entwicklung der Fähigkeiten und der Persönlichkeit fördern. Durch das Bewältigen von neuen und anspruchsvollen Aufgaben können Kompetenzen und Wissen zunehmen. Damit können sich auch die Zufriedenheit und das Selbstbewusstsein steigern.

Maßvolle Unterforderungen sind nicht schädlich. Eine Über- oder Unterforderung entsteht dann, „wenn der Unterschied zwischen den Anforderungen und Voraussetzungen zu groß wird, d. h. für den Einzelnen nicht mehr zumutbar oder erträglich ist" (Bundesanstalt für Arbeitsschutz und Arbeitsmedizin).

Fehlbeanspruchung durch Unter- oder Überforderung

Einfluss	Beispiel	Hinweis auf Beanspruchung
Unterforderung	*Quantitativ*: Wenig zu tun	Monotonie
	Qualitativ: Zu einfache Anforderungen Fähigkeiten, Qualifikationen werden nicht genutzt	Monotonie Psychische Sättigung
Überforderung	*Quantitativ*: Große Arbeitsmenge Zeitdruck	Psychische Ermüdung
	Qualitativ: Unklare Aufgaben Zu komplizierte Aufgaben	Psychische Ermüdung Psychische Sättigung

Tab. 1.5: Hinweise auf Fehlbeanspruchung durch Unter- oder Überforderung (Bundesanstalt für Arbeitsschutz und Arbeitsmedizin)

Boreout ist das Gegenteil von Burnout. Sie haben allerdings viele gemeinsame Symptome und können als Bestandteile des gleichen Systems betrachtet werden. Es kann sogar vorkommen, dass Mitarbeiter mit einer Neigung zum Burnout den Kollegen die Arbeit „wegnehmen" und damit bei anderen einen Boreout mit befördern. Bei beiden Phänomenen geht es also um die Arbeitsmenge und die Arbeitsverteilung im Team.

Wer ist von Boreout besonders betroffen?

Es können praktisch alle Arbeitnehmer vom Boreout betroffen sein, es gibt jedoch bestimmte Unternehmensstrukturen, die dieses Phänomen befördern. Besonders betroffen sind natürlich Angestellte in hierarchisch aufgebauten Unternehmen, also alle, die in einer Firma arbeiten, die ihnen nicht selbst gehört. Auch eine hohe hierarchische Stellung schützt nicht vor dem Boreout, auch Führungskräfte können betroffen sein! „…: Je isolierter er wirkt und je weniger nachvollziehbar ist, was ein Chef tut, desto wahrscheinlicher ist, dass er gar nichts tut. … Selbst in

Chefetagen kann also Stress übertrieben dargestellt werden." (Rothlin & Werder, Diagnose Boreout, 2007)

Die Erscheinung Boreout ist insbesondere in Dienstleistungsbranchen anzutreffen, in denen viel am Schreibtisch und viel in Projekten gearbeitet wird. Hier ist es möglich, nach außen hin beschäftigt zu erscheinen und viel zu arbeiten, aber anschließend nur schwer fassbare Resultate zu liefern. Auch Projekte, bei denen man relativ frei in der Zeiteinteilung ist und nicht in bestimmtem Rhythmus Vorgänge abarbeiten muss, sind ein fruchtbares Feld für den Boreout. Generell sind also Schreibtischarbeiten mit relativ viel Freiheit bei der Aufgabenbearbeitung anfälliger.

Es gibt einige Berufe, in denen der Boreout kaum auftritt, einfach deswegen, weil keine Täuschungsstrategien möglich sind. Taxi-Fahrer, Polizisten, Erzieher, Lehrer oder Ärzte haben es schwerer, beschäftigt zu wirken, ohne tatsächlich viel für die Arbeit zu tun. Auch bestimmte Branchen sind nicht so Boreout-anfällig, z. B. die Landwirtschaft oder die Industrie. „Es ist also ein konkretes Resultat nötig, etwas Sichtbares, messbare Erfolge; das macht es schwierig, nur so zu tun als ob." (Rothlin & Werder, Diagnose Boreout, 2007)

Die einzige sichere Ausnahme sind die Selbstständigen oder Firmen-Inhaber: „Und hier sind wir bei einem wesentlichen Abgrenzungsfaktor angelangt, der dem Boreout keine Chance lässt: dem Eigentum an einem Unternehmen. Wer sein eigenes Unternehmen führt, steckt sein ganzes Herzblut in seine Arbeit und leidet mit Sicherheit nicht am Boreout." (Rothlin & Werder, Diagnose Boreout, 2007) Selbstständige oder Eigentümer haben außerdem alle Möglichkeiten, ihre Arbeit selbst zu gestalten, also für sich interessant zu machen. Es gibt auch niemanden, dem sie etwas vormachen oder den sie über ihre Arbeitsmenge täuschen müssten.

Risikofaktoren für den Boreout

In unserer sehr stark spezialisierten und arbeitsteiligen Arbeitsgesellschaft gibt es drei Faktoren, die das Entstehen von Boreout befördern können:

- **Zu viele Jobmodelle**: „Wegen dieser extremen Arbeitsteilung läuft der Einzelne Gefahr, beruflich nicht genau das zu tun, was ihn wirklich interessiert. Es wird immer schwieriger, das Richtige zu finden. (Rothlin & Werder, Diagnose Boreout, 2007)
- **Keine Möglichkeit zu einem Wechsel**: durch die zunehmende Spezialisierung ist es schwieriger geworden, woanders einen adäquaten Job zu finden. Im Laufe des Berufslebens kann die Spezialisierung, z. B. auf bestimmte Branchen,

Programme o. ä., noch ansteigen und damit die Jobmöglichkeiten auf dem Arbeitsmarkt stark einschränken.
- **Große Distanz zum Produkt**: Für viele Arbeitnehmer gibt es keinen spür- oder messbaren Zusammenhang mehr zwischen ihrer eigenen Arbeitsleistung und dem Endprodukt des Unternehmens. „Ein für den Arbeitnehmer irrelevantes Produkt ist der ideale Nährboden für absolutes Desinteresse an der Arbeit." (Rothlin & Werder, Diagnose Boreout, 2007)

TIPP

Diese Lösungsmöglichkeiten für vom Boreout Betroffene gibt es!
- Selber die **Verantwortung** übernehmen! Jeder kann sein eigenes Schicksal in die Hände nehmen und ist für sich und seine Entscheidungen verantwortlich.
- **Sinn** in der Arbeit suchen!
- **Einstellung** zur Arbeit klären!
- **Arbeit** während der Arbeitszeit **suchen**!
- Work-Life-Balance finden!
- Genügend **Gehalt** aushandeln!
- Love it, change it or leave it!

Was können Unternehmen gegen Boreout tun?

Eine naheliegende Antwort auf das Phänomen Boreout könnte das Ausüben von mehr Kontrolle sein. Es könnten z. B. die elektronischen Arbeitsmittel auf Länge der Arbeitszeit und Arbeitsergebnisse geprüft, die Länge und Dauer der Pausen kontrolliert oder die externen Termin überprüft werden. Rothlin und Werder halten vermehrte Kontrolle jedoch nur für eine Scheinlösung. Dadurch werde nicht das Problem gelöst, sondern nur an den Symptomen gearbeitet. Eine nachhaltige Lösung für das Problem Boreout muss auch an eben diesen Problemen ansetzen. Vermehrte Kontrolle oder gar das Fördern von Denunziation führen gerade nicht zu einem motivierenden Arbeitsklima, in dem Spaß an der Arbeit oder Vertrauen gedeihen könnten. Sinnvolle Lösungen sind:

- Soziale Kompetenzen der Führungskräfte verbessern: Viele Vorgesetzte werden wegen ihrer fachlichen Kompetenzen befördert, aber nicht wegen ihrer Führungsfähigkeiten.
- Unternehmenskultur prüfen, ggf. ändern: „Ein Unternehmen hat die Pflicht, seine Arbeitnehmer gut zu behandeln und jemandem, der seine eigene Verantwortung nicht oder nur beschränkt wahrnehmen kann, zu helfen. Und die

Strukturen zu schaffen, damit der Arbeitnehmer am Ende eigenverantwortlich handeln kann.“ (Rothlin & Werder, Diagnose Boreout, 2007)

- Qualitative Personalplanung: Passen Mitarbeiterqualifikation und Jobprofil zusammen?
- Beförderungspolitik: Passt der Mitarbeiter auf die neue Stelle?
- Status der Führungskräfte nicht nach Abteilungsgröße.
- Unterforderung und Langeweile vermeiden.
- Innovationen fördern.
- Delegieren von spannenden Aufgaben.
- Kommunikation mit Mitarbeitern.

Bei einem Boreout-Verdacht sollte dieser auf jeden Fall mit dem betroffenen Mitarbeiter angesprochen werden. Nur so ist eine Veränderung noch möglich. Ein Dulden der Situation hilft nicht weiter.

Prävention von Boreout

Ganz am Anfang der Berufskarriere steht natürlich die Wahl des richtigen Jobs. Nur wer wirklich einen Beruf hat, der ihn interessiert und der den für ihn richtigen Grad an Abwechslung hat, wird dauerhaft zufrieden sein können. Auf Seiten der Unternehmen muss dann eine entsprechende Personalplanung und -entwicklung stehen, die dafür sorgt, dass alle Beschäftigten auf Arbeitsplätzen sitzen, die sowohl vom Arbeitsinhalt, als auch von der Qualifikation her angemessen sind. Es muss regelmäßig geprüft werden, ob es hier Veränderungen gegeben hat. Ein Beschäftigter, der sich fortgebildet hat, sollte z. B. andere Arbeitsinhalte oder Schwierigkeitsstufen bekommen.

Im Unternehmen selbst kommt es auf eine Unternehmensstruktur und einen Führungsstil an, in dem die Beschäftigten interessante Aufgaben bekommen können, ohne überfordert zu sein. Die Führungskraft sollte in so enger Kommunikation mit den Mitarbeitern stehen, dass sie die Auslastung der einzelnen Team-Mitglieder beurteilen kann. Es gilt, sowohl Über- als auch Unterforderung zu verhindern. Ein wichtiges Element ist die Delegation von spannenden Aufgaben mit Entwicklungspotential für die Mitarbeiter. Je mehr Erfahrungen ein Mitarbeiter sammelt, desto mehr verantwortungsvolle Aufgaben kann er übernehmen und desto weniger Kontrolle sollte ausgeübt werden.

Natürlich ist es für Unternehmen auch wichtig, die Bereitschaft zu haben, Unterforderung oder Boreout zu enttarnen. Boreout ist bewusste Täuschung durch Vermeidungsstrategien! Diese sollten nicht akzeptiert oder geduldet werden.

2 Wie Sie psychische Belastungen erkennen

In diesem Kapitel geht es darum, wie Sie erkennen können, wann einzelne Mitarbeiter oder sogar ganze Bereiche bei der Arbeit überfordert sind. Das macht Sie als Führungskraft oder Mitarbeiter einer Personalabteilung nicht zu einem Diagnostiker, der einstuft, ab wann bestimmte Verhaltensweisen Ihrer Mitarbeiter als „krank“ oder „gestört“ gelten. Dafür gibt es Fachleute, die sowohl für die Diagnose als auch für die Therapie zuständig sind. Es soll aber Ihren Blick für die möglichen Anzeichen und Warnsignale für Überlastungen zu schärfen.

2.1 Wie erkenne ich Burnout bei mir selber?

Bevor Sie sich in Ihrer Rolle als Vorgesetzter oder als Personalmanager daran machen, die psychische Belastung Ihrer Mitarbeiter zu prüfen, halten Sie doch noch einmal kurz inne. Könnten Sie selbst vielleicht auch betroffen sein? Halten Sie sich für Burnout-gefährdet?

Die Betroffenen erkennen häufig nicht, dass sie gerade dabei sind, in die Überforderung abzugleiten. Je mehr Arbeit und Anforderungen auf sie zukommen, umso mehr verstärken sie ihre Anstrengungen. Das führt dazu, dass man nicht mehr nach innen horcht und auf sein eigenes Befinden achtet. So werden nach und nach die eigenen Belastungsgrenzen immer häufiger überschritten. Und da anscheinend die Belastungen alle bewältigt werden, kommt häufig noch mehr Arbeit dazu. Ein Teufelskreis beginnt.

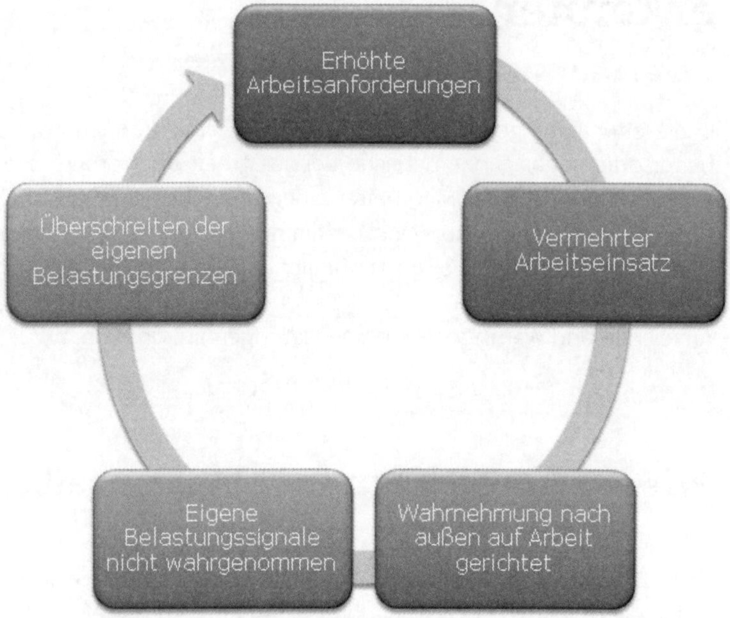

Abb. 2.1: Die Burnout-Spirale

Weil die eigene Wahrnehmung beeinträchtigt sein kann – es entsteht ein Tunnelblick, nur noch die Arbeit zählt – sollten Sie auf Hinweise von Familie, Freunden oder Kollegen achten. Von außen sind die Veränderungen häufig besser und früher erkennbar. Wenn Sie Vorwürfe von Ihrer Familie bekommen, weil Sie immer mehr und länger arbeiten und auch am Wochenende keine Zeit mehr haben, sollten Sie das sehr ernst nehmen! Auch entsprechende Hinweise von Kollegen, die Sie gut kennen, sollten Sie aufhorchen lassen.

TIPP

Achten Sie auf die Warnsignale Ihres Körpers!

Wenn Sie mehrfach Bemerkungen über Ihr schlechteres Aussehen, Ihr Verhalten oder Ihre Arbeitsbelastung und -zeiten hören, sollten Sie sich am Wochenende einmal die Zeit nehmen, in Ruhe in sich hineinzuhorchen. Achten Sie auf Ihr körperliches Befinden: Haben Sie sich in letzter Zeit schlechter gefühlt? Fühlen Sie sich matt, erschöpft und ausgelaugt? Hatten Sie häufiger Infekte? Oder Schmerzen? Fragen Sie sich auch, wie es Ihnen psychisch geht: Sind Sie häufiger lustlos und unmotiviert? Oder reagieren Sie zunehmend gereizt? Vielleicht

verlieren Sie auch langsam die Hoffnung und verzweifeln an Ihrer Arbeitslast? Haben Sie keine Lust mehr auf Ihre Hobbys, auf Unternehmungen mit Familie oder Freunden?
Wenn Ihre Work-Life-Balance schon über mehrere Wochen massiv gestört ist, sollten Sie in Ruhe überdenken, wie Sie Ihre Arbeitslast reduzieren und Kraftquellen wieder nützen können. Besprechen Sie Ihre Überlegungen und Pläne auch mit Ihrer Partnerin oder Ihrem Partner.

Die ersten Anzeichen

Die ersten Anzeichen dafür, dass die Energie nicht mehr für die Belastungen ausreicht, sind eine schnellere Erschöpfung und eine langsamere Erholung. Während also „gefühlt" der Arbeitstag immer länger wird, erscheint die Erholungszeit am Feierabend, am Wochenende oder sogar im Urlaub immer zu kurz. Dies führt auf Dauer natürlich zu einem Ungleichgewicht im Energiehaushalt. Die Folge ist, dass auch einfache Aufgaben und Anforderungen viel Konzentration und Anstrengung erfordern. Die letzten Energiereserven müssen mühsam mobilisiert werden.

Die Reaktion auf diesen Zustand der Erschöpfung und Energielosigkeit ist häufig, auf Freizeitaktivitäten zu verzichten. Man fühlt sich zu erschöpft, um noch zum Sport zu gehen oder mit der Familie oder Freunden etwas zu unternehmen. Stattdessen bricht man erschöpft auf der Couch vor dem Fernseher zusammen. Die Hoffnung ist, dadurch Kraft zu sparen oder gar neu aufzutanken.

Leider ist dies eine Fehlannahme. Wie erholt und erfrischt sind Sie wirklich nach einem Abend, an dem Sie sich wahllos durchs Fernsehprogramm gezappt haben? Gerade beim Sport oder bei Dingen, die uns Freude bereiten, können wir auftanken. Wenn diese Kraftquellen aus lauter Erschöpfung nicht mehr genutzt werden, ist der letzte Versuch oft, Kraft von außen zu holen. Das kann im negativen Fall dazu führen, dass man mehr „Frustfressen" betreibt oder seinen Alkohol- oder Nikotinkonsum steigert. Es kann auch zu Medikamentenmissbrauch kommen: Wegen der Schlafstörungen werden vermehrt Schlaftabletten eingenommen oder es wird zu leistungssteigernden Psychopharmaka gegriffen, um dem Druck weiter standhalten zu können. Dann ist der Schritt zu Abhängigkeit nicht mehr weit — und damit gleich zum nächsten Problem.

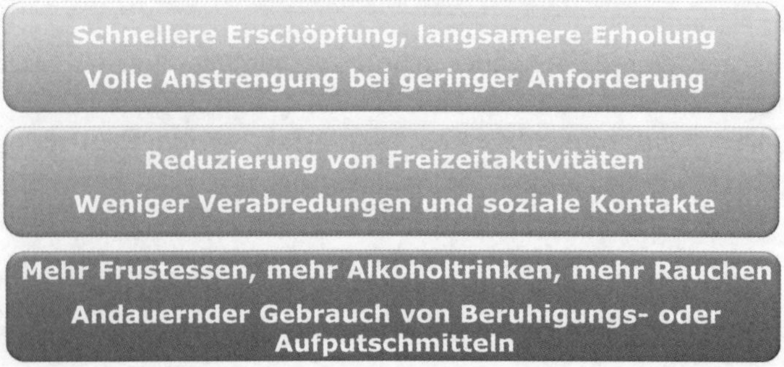

Abb. 2.2: Achtung: Burnout droht!

2.2 Wie können Sie psychische Belastungen im Team oder im Unternehmen erkennen?

2.2.1 Warnsignale bei einzelnen Mitarbeitern

Wie bereits in Abschnitt 1.1 beschrieben, ist Burnout keine klar umschriebene klinische Diagnose. Es handelt sich eher um die Beschreibung eines Zustandes, in dem alle Energie aufgebraucht („verbrannt") ist. So gibt es eine Fülle von möglichen Warnsignalen, die auch von Mitarbeiter zu Mitarbeiter sehr unterschiedlich ausfallen können.

! **ACHTUNG**

Suchen Sie Hilfe bei Fachleuten!
Die Diagnose von psychischen (und auch körperlichen) Störungen gehört immer in die Hand von Fachleuten! Lassen Sie sich nicht in die Rolle eines „Hobbytherapeuten" drängen. Auch die Psychotherapie muss bei entsprechenden Psychologen oder Ärzten in der Praxis oder Klinik erfolgen und ist nicht Aufgabe der Personalabteilung oder des Vorgesetzten!

Eines der wichtigsten Anzeichen eines Burnouts ist die ausgeprägte Erschöpfung. Diese kann sich auf verschiedenen Ebenen zeigen.

Abb. 2.3: Die 4 Ebenen der Erschöpfung

Warnsignale des Körpers

Auf der **körperlichen** Ebene zeigt sich oft eine starke Müdigkeit und Energielosigkeit. Man ist zwar müde und wünscht sich nichts mehr, als endlich ausruhen zu können, trotzdem fällt das Abschalten schwer. In der Freizeit reicht die Energie nicht mehr für soziale Aktivitäten oder Hobbies. Abends schläft man schlecht ein oder wacht nachts immer wieder auf, oft auch mit Gedanken an den nächsten Arbeitstag.

Checkliste: Weisen Sie eins oder mehrere dieser körperlichen Symptome auf?

Symptom	Ja
Schlafstörungen	
Müdigkeit, Erschöpfung, Energiemangel	
Verspannungen	
Kopfschmerzen	
Geschwächtes Immunsystem	
Erhöhter Blutdruck	
Atembeschwerden	

Symptom	Ja
Magen-Darm-Beschwerden	
Veränderung der Essgewohnheiten	
Sexuelle Probleme	
Einsatz von Aufputsch- oder Beruhigungsmitteln	
Vermehrter Konsum von Koffein, Alkohol, Nikotin	

Tab. 2.1: Symptome im körperlichen Bereich

Emotionale Warnsignale

Die **emotionale** Erschöpfung kann sich darin äußern, dass die Energie einfach nicht mehr reicht, anderen etwas von sich zu geben. Sich in andere Menschen hineinzuversetzen und sie zu verstehen, fällt schwerer. Nach außen hin entsteht der Eindruck von Kälte oder Desinteresse im Umgang mit anderen Menschen. Wo früher Hilfsbereitschaft und Zuwendung waren, ist jetzt vielleicht nur noch Interesselosigkeit bis hin zum Zynismus gegenüber Kunden oder Klienten. Menschliche Zuwendung verwandelt sich in ein mechanisches Versorgen, dies fällt besonders in sozialen oder Gesundheitsberufen auf.

Checkliste: Weisen Sie eins oder mehrere dieser emotionalen Symptome auf?

Symptom	Ja
Frustration, Desillusion, Verlust von Idealismus	
Weniger Einfühlungsvermögen, mechanisches „Funktionieren"	
Ungeduld, Intoleranz, Reizbarkeit, unkontrollierte Gefühlsausbrüche	
Neigung zum Weinen, depressive Reaktionen, Rückzug	
Verminderte emotionale Belastbarkeit, Entmutigung	
Aggressives Verhalten	
Starker Widerwille, zur Arbeit zu gehen	
Zynismus, Sarkasmus, Schlechtmachen von Klienten, Patienten	
Misstrauen, Angst, Nervosität	
Flucht- und Selbstmordgedanken	

Tab. 2.2: Symptome im emotionalen Bereich

Mentale Warnsignale

Auch im **mentalen** Bereich lässt die Energie nach: Konzentrations- und Gedächtnisschwäche treten auf, es kommt gehäuft zu Fehlern. Der Mitarbeiter wirkt schlechter organisiert und arbeitet ungenauer. Gerade bei Führungskräften fällt auf, dass sie ihre Fähigkeit verlieren, klare Anweisungen zu geben oder Entscheidungen zu fällen. Entweder werden Entscheidungen vermieden oder aufgeschoben. Oder um eine Angelegenheit vom Tisch zu bekommen, wird schnell und kurzsichtig entschieden.

Checkliste: Weisen Sie eins oder mehrere dieser mentalen Symptome auf?

Symptom	Ja
Konzentrationsstörungen	
Tagträume	
Unproduktivität	
Gedächtnisschwäche	
Gefühl der Überforderung	
Nachlassende Fähigkeit, sich auf Neues einzulassen	
Schwarz-Weiß-Denken	
Entscheidungsschwäche	
Verlust der Motivation	
Verlust der Flexibilität	
Durchsetzungsschwäche	
„Dienst nach Vorschrift"	

Tab. 2.3: Symptome im mentalen Bereich

Soziale Warnsignale

Die **soziale** Komponente des Burnouts zeigt sich oft in einer ausgesprochenen Tendenz zum Rückzug. Andere Menschen mit ihren Interessen, Wünschen und Ansprüchen werden als zusätzliche Anstrengung und Zumutung erlebt. Das führt dazu, dass soziale Aktivitäten zurückgefahren werden: Das Mittagessen oder private Treffen mit Kollegen werden gemieden und der Kontakt zu Kunden oder Klienten wird als anstrengend erlebt und ebenfalls möglichst gering gehalten. Auch im privaten Bereich kann ein Rückzug von Familie, Freunden oder geselligen Aktivitäten, z. B. Mitarbeit im Verein, stattfinden.

Checkliste: Weisen Sie eins oder mehrere dieser sozialen Symptome auf?

Symptom	Ja
Soziale Kontakte werden als Belastung empfunden	
Unfähigkeit, sich auf andere Menschen einzulassen, ihnen zuzuhören	
Überdruss, Unlust Menschen zu treffen	
Verschieben von Kontakten mit Kunden oder Klienten	
Häufigere Fehlzeiten	
Längere Pausen	
Verringerte Konfliktfähigkeit	
Rückzug, Isolation	
Flucht in Computerspiele, TV…	
Partner- und Familienprobleme	
Vermehrte Konflikte mit Kollegen	

Tab. 2.4: Symptome im sozialen Bereich

Wichtig ist es auch, sich klarzumachen, dass Burnout keine klar definierten Grenzen hat. Ab welcher Symptommenge oder -stärke liegt dieser Zustand vor, ab wann ist er wieder vorbei? Das Besondere am Burnout ist, dass er häufig einen schleichenden Verlauf nimmt. Nicht immer müssen die Warnsignale der Anfangsphase auch in einen ausgeprägten Zustand der Erschöpfung münden. Vom Zustand „Ich fühle mich ziemlich im Stress!“ bis hin zum körperlichen oder psychischen Zusammenbruch ist es ein weiter Weg. Sinnvoll ist es daher, Burnout als einen **Prozess** zu verstehen. Dieser Prozess muss nicht alle Stufen durchlaufen, kann also auch — rechtzeitig erkannt — wieder umgekehrt werden.

Die drei Phasen eines Burnout-Prozesses

Hilfreich für das Verständnis ist es, den Verlauf eines Burnout-Prozesses in drei Phasen einzuteilen. Natürlich verläuft letztendlich jeder Fall anders, aber so ein einfaches Schema hilft dabei, den Überblick zu behalten.

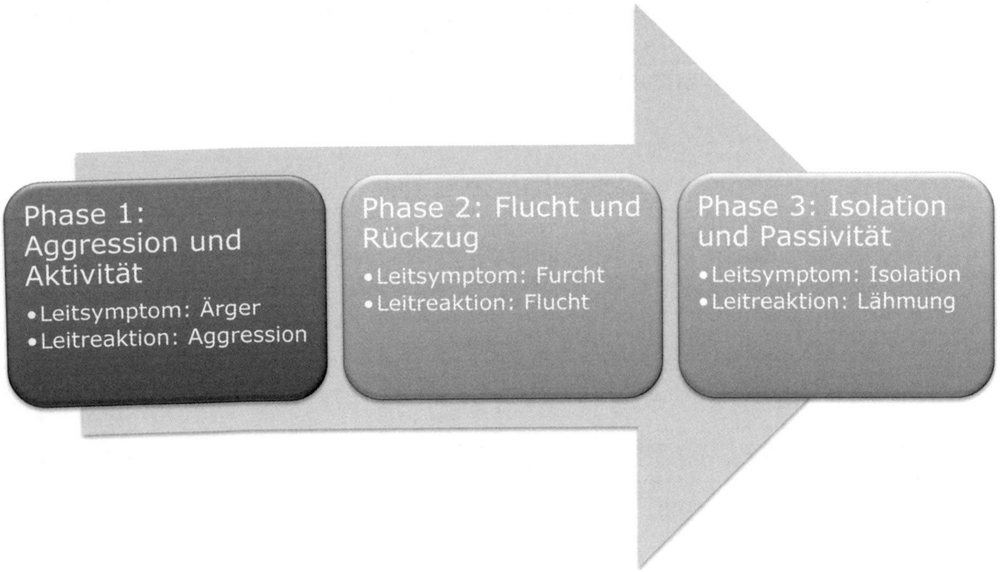

Abb. 2.4: Die 3 Phasen des Burnout

In der ersten **Phase der Aggression und der Aktivität** ist durchaus noch Energie vorhanden. Die Überlastung wird als Zumutung erlebt, also ärgert man sich über seinen Chef oder die Unternehmensleitung, die so furchtbar viel von einem verlangt. Es kann auch sein, dass sich die Aggression gegen die Klienten oder Kunden richtet, die anscheinend immer anspruchsvoller werden.

▶ **BEISPIEL**

Aggression und Aktivität – die erste Phase

Marita Schön ist Krankenschwester in einem großen Hamburger Krankenhaus. Seit einiger Zeit arbeitet sie auf der recht neu eingerichteten Privatstation. Bei einer Fortbildung fragt sie empört die Kollegen: „Werden eure Patienten eigentlich auch immer dreister und anspruchsvoller? Meine Patienten verlangen jetzt sogar von mir, dass ich ihnen morgens die Zeitung ans Bett bringen soll! Und dann meckern sie noch, weil ihnen die Kekse zum Kaffee nicht schmecken! Was glauben die denn eigentlich, wer die sind? Ich bin doch nicht deren Dienstmädchen!“

Anfangs kann diese Aggression noch in Aktivität umgesetzt werden, z. B. um den Chef davon zu überzeugen, dass das Arbeitspensum wirklich nicht mehr zu schaffen ist. Sehr pflichtbewusste und „getriebene" Mitarbeiter versuchen in dieser Phase, die Arbeit mit vermehrtem Einsatz bis hin zum Überengagement zu bewältigen.

Falls die Belastung trotz aller Gegenmaßnahmen – Abwehren der vielen Arbeit und Überengagement – nicht weniger wird, kann der Mitarbeiter in die **zweite Phase** rutschen: **Flucht und Rückzug**. Das Leitsymptom für diese Phase ist Furcht: vor der nächsten zusätzlichen oder schwierigen Aufgabe, vor dem nächsten Anruf des Chefs oder eines Kunden, vor der nächsten Mail oder den Ansprüchen der Familie. Um sich dem als immer unerträglicher empfundenen Druck zu entziehen, tritt der Betroffene nun langsam die Flucht an.

▶ **BEISPIEL**

Flucht und Rückzug – die zweite Phase

Seit langem arbeitet Andreas Klein schon in der IT-Abteilung einer Versicherung. In den letzten Monaten wurde ein großes Projekt gestartet, durch das praktisch bei laufendem Betrieb die gesamte Software geändert werden soll. Im Projektplan sah alles noch gut aus, aber jetzt kommen immer mehr Änderungswünsche aus den einzelnen Abteilungen, und Herr Klein ist inzwischen mit seinen Aufgaben deutlich im Rückstand.

An diesem Nachmittag klingelt das Telefon, er sieht an der Nummer, dass das wieder sein Vorgesetzter ist. Der will ihm bestimmt wieder eine neue Änderung durchgeben! Herr Klein geht schnell auf die Toilette – schließlich muss er das Telefon ja nicht gehört haben. Als er wiederkommt, sieht er schon eine Mail vom Chef. Richtig: wieder mehr Arbeit und gleich noch ein Rüffel, weil die Termine nicht eingehalten wurden. Die Mail wird von Herrn Klein schnell gelöscht. Bevor der Vorgesetzte nun auch noch persönlich erscheint, beschließt der IT-Mitarbeiter, dass es jetzt an der Zeit ist, Feierabend zu machen. Unter einem solchen Druck kann er nun wirklich nicht arbeiten.

In der **dritten Phase** – der **Isolation und Passivität** – hat der Betroffene sich komplett zurückgezogen. Selbst besorgte Kolleginnen und Kollegen kommen nun nicht mehr an den Mitarbeiter heran.

BEISPIEL

Isolation und Passivität – die dritte Phase

Die Teamleiterin Sabine Hochstein hat massive Probleme mit ihrem Team. Innerhalb kurzer Zeit haben sowohl ihr direkter Vorgesetzter als auch der Abteilungsleiter gewechselt. Seitdem ist nichts mehr, wie es einmal war. Früher lief die Arbeit reibungslos, die Abläufe waren klar, Frau Hochstein hatte alles gut im Griff. Die neuen Vorgesetzten haben völliges Chaos in ihr Team gebracht: Der eine gibt eine Anweisung, die der andere am nächsten Tag widerruft. Jeden Tag gelten andere Regeln. Obwohl Frau Hochstein bereits mehrfach mit beiden Vorgesetzten gesprochen und ihnen die Situation im Team erklärt hat, halten die schönen Versprechungen immer nur ein paar Tage.

Letzte Woche war es nun soweit: ihr Team hat komplett gestreikt! „Das machen wir nicht!" kam als Antwort auf eine neue Anweisung, die Sabine Hochstein von „oben" mitgebracht hatte. Sie hatte das Gefühl, dass ihr jetzt das ganze Team auseinanderfällt.

Nachdem sie anfangs noch mit vermehrtem Arbeitseinsatz und vielen Besprechungen versucht hatte, die Lage wieder unter Kontrolle zu bringen, hat sie jetzt fast aufgegeben. Einige Kolleginnen und Kollegen im Haus, die sie schon viele Jahre kennen, haben schon gemerkt, dass mit ihr etwas nicht stimmt. Mehrfach haben sie versucht, Frau Hochstein anzusprechen: „Sabine, was ist denn los? Mit dir stimmt doch etwas nicht. Geht es dir nicht gut? Kann ich dir irgendwie helfen?". Aber Frau Hochstein kann selbst diese wohlgemeinte Unterstützung nicht annehmen. Sie registriert kaum noch, was die Kollegen von ihr wollen. Sie weiß nicht mehr, was sie noch machen soll.

Schließlich wendet sie sich an ihren Hausarzt, weil sie schlecht schläft, immer wieder Rückenschmerzen hat und überhaupt nicht mehr abschalten kann. Der Arzt sagt: „Frau Hochstein, Sie haben einen Burnout! Ich schicke Sie jetzt in eine psychosomatische Klinik." Nach einigem Sträuben willigt Frau Hochstein schließlich ein und bleibt für acht Wochen in der Klinik. Sie erklärt aber auch hinterher noch ganz strikt, auf keinen Fall einen Burnout gehabt zu haben...

Es gibt unter den Experten keine einheitlichen Vorstellungen dazu, was genau einen Burnout ausmacht und welche Anzeichen dazu gehören. M. Burisch – als Psychologe und selbst Betroffener ein ausgewiesener Experte auf dem Gebiet des Burnouts – hat die verschiedenen Möglichkeiten, Burnout-Symptome zu kategorisieren, gesichtet und zusammengestellt. Dabei geht er sowohl auf die verschiedenen Phasen ein als auch auf die verschiedenen Ebenen, auf denen sich Warnsignale zeigen können: die individuelle Ebene, die zwischenmenschliche Ebene und die Ebene der Organisation. Da er dabei über 130 Symptome (!) auflistet, soll hier nur eine gekürzte Version seiner Zusammenstellung präsentiert werden.

Burnout-Symptome

Bereich	Symptome
Frühe Symptome	**Überhöhter Energieeinsatz**, z. B. freiwillige unbezahlte Mehrarbeit Gefühl der Unentbehrlichkeit Gefühl, nie Zeit zu haben Beschränkung sozialer Kontakte auf Klienten **Erschöpfung**, z. B. nicht abschalten können nicht ausgeschlafen sein erhöhte Unfallgefahr
Reduziertes Engagement	**Für Klienten, Patienten** etc., z. B. Verlust positiver Gefühle gegenüber Klienten Größere Distanz zu Klienten Meidung von Kontakt zu Klienten und/oder Kollegen Verschiebung des Schwerpunktes von Hilfe auf Beaufsichtigung Dehumanisierung **Für andere allgemein**, z. B. Kälte Verlust von Empathie Schwierigkeiten, anderen zuzuhören Zynismus **Für die Arbeit**, z. B. Verlust von Idealismus Negative Einstellung zur Arbeit Widerwillen und Überdruss Widerstand, täglich zur Arbeit zu gehen Überziehen von Pausen, verspäteter Arbeitsbeginn, vorverlegter Arbeitsschluss Fehlzeiten Verlagerung des Schwergewichts auf die Freizeit **Erhöhte Ansprüche**, z. B. Gefühl mangelnder Anerkennung Gefühl, ausgebeutet zu werden
Emotionale Reaktionen	**Depression**, z. B. Schuldgefühle Selbstmitleid Humorlosigkeit Abrupte Stimmungsschwankungen Verringerte emotionale Belastbarkeit Neigung zum Weinen Pessimismus, Fatalismus Selbstmordgedanken

Bereich	Symptome
	Aggression, z. B. Schuldzuweisungen an andere oder „das System“ Intoleranz Nörgeleien, Negativismus Misstrauen Häufige Konflikte mit anderen
Abbau	**der kognitiven Leistungsfähigkeit**, z. B. Konzentrations- und Gedächtnisschwäche Unfähigkeit zu komplexen Aufgaben Desorganisation Entscheidungsunfähigkeit Unfähigkeit zu klaren Anweisungen **der Motivation,** z. B. verringerte Produktivität Dienst nach Vorschrift **der Kreativität**, z. B. verringerte Fantasie **Entdifferenzierung**, z. B. rigides Schwarz-Weiß-Denken Widerstand gegenüber Veränderungen aller Art
Verflachung	**des emotionalen Lebens**, z. B. Gleichgültigkeit **des sozialen Lebens**, z. B. Meidung informeller Kontakte Eigenbröteleien Einsamkeit **des geistigen Lebens**, z. B. Aufgeben von Hobbies Desinteresse, Langeweile
Psychosomatische Reaktionen	Schlafstörungen Erhöhter Blutdruck Muskelverspannungen Kopfschmerzen Übelkeit Mehr Alkohol/Kaffee/Tabak
Verzweiflung	Gefühl der Sinnlosigkeit Selbstmordabsichten Existenzielle Verzweiflung

Tab. 2.5: Mögliche Symptome bei Burnout (Burisch, 2010)

Sie sehen, es gibt eine Vielzahl von möglichen Warnhinweisen. Dies sind allerdings wirklich nur Hinweise, noch kein fertiger Beweis oder eine Diagnose! Einige der genannten Merkmale können auch charakterbedingt sein. Wer hat in seinem Team noch keinen nörgeligen, negativ eingestellten Mitarbeiter gehabt? Und wer geht schon jeden Tag gerne zur Arbeit? Es hat auch jeder einmal einen schlechten Tag, an dem er oder sie am liebsten nichts mit Kunden oder Kollegen zu tun haben möchte. Das alles ist noch kein Burnout.

Wer aber seine Mitarbeiter gut kennt, kann einschätzen, ob die Veränderungen wirklich gravierend sind. Wichtig ist es auch, nicht nur die Symptome der Mitarbeiter zu beachten, sondern einmal auf ihre äußere Situation zu sehen: Gibt es im Moment einen besonders großen Arbeitsanfall? Hat es gerade größere Veränderungen in der Firma oder der Abteilung gegeben? Wissen Sie vielleicht von größeren privaten Problemen? Vor dem Hintergrund einer starken Belastung im beruflichen und/oder privaten Bereich können Sie die möglichen Warnzeichen noch einmal anders bewerten. Sie sollten also immer das individuelle Verhalten des Mitarbeiters in Verbindung bringen mit dessen aktueller Situation. Achten Sie außerdem auf die Dauer der Veränderung beim Mitarbeiter. Eine stressige Woche macht noch keinen Burnout aus. Wenn die Anzeichen für eine Überlastung aber mehrere Wochen anhalten, sollten Sie reagieren!

Damit Sie nicht immer lange Kataloge von Frühsignalen wälzen müssen, hier die meiner Meinung nach wichtigsten Warnzeichen, auf die Sie bei Ihren Mitarbeitern achten sollten:

! **WICHTIG: Burnout-Warnzeichen**

- **Sehr hoher Arbeitseinsatz mit langen Arbeitszeiten**
- **Anzeichen von starker Erschöpfung**
- **Nicht-Abschalten können**
- **Fehlzeiten**
- **Vermehrte Fehler**
- **Emotionale Unausgeglichenheit, Reizbarkeit**
- **Alle Veränderungen, die für den Mitarbeiter untypisch sind und länger als 2 Wochen anhalten**

2.2.2 Warnsignale im Unternehmen

Da Burnout seine Ursachen nicht nur in den Eigenschaften und Einstellungen einzelner Mitarbeiter haben kann, sondern auch in der Abteilung oder im gesamten Unternehmen, sollten Sie auch auf Warnzeichen in der gesamten Firma achten. Es gibt Elemente der Arbeitsumgebung oder Arbeitskultur, die durchaus eine Überlastung fördern.

Klagen über Belastungen

Ein Symptom sind natürlich die direkten Klagen über zu viel Arbeit oder zu lange oder ungünstige Arbeitszeiten. Diese Unmutsäußerungen können auch die Form von Überlastungsanzeigen annehmen. Hier sollten Sie immer hellhörig werden, wenn diese gehäuft oder nur in bestimmten Bereichen auftreten. Für viele Mitarbeiter ist eine Überlastungsanzeige das letzte Mittel, das sie nur dann einsetzen, wenn wirklich gar nichts mehr geht. Schieben Sie die Verantwortung dann nicht auf den „wenig belastbaren" Mitarbeiter zurück, sondern gehen Sie den Ursachen nach. Wenn solche Meldungen ernst genommen und Lösungen gesucht werden, wirkt sich das auch sehr positiv auf das allgemeine Betriebsklima und die Motivation aus.

Verschlechtertes Klima

Wenn Sie feststellen, dass Konflikte aller Arten, einschließlich Mobbing, zunehmen, kann auch das auf eine Überforderung der Mitarbeiter hinweisen. Je schwieriger es ist, das eigene Arbeitspensum noch zu bewältigen, desto geringer wird die Bereitschaft, anderen zu helfen oder deren persönliche Schwächen zu tolerieren. Das Klima wird gereizter, jeder sieht nur auf seine eigenen Interessen. Ein solch aufgeladenes Klima macht es z. B. schwierig, in einer Abteilung noch kollegial den Dienst- oder Urlaubsplan zu erstellen.

Erhöhte Fehlzeiten

Wenn Sie Störfaktoren wie Überlastung der Mitarbeiter und Unzufriedenheit auf die Spur kommen möchten, lohnt es sich, die Fehlzeiten zu analysieren. In der Personalabteilung sollten die Fehlzeiten für die einzelnen Abteilungen einmal im Jahr ausgewertet werden. Daraus lässt sich ersehen, ob es in einem Bereich Probleme gibt. Erfahrungsgemäß schlagen sich viele Dinge, mit denen Mitarbeiter unzufrieden sind, direkt auf die Fehlzeiten nieder: Arbeitsbelastung, Veränderungen, Verhältnis zum Vorgesetzten, Teamklima usw.

Im Vergleich der Abteilungen untereinander können Sie mögliche Brennpunkte erkennen. Sie können auch die Fehlzeiten des gesamten Betriebes mit denen Ihrer Branche vergleichen, z. B. anhand von Fehlzeitenreports der Krankenkassen oder Berufsgenossenschaften.

Erhöhte Fluktuation

Kommt es im gesamten Betrieb oder nur in einzelnen Bereichen auffällig oft zu Kündigungen? Auch das kann ein wichtiges Anzeichen für Überlastung oder ein gestörtes Betriebsklima sein. Wenn es Mitarbeiter nur kurz im Unternehmen hält, sie schon selber während der Probezeit kündigen oder oft um Versetzungen aus einer Abteilung heraus gebeten wird, sollten Sie den Ursachen nachgehen!

▶ **BEISPIEL**

Schlechter Führungsstil und zu hohe Arbeitsbelastung
Der Mangel an Pflegekräften macht es den Krankenhäusern schwer, neue Kräfte zu gewinnen und alle Stellen mit ausreichend qualifiziertem Personal zu besetzen. Ein Krankenhaus hatte deshalb ein Programm zur Personalgewinnung eingeführt. Direkt von den Krankenpflegeschulen weg wurden junge Absolventen angeworben. Es gab auch die Möglichkeit, in verschiedenen Abteilungen des Krankenhauses vorab zu hospitieren.
Gerade die Idee der Hospitationen hatte allerdings den gegenteiligen Effekt: Die Interessenten, die in einer bestimmten Fachabteilung hospitierten, verließen schnell wieder die Klinik – es kam nicht zur gewünschten Neugewinnung des Personals. Offensichtlich waren in dieser Abteilung sowohl der Führungsstil als auch der Arbeitsdruck so abschreckend, dass die Hospitanten sich doch lieber woanders eine Stelle suchten. Der Krankenhausleitung fiel das Problem allerdings erst dann richtig auf, als auch die festangestellten Mitarbeiter dieser Station fast geschlossen die Kündigung einreichten.

Es lohnt sich, die Zahlen über Versetzungen, Kündigungen oder vorzeitige Beendigung der Probezeit zu beobachten. Aussagekräftig sind solche Zahlen allerdings nur, wenn Sie sie über einen längeren Zeitraum hinweg vergleichen können.

Sehr hilfreich ist es, wenn die Personalabteilung bei Kündigungen von Mitarbeitern mit diesen spricht, um den Ursachen für den Weggang auf den Grund zu gehen. Mitarbeiter, die bereits gekündigt haben, fühlen sich nicht mehr unter Druck stehend und antworten häufig sehr offen. Auf diese Weise lassen sich z. B. Führungsmängel aufdecken, über die vorher aus Angst vor dem Chef oder vor anderen Nachteilen nicht gesprochen wurde.

Verweigerung von Festen

Kommt kaum jemand zum Betriebsausflug oder zur Weihnachtsfeier der Abteilung? Oder sind diesmal langjährige Mitarbeiter weggeblieben, die sonst immer dabei waren? Auch dies ist ein Zeichen für einen Missstand. Die Verweigerung der Teilnahme an betrieblichen Geselligkeiten hat auch immer demonstrativen Charakter: „Wenn man sonst schon keinen Wert auf mein Befinden legt, muss ich jetzt auch nicht noch am Abend mit meinem Chef essen gehen!“

Fragen Sie also freundlich nach, wenn die Anmeldezahlen zum nächsten Betriebsausflug ungewöhnlich niedrig ausfallen. Vielleicht kommen Sie so einem internen Missstand auf die Spur.

2.2.3 Gefährdungsanalyse psychischer Belastungen

Neben den eher informellen Warnzeichen wie schlechteres Betriebsklima oder erhöhte Fehlzeiten gibt es auch noch systematischere Methoden zur Erfassung der psychischen Belastungen der Mitarbeiter. Die Ermittlung der psychischen Belastungen durch die Arbeit gehört im Rahmen einer Gefährdungsanalyse sogar zu den gesetzlichen Pflichten des Arbeitgebers (Arbeitsschutzgesetz, vgl. auch Abschn. 3.5). Es müssen nicht nur die körperlichen, sondern auch die psychischen Belastungen im Betrieb regelmäßig erhoben und beurteilt werden.

Ablauf einer Gefährdungsbeurteilung

Die Gefährdungsbeurteilung wird grundsätzlich immer nach der gleichen Systematik durchgeführt:

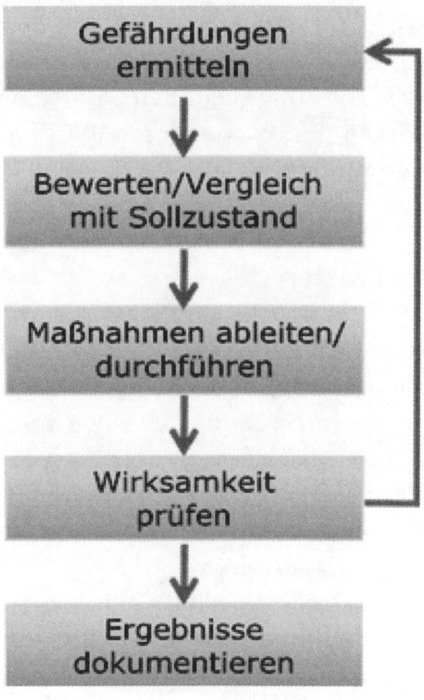

Abb. 2.5: Ablauf der Gefährdungsbeurteilung

Diese Systematik gilt auch für die Gefährdungsbeurteilung psychischer Belastungsfaktoren im Sinne des Arbeitsschutzgesetzes. Hier geht es um die Analyse der arbeitsorganisatorischen und sozialen Bedingungen der Arbeit, also z. B. Arbeitszeiten, Führungsstil usw.

Es muss erst ein geeignetes Verfahren ausgewählt werden, mit dem die psychischen Belastungen festgestellt und gemessen werden können. Die gewonnenen Ergebnisse können dann unternehmensintern — z. B. zwischen verschiedenen Abteilungen oder Standorten — oder unternehmensextern — mit Vergleichswerten anderer Betriebe oder vorhandenen Normwerten — bewertet werden.

Falls sich irgendwo Schwachstellen zeigen, müssen geeignete Gegenmaßnahmen entwickelt und umgesetzt werden. Danach ist der Prozess allerdings noch nicht beendet, sondern es muss auch noch geprüft werden, ob die Maßnahmen zum gewünschten Erfolg geführt haben. Alle Schritte der Gefährdungsanalyse müssen dabei laut Gesetz dokumentiert werden.

Engagement aller Beteiligten im Betrieb

Die Analyse der Belastungen ist Bestandteil des Arbeits- und Gesundheitsschutzes im Betrieb, fällt also in den Aufgaben- und Verantwortungsbereich der Unternehmensleitung. Wichtig bei dieser Analyse ist, dass alle betrieblichen Akteure — also Führungskräfte, Mitarbeiter, Mitarbeitervertretung und ggf. externe Berater — diesen Prozess mit Überzeugung tragen und umsetzen. Sonst besteht die Gefahr, dass das Projekt bereits bei der Analyse abgebrochen wird und es gar nicht erst zur Planung und Umsetzung von Maßnahmen kommt. Das wiederum führt bei den Mitarbeitern zu Demotivation und Projektmüdigkeit. Es entsteht der Eindruck, die Unternehmensleitung sei nicht wirklich am Wohlbefinden der Belegschaft interessiert. Falls noch einmal eine Befragung durchgeführt werden soll, ist die Bereitschaft zur Beteiligung dann sehr gering.

TIPP

Interne Spezialisten für die Mitarbeitergesundheit

- **Betriebsärzte**
- **Fachkräfte für Arbeitssicherheit**
- **Arbeitssicherheits-Ausschuss**
- **Interne Berater für betriebliche Gesundheitsförderung, z. B. in der Personalabteilung**
- **Sozial- und Suchtberatung**

Die Arbeitsschutzverantwortlichen im Betrieb sind die wichtigsten Akteure bei der Planung, Durchführung und Umsetzung der Gefährdungsbeurteilung. Die Federführung liegt meistens entweder bei der Personalabteilung oder beim betrieblichen Gesundheitsmanagement, wenn dieses als eigene Einheit vorhanden ist. Als weitere Berater können noch innerbetriebliche Arbeitsschutzexperten hinzugezogen werden, z. B. der Betriebsarzt oder die Fachkraft für Arbeitssicherheit. Da die Mitarbeiter ihre eigenen Arbeitsbedingungen am besten kennen, ist es unerlässlich, sie miteinzubeziehen, meist geht das über die Mitarbeitervertretung (Betriebs- oder Personalrat). In großen Unternehmen empfiehlt es sich, die Gefährdungsanalyse mithilfe von Fachberatern durchzuführen, z. B. Wirtschafts- oder Arbeitspsychologen.

Rollenverteilung bei der Durchführung einer Gefährdungsanalyse

Beteiligte	Aufgaben
Arbeitgeber, Unternehmensleitung	Verantwortlichkeit für die Durchführung einer Gefährdungsanalyse, inkl. Analyse psychischer Belastungen der Mitarbeiter Verantwortlichkeit Gegenmaßnahmen
Betriebsrat, Personalrat	Mitbestimmungsrecht bei Durchführung von Befragungen, muss informiert und beratend hinzugezogen werden
Beschäftigte	Beteiligung an Erhebung der Belastungen und Erarbeitung von Lösungsvorschlägen, direktes Einbeziehen der Belegschaft ist besser, als nur den Betriebsrat einzubeziehen
Interne Experten	Mitarbeit im Steuerungskreis, Einbringen von Fachwissen Einbringen von internen Informationen, z. B. bei Kenntnis über bestimmte Belastungsschwerpunkte
Externe Experten	Information von Geschäftsführung, Führungskräften, Betriebsrat und Belegschaft über das Thema der psychischen Belastungen Beratung über Ablauf einer Gefährdungsanalyse und geeignete Instrumente Durchführung und Auswertung der Gefährdungsanalyse Empfehlung und Durchführung geeigneter Gegenmaßnahmen Beratung von Geschäftsführung, Führungskräften, Personalabteilung über Umgang mit Burnout-betroffenen Mitarbeitern Beratung zum Betrieblichen Wiedereingliederungsmanagement

Tab. 2.6: Rollen und Aufgaben bei der Durchführung einer Gefährdungsanalyse

Instrumente zur Erhebung psychischer Belastungen im Betrieb

Es gibt keine Standardmethode zum Messen und Bewerten von psychischen Belastungen. Die vielfältigen Einflussfaktoren lassen sich nicht nur mit einem einzigen Messinstrument erheben. Außerdem sind die Bedingungen in einzelnen Betrieben und Branchen sehr unterschiedlich. Je nach Ausgangslage, Branche, Betriebsgröße und Fragestellung kommen unterschiedliche Erhebungsverfahren in Betracht. Auch das Arbeitsschutzgesetz schreibt kein bestimmtes Vorgehen vor.

Zur Ermittlung der Ursachen und der Ausprägung der psychischen Belastungen gibt es viele verschiedene Instrumente — jeweils mit Vor- und Nachteilen. Bevor Sie sich für ein Instrument entscheiden, sollten Sie Folgendes bedenken: Wenn ein Erhebungsverfahren genau und wissenschaftlich fundiert die psychischen Belastungsfaktoren erheben soll, kann es nicht gleichzeitig schnell, einfach und kostengünstig anzuwenden sein. Gerade weil psychische Belastungen viele und komplexe Ursachen haben können, müssen auch entsprechende Erhebungsverfahren eingesetzt werden, um aussagekräftige Daten zu erhalten. Der Arbeitgeber wird sich vor dem Einsatz eines Analyseverfahrens psychischer Belastungen immer die Frage nach dem Nutzen bzw. nach Aufwand und Kosten stellen. Es sollte dann jeweils ein geeigneter Kompromiss gefunden werden, um ein Verfahren zu wählen, das aussagekräftige Ergebnisse liefert, aber auch nicht zu aufwändig und kostspielig in der Durchführung ist.

Fremdeinschätzung oder Selbsteinschätzung

Verfahren zur Beurteilung psychischer Belastungen lassen sich grob in zwei Gruppen einteilen:

- **Fremdeinschätzung**: Verfahren zur Erhebung der **objektiven Ursachen** psychischer Belastungen, meist auf der Basis systematischer Beobachtungen oder Beobachtungsinterviews. Die psychischen Belastungen werden durch Experten eingeschätzt.
- **Selbsteinschätzung**: Verfahren zur Erhebung von **subjektiver Beanspruchung** und deren **Folgen**, meist als schriftliche Befragung. Hierbei werden die Mitarbeiter direkt nach ihrer Einschätzung befragt.

Die Ergebnisse psychologischer Arbeitsanalyseverfahren lassen sich nicht nur in den Bereich des Betrieblichen Gesundheitsmanagements einordnen, sondern auch in den Bereich des Arbeits- und Gesundheitsschutzes, des Qualitätsmanagements und der Personal- und Organisationsentwicklung. Je nach Fragestellung stehen unterschiedliche Verfahren zur Verfügung.

Eine kommentierte Auswahl von Erhebungsverfahren findet sich in der „Toolbox" der BAuA oder in der Online-Datenbank des europäischen Projekts „ProMenPol".

Methoden zur Durchführung einer Gefährdungsanalyse

Es gibt verschiedene Methoden für die Durchführung einer Gefährdungsanalyse der psychischen Belastungen: Beobachtung der Arbeitsplätze durch Experten, Fragebögen und Checklisten sowie Gruppenverfahren. Sie können einzeln oder miteinander kombiniert eingesetzt werden. Die Mitarbeiterbefragungen gehören zu den quantitativen Verfahren, da Sie hier bezifferte Messwerte als Ergebnis erhalten. Die Gruppenverfahren gehören zu den qualitativen Instrumenten, hier erhalten Sie eher Problembeschreibungen und Lösungsvorschläge. Beobachtungsverfahren liefern vorwiegend quantitative Ergebnisse, aber wenn freie Antworten im begleitenden Interview vorgesehen sind, bekommen Sie auch qualitative Befunde.

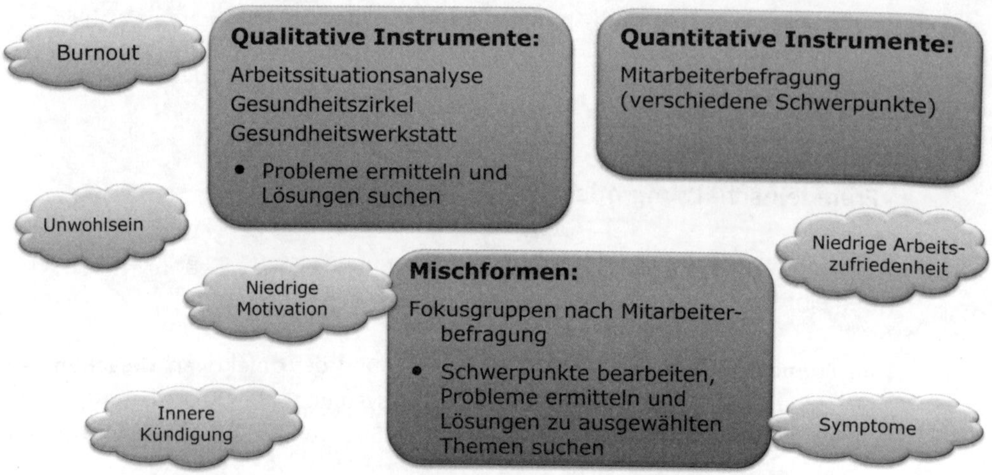

Abb. 2.6: Instrumente zur Erhebung psychischer Belastungen (modifiziert nach M. Teves)

Beobachtungsmethoden

Beim **Beobachtungsinterview** beobachtet ein — externer — Experte die Arbeitstätigkeiten eines Mitarbeiters an einem typischen Arbeitstag. Es gibt dafür jeweils eine vorgegebene Systematik, auf welche Eigenschaften des Arbeitsplatzes und der Tätigkeit der Experte achtet. Abgerundet werden diese direkten Beobachtungen durch ergänzende Fragen in Interviewform. Die **Vorteile** dieses Verfahrens sind

- die flexible Vorgehensweise des Beobachters,
- die Möglichkeit, sowohl die objektiven Ursachen psychischer Belastungen als auch das individuelle Empfinden der Beanspruchung zu erfassen.

Als **Nachteil** ergibt sich ein deutlich höherer zeitlicher und finanzieller Aufwand, da diese komplexen Verfahren auf jeden Fall von externen Beratern durchgeführt werden müssen.

BEISPIEL

Beobachtungsinterviews

Bei einem Elektrogeräte-Hersteller werden Beobachtungsinterviews in der Vertriebsabteilung durchgeführt. Die externen Beobachter stellen dabei zahlreiche Belastungen fest, die den Mitarbeitern selbst gar nicht mehr auffallen oder die sie in einer schriftlichen Befragung sicher nicht erwähnt hätten. So weisen die Experten z. B. auf folgende Mängel hin:

- Da in dem Großraumbüro immer viele Mitarbeiter auf einmal telefonieren, gibt es einen dauernden hohen Lärmpegel. Als Lösung wird vorgeschlagen, zwischen den einzelnen Schreibtischgruppen Lärmschutzwände aufzubauen.
- Mitarbeiter werden in der Bearbeitung der Bestellungen immer wieder durch Kundentelefonate unterbrochen und müssen sich nach jedem Gespräch wieder neu in den Vorgang eindenken. Eine Lösung wäre, dass ein Mitarbeiter für eine begrenzte Zeit seine Telefonate zu einem Kollegen umleiten kann, um dann ungestört seine Bestellungen abarbeiten zu können.
- Ein Mitarbeiter kommt nur sehr schwer an die von ihm benötigten Unterlagen heran, weil die Schreibtischschublade völlig verklemmt ist. Hier hilft nur eine Reparatur oder ein neuer Schreibtisch!
- Es gibt keinen Pausen- oder Rückzugsraum für die Mitarbeiterinnen und Mitarbeiter. Da sie den ganzen Tag mit vielen anderen Kollegen in einem großen Büro zusammen sitzen und auch noch viel telefonischen Kundenkontakt haben, wäre ein ruhiger Raum (ohne Telefon!) für die Pausenzeit sehr wichtig.

Fragebögen

Sehr häufig werden zur Erhebung der psychischen Belastungen am Arbeitsplatz Fragebögen verwendet, das heißt es wird eine Mitarbeiterbefragung zu dem Thema durchgeführt. Die **Vorteile** einer standardisierten schriftlichen Befragung mit Hilfe von Fragebögen sind schnelle Ergebnisse und die geringen Durchführungskosten. Da schriftliche Befragungen immer anonym durchgeführt werden müssen, nimmt dies den Beschäftigten die Angst, sich durch offene oder kritische Antworten unbeliebt zu machen und z. B. vom Vorgesetzten dafür benachteiligt zu werden. Bei einer kleinen Belegschaft oder bei Sprachproblemen lassen sich viele Fragebögen außerdem als Grundlage für ein persönliches Interview oder ein Gruppengespräch verwenden.

Der **Nachteil** der schriftlichen Erhebung ist, dass es kaum möglich ist, klare Zusammenhänge zwischen Beanspruchung und verursachenden Faktoren herzustellen. Da die befragten Mitarbeiter sich nur anhand der vorgegebenen Kategorien äußern können, lassen sich unternehmensspezifische Details so nicht herausfinden. Problematisch kann auch die evtl. geringe Rücklaufquote der Fragebögen sein. Bei einer Gruppe mit weniger als 10 Personen sind schriftliche Befragungen zudem nicht sinnvoll.

Nutzen Sie fertige Fragebögen

Es ist sinnvoller, auf bereits vorliegende fertige Fragebögen zurückzugreifen, als selber einen neuen Fragebogen zu entwerfen. Das Erstellen von Fragebögen hat viele Tücken und Fallstricke (nicht umsonst verbringen angehende Psychologen die ersten Semester ihres Studiums mit genau diesem Thema), man kann vieles falsch machen, was hinterher eine Auswertung erschwert oder unbrauchbare Ergebnisse bringt. Die Versuchung ist auch groß, bei jeder erneuten Befragung den Fragebogen weiter zu verändern. Das hat den Effekt, dass die Ergebnisse verschiedener Befragungen dann nicht mehr vergleichbar sind. Außerdem können keine Vergleiche mit anderen Unternehmen durchgeführt werden, wenn der verwendete Fragebogen ein firmeninternes Unikat ist.

Die richtige Auswahl ist wichtig

Es liegt eine große Anzahl von wissenschaftlich entwickelten Fragebogenverfahren vor. Bei der Auswahl eines geeigneten Fragebogens ist auch die Branche zu berücksichtigen, so gibt es z. B. Verfahren, die speziell auf den Büro- oder den Industriebereich abgestimmt sind.

Relativ leicht und branchenübergreifend einsetzbare Fragebogenverfahren sind z. B.:

- SALSA Salutogenetische Subjektive Arbeitsanalyse,
- IMPULS-Test (basierend auf dem Test KFZA = Kurzfragebogen zur Arbeitsanalyse).

Diese beiden Fragebögen decken nicht nur Belastungen und Schwachstellen im Betrieb auf, sondern fragen ausdrücklich auch nach Stärken und Ressourcen.

Beschreibung des Fragebogens SALSA

Art des Verfahrens	Screeningverfahren
Ziel	Ermittlung von Belastungen und Ressourcen
Methode der Datengewinnung	schriftliche Befragung
Branche	universell
Aufwand	gering (60 Fragen)
Besonderheiten	Beruht auf dem Modell der Salutogenese und erfasst auch Ressourcen; gut geeignet zum Vergleich von Gruppen.

Tab. 2.7: SALSA (Salutogenetische Subjektive Arbeitsanalyse)

Beispiele aus dem Fragebogen SALSA:

- Bei dieser Arbeit macht man etwas Ganzes, Abgerundetes.
- Diese Arbeit schafft gute Möglichkeiten, im Beruf weiterzukommen.
- Es gibt so viel zu tun, dass es einem über den Kopf wächst.

Die Auswertung des SALSA könnte in einem Betrieb z. B. so aussehen:

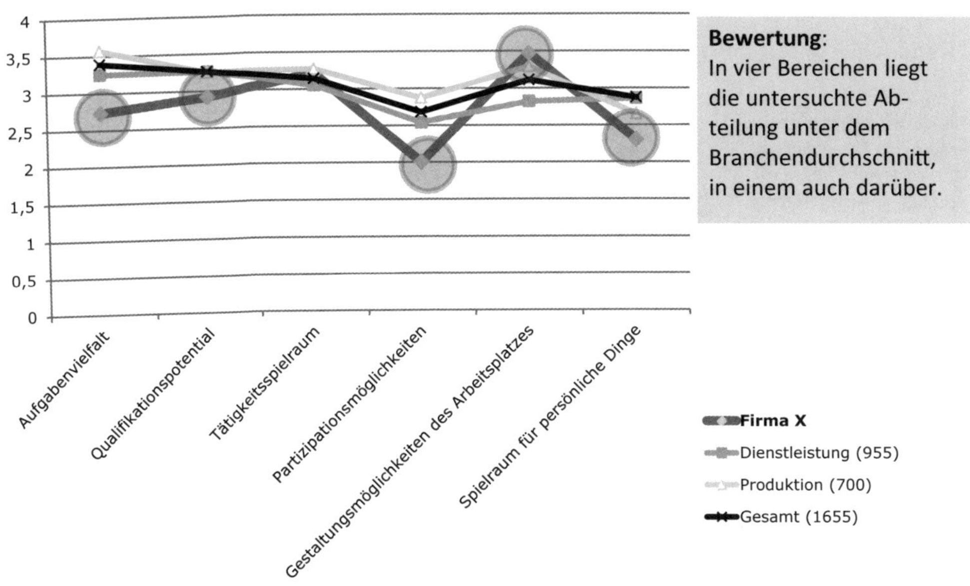

Abb. 2.7: Beispiel: Vergleichendes Ergebnis der Auswertung des Fragebogens SALSA

Beschreibung des IMPULS-Tests

Art des Verfahrens	Screeningverfahren
Ziele	Ermittlung von Belastungen und Ressourcen, Erhebung der Abweichung zwischen Ist- und Wunsch-Zustand
Methode der Datengewinnung	schriftliche Befragung
Branche	universell
Aufwand	gering (26 Fragen)
Besonderheiten	Erhebung der Abweichung zwischen Ist- und Wunsch-Zustand; gut geeignet als Grundlage für Gruppenverfahren.

Tab. 2.8: IMPULS-Test

Beispielfragen zum IMPULS-Test:

- Wie viel Einfluss haben Sie darauf, welche Arbeit Ihnen zugeteilt wird?
- Können Sie bei Ihrer Arbeit Neues dazulernen?
- Können Sie bei Ihrer Arbeit Ihr Wissen und Können voll einsetzen?

Die Testergebnisse zeigen in welchen Bereichen die Wünsche der Befragten deutlich von der erlebten Situation abweichen:

C) Ganzheitliches Arbeiten
E) Zusammenarbeit
D) Soziale Rückendeckung
A) Handlungsspielraum

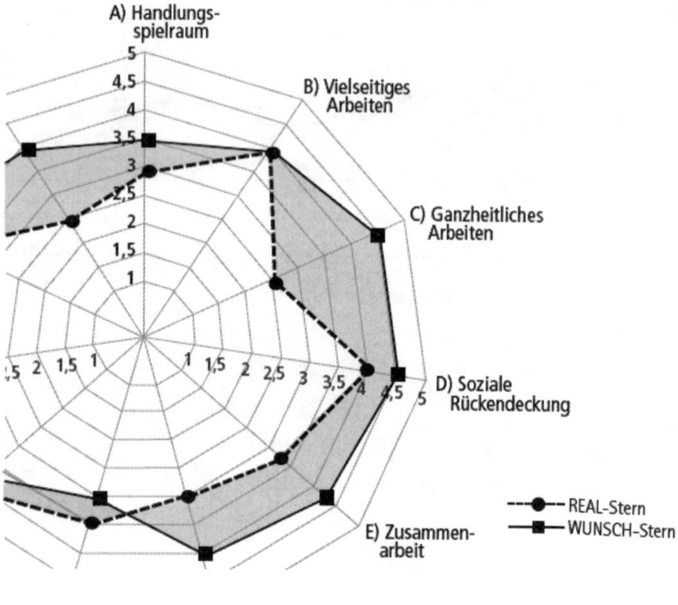

Abb. 2.8: Beispiel: Ergebnis der Auswertung des IMPULS-Tests

Die Anwendungsbereiche für fragebogen-gestützte Analyseverfahren sind vielfältig. Inhaltliche Schwerpunkte sind:

- Identifikation von Arbeitsbelastungen und -anforderungen,
- Identifikation von Ressourcen bei der Arbeit,
- Messung des Organisations- und Betriebsklimas und der Organisationskultur,
- Bewertung des Führungsstils und -verhaltens
- Arbeitszufriedenheit der Mitarbeiter,
- körperliche und psychische Beanspruchung der Mitarbeiter.

Mithilfe der Fragebogenauswertung lassen sich Schwachstellen in einzelnen Bereichen oder im ganzen Betrieb feststellen. Daraus können dann zielgerichtete Maßnahmen entwickelt werden, z. B. Reorganisation, Arbeitsgestaltung, Trainings.

TIPP

Achten Sie auf Qualität bei externen Anbietern!
Es gibt verschiedene Firmen, die die Durchführung einer Mitarbeiterbefragung anbieten. Wenn Sie die Befragung an einen externen Anbieter vergeben möchten, achten Sie darauf, dass diese Anbieterfirma Erfahrungen mit dem Betrieblichen Gesundheitsmanagement hat. Am besten ist es, wenn der Anbieter auch in der Lage ist, vertiefende Gruppenverfahren (s. u.) und Maßnahmen zur Senkung der psychischen Belastungen anzubieten.
Sie sollten sich auch möglichst immer die erhobenen Rohdaten geben lassen. Sonst können Sie später weder die Ergebnisse noch einmal nach anderen Kriterien analysieren noch genaue Vergleiche mit späteren Befragungen vornehmen. Im schlechtesten Fall bleibt Ihnen als Ergebnis nichts anderes als eine bunte Präsentation, die die durchführende Firma Ihnen vorgeführt hat.

Gruppenverfahren

Es gibt verschiedene Möglichkeiten, mit den betroffenen Mitarbeitern zusammen die Belastungen am Arbeitsplatz herauszuarbeiten und nach Lösungsmöglichkeiten zu suchen. Schließlich kennen die Mitarbeiter ihre Arbeitsbedingungen am besten und haben häufig auch schon Verbesserungsideen. Gruppenverfahren sind sowohl ein Instrument zur Analyse als auch gleichzeitig eine Maßnahme.

Sinnvollerweise werden die Gruppen jeweils für bestimmte Abteilungen oder Bereiche mit ähnlichen Arbeitsbedingungen durchgeführt. Meistens bestehen die Gruppen aus 8-12 Teilnehmern, entweder hierarchieübergreifend oder nur auf eine

Hierarchiestufe beschränkt. Die Teilnahme ist für die Mitarbeiter freiwillig. Da eine kompetente und vor allem neutrale Moderation für den Erfolg der Gruppe entscheidend wichtig ist, sollte ein externer Moderator eingesetzt werden.

Das bekannteste Gruppenverfahren ist der **Gesundheitszirkel**. Hier kommen die Teilnehmer 6-10 Mal für ca. 1-2 Stunden zusammen. Die Zirkelsitzungen laufen nach Regeln ab, für deren Einhaltung der Moderator zuständig ist. Nachdem der Gesundheitszirkel Probleme und mögliche Lösungen herausgearbeitet hat, werden diese der Führungsebene vorgestellt, die über die Umsetzung von Maßnahmen entscheidet. Als deutlich kürzeres — und damit auch weniger aussagekräftiges — Verfahren steht die **Arbeitssituationsanalyse** zur Verfügung.

Eigenschaften des Gesundheitszirkels

Art des Verfahrens	Gruppenverfahren (10-12 Personen)
Ziele	Analyse der gesundheitlichen Bedingungen am Arbeitsplatz, Entwickeln von praktischen betrieblichen Lösungen
Methode der Datengewinnung	mündliche Gruppenbefragung
Branche	universell
Aufwand	8—10 Termine à 1,5 Std. mit Moderator
Besonderheiten	verschiedene Modelle (hierarchieübergreifend oder innerhalb einer Hierarchie), Kombination aus Datenerhebung, Auswertung und Lösungsfindung

Tab. 2.9: Der Gesundheitszirkel

Eigenschaften der Arbeitssituationsanalyse

Art des Verfahrens	Gruppenverfahren (10—15 Personen)
Ziele	Herausarbeiten von Arbeitsbelastungen, Erarbeiten von Verbesserungsvorschlägen
Methode der Datengewinnung	mündliche Gruppenbefragung (grob strukturiert)
Branche	universell
Aufwand	einmalige Durchführung (2 Std.) mit Moderator
Besonderheiten	innerhalb einer Abteilung durchführbar, Kombination aus Datenerhebung, Auswertung und Lösungsfindung, durch offene Fragen unerwartete Ergebnisse möglich

Tab. 2.10: Die Arbeitssituationsanalyse (ASA)

Dokumentation

Der gesamte Ablauf der Gefährdungsanalyse sollte gut dokumentiert werden. Eine Dokumentation der Ergebnisse der Gefährdungsanalyse ist sogar gesetzlich vorgeschrieben (nach § 6 Arbeitsschutzgesetz). Da die Analyse der psychischen Belastungen ja frühestens in einem Jahr wiederholt wird, kann es ohne Dokumentation zu Verlusten von Wissen kommen. Häufig wechseln auch die beteiligten Mitarbeiter, z. B. durch eine Neuwahl des Betriebsrats. Wenn alles gut protokolliert wurde, muss man nicht wieder ganz vor vorne anfangen, sondern kann auf den Arbeitsergebnissen vom letzten Mal aufbauen.

! **WICHTIG**

Was Sie bei der Erstellung einer Dokumentation beachten müssen!

- **Verantwortlichkeit für die Dokumentation festlegen**
- **Festlegen, welche Unterlagen und Dokumente aufbewahrt werden müssen**
- **Detaillierte Ergebnisse der Beurteilung der Arbeitsbedingungen und der psychischen Belastungen dokumentieren**
- **Dokumentation übersichtlich gestalten, damit sie auch später noch nachvollzogen werden kann.**

Eine ausführliche Dokumentation der Ergebnisse der Analyse ist sinnvoll, da erst Vergleiche (vorher/nachher) den Erfolg der Maßnahmen überprüfbar machen. Häufig wird einfach davon ausgegangen, dass die eingeführten Maßnahmen auch wirklich den Kern des Problems treffen. Das muss aber nicht unbedingt der Fall sein. Deshalb ist ein Überprüfen der Erfolge, z. B. durch Wiederholung der Befragung nach ca. einem Jahr, ein wichtiger Schritt, um gut passende Maßnahmen entwickeln und ggf. anpassen zu können.

Die wichtigsten Inhalte, die die Dokumentation der Gefährdungsanalyse enthalten sollte, sind:

- Prozess der Gefährdungsbeurteilung
- Ergebnisse der Gefährdungsbeurteilung
- Aufbewahrung der bereichsbezogenen Ergebnisse einer Mitarbeiterbefragung
- Dokumentation eines Mitarbeiterworkshops
- Maßnahmenplan
- Wirkungskontrolle durch Wiederholung der Mitarbeiterbefragung.

! ACHTUNG

Datenschutz beachten!

Beachten Sie den Datenschutz! Daten, die auf einzelne Personen bezogen werden können, dürfen nur von Unternehmens-Externen erhoben, verarbeitet und gespeichert werden!

Maßnahmenplanung

Bevor Sie Maßnahmen für das ganze Unternehmen umsetzen, sollten Sie überlegen, ob Sie den Erfolg nicht erst einmal in einem Pilotbereich testen wollen. So eine „Probezeit" kann helfen, kostspielige Fehlversuche zu vermeiden. Die Erfahrungen aus dem Modellversuch können dann später auf den gesamten Betrieb übertragen und so Anfängerfehler vermieden werden.

Damit Sie später in Ihrer Evaluation den Erfolg Ihrer Maßnahmen einschätzen können, sollten Sie sich zuerst Gedanken darüber machen, welche Ziele Sie überhaupt erreichen möchten. Geht es Ihnen nur um die Senkung der Fehlzeiten? Oder wollen Sie auch die Produktivität oder die Mitarbeiterzufriedenheit erhöhen? Erst mit einer Zusammenstellung von Zielen können Sie Maßnahmen planen, mit denen diese Ziele auch zu erreichen sind.

Messkriterien

Als nächstes brauchen Sie Kriterien für die Messung Ihrer Erfolge, das heißt, Sie brauchen Messwerte. Nun ist es nicht immer einfach, z. B. die Mitarbeiterzufriedenheit in Zahlen zu bemessen. Hier könnte Ihr Ziel lauten, bei der nächsten Mitarbeiterbefragung mit dem gleichen Fragebogen bessere Punktzahlen zu erreichen. Je genauer Sie sich vorher mit den Zielen und deren Messbarkeit befassen, desto besser kann es Ihnen später gelingen, Erfolge oder Bedarf zur Nachbesserung festzustellen. Außerdem zwingt Sie das Festlegen von Zielen dazu, sich Rechenschaft abzulegen über den wünschenswerten und machbaren Zustand.

Wenn Sie ein derartiges System einmal eingeführt haben, sind Vergleiche von Jahr zu Jahr möglich. Im Nachhinein lassen sich solche Ziele nicht mehr festlegen. Es wäre auch unsinnig, das Ziel erst am Ende des Weges zu bestimmen. Sie würden dann eher zufällig ein gewünschtes Ergebnis mit Ihren Maßnahmen erreichen.

Beispiele für Ziele und Kriterien für die Messung der Erfolge von Maßnahmen

Ziel	Kriterien der Zielerreichung
Erhöhung der Anwesenheitsquote	Senkung der Fehlzeiten um 2 % innerhalb von 2 Jahren
Erhöhung der Mitarbeiterzufriedenheit	Verbesserung im Fragebogen xyz um 5 Punkte bei der nächsten Mitarbeiterbefragung
Verbesserung des Führungsverhaltens	90% der Führungskräfte haben nach einem Jahr an einem Training für „Gesundheitsförderliche Führung“ teilgenommen. Führungsleitlinien wurden gemeinsam mit den Führungskräften erarbeitet und im Betrieb kommuniziert.

Tab. 2.11: Ziele und Kriterien für die Messung der Erfolge von Maßnahmen

Sie haben verschiedene Möglichkeiten, wo genau Sie mit Ihren Maßnahmen ansetzen können. Die Planung wird Ihnen leichter fallen, wenn Sie vorab überlegen, welchen Ansatz Sie verfolgen wollen:

- Bedingungen im Unternehmen (verhältnisorientiert) oder das Verhalten der Mitarbeiter (verhaltensorientiert) ändern
- Beseitigen von Belastungen und Störungen (belastungsorientiert) oder Schaffung von Kraftquellen und gesundheitsförderlichen Arbeitsbedingungen (ressourcenorientiert).

Schema für die Maßnahmenplanung

Ansatzpunkte der Gestaltung	**Verhältnisorientiert** (an den Bedingungen im Unternehmen ansetzen)	**Verhaltensorientiert** (am Verhalten der Mitarbeiter ansetzen)
Belastungsorientiert (Vermeiden bzw. Beseitigen von Belastungen	**Optimierung des Arbeitsplatzes:** ▪ Verbesserung des Arbeitsplatzes, der Arbeitsmittel und der Arbeitsumgebung ▪ Verbesserung der Arbeitsorganisation ▪ Verbesserung der Arbeitszeiten	**Optimierung der persönlichen Ressourcen:** ▪ Stressmanagement ▪ Zeitmanagement ▪ Selbstmanagement

Ressourcenorientiert (Schaffen von Kraftquellen, Kompetenzen und gesundheitsförderlichen Arbeitsbedingungen)	**Aufbau von Kraftquellen im Unternehmen:** ▪ Vergrößerung des Handlungs- und Entscheidungsspielraums ▪ Verbesserung von Transparenz und Kommunikation ▪ Gesundheitsförderlichen Führungsstil fördern ▪ Verbesserung des Sozialklimas	**Aufbau von persönlichen Kraftquellen:** ▪ Schulung und Fortbildung ▪ Qualifizierung durch anspruchsvolle und interessante Arbeit ▪ Training persönlicher Kompetenzen

Tab. 2.12: Schematische Planung von Maßnahmen im Betrieb

In Kapitel 4 werden wir näher auf geeignete Maßnahmen eingehen, die psychische Belastungen bei Mitarbeitern verringern oder ausgleichen können. Das sind dann gleichzeitig die Maßnahmen, die auch zur Burnout-Prävention geeignet sind.

Evaluation

Eine Analyse und Bewertung der psychischen Belastungen sollte in regelmäßigen Abständen — am besten jährlich — durchgeführt werden. So können Sie die Trends beobachten: Sind die Mitarbeiter über die Zeit mehr oder weniger belastet? Steigt oder sinkt die Zufriedenheit? Gibt es bestimmte Brennpunkte im Unternehmen? Ändern sich die Themen, die in den Befragungen als belastend oder stärkend empfunden werden?

Sie sollten auf jeden Fall eine erneute Analyse vornehmen, wenn Sie verschiedene Maßnahmen eingeführt haben. Nur so können Sie feststellen, ob sich der gewünschte Effekt zeigt. Damit Sie wirklich den vorherigen Zustand mit dem nach Ihren Interventionen vergleichen können, müssen Sie unbedingt die gleichen Instrumente verwenden! Es macht keinen Sinn bei der zweiten Mitarbeiterbefragung einen anderen Fragebogen einzusetzen, weil die Ergebnisse dann überhaupt nicht vergleichbar sind.

▶ **BEISPIEL**

Gefährdungsanalyse bei einem Hersteller von Elektronikgeräten

In einer Herstellerfirma von Elektronikgeräten war zwischen Unternehmensleitung und Betriebsrat eine Betriebsvereinbarung geschlossen worden, nach der eine Gefährdungsbeurteilung der psychosozialen Belastungen durchgeführt werden sollte. Eine interne Mitarbeiterbefragung hatte bereits folgende abteilungsübergreifende Themen ergeben:

- Widersprüchliche Arbeitsaufgaben,
- Störungen des Arbeitsablaufes,
- Zeitdruck,
- Sorgen um die Sicherheit des Arbeitsplatzes.

In einer Abteilung wurde ein Modellprojekt zur Erprobung der Erhebungsmethoden durchgeführt, bei der verschiedene dieser Methoden zum Einsatz kamen. Als erstes der Fragebogen SALSA, der psychosoziale Belastungen und Ressourcen am Arbeitsplatz erhebt, und daneben die Untersuchung einzelner Arbeitsplätze mit Hilfe eines Beobachtungsinterviews. Dieses sehr intensive Verfahren erlaubt die Erhebung der subjektiven Belastungen des Mitarbeiters und kombiniert diese mit den Beobachtungen der Interviewer.

Die Auswertung der Erhebungen wurde den Mitarbeitern, dem Betriebsrat und dem Auftraggeber vorgestellt und mit ihnen diskutiert. Es zeigte sich, dass die Firma sehr positive Ergebnisse beim allgemeinen Sozialklima, beim Vorgesetztenverhalten und bei der gegenseitigen Unterstützung erzielte. Die Aufgabenvielfalt war zu gering, es ergab sich das Gefühl der Unterforderung. Gleichzeitig herrschte ein sehr starker Zeitdruck. Der Lärmpegel war zu hoch, um konzentriertes Arbeiten zu ermöglichen, und es gab wenig Möglichkeit der körperlichen Bewegung.

Im Anschluss an das Modellprojekt wurde der Fragebogen im gesamten Betrieb über das Intranet an alle Mitarbeiter zur Beantwortung verteilt. Nach der Analyse der Ergebnisse wurden weitere Maßnahmen zum Abbau psychosozialer Belastungen vorgeschlagen. Dazu gehörten z. B. Führungskräfte-Trainings zum Thema „Gesundheitsförderliche Führung“ sowie Fortbildungsangebote für die Mitarbeiter.

Der Firma wurde auch vorgeschlagen, bei geeigneten Gelegenheiten Projektarbeit zu etablieren. Damit können einerseits die Handlungsspielräume erweitert werden, andererseits führt abteilungsübergreifende Projektarbeit zu einem besseren Verständnis der internen Abläufe.

2.3 Wie kann ich erkennen, welche Mitarbeiter gefährdet sind?

Es gibt bestimmte Rahmenbedingungen im Betrieb und auch im persönlichen Bereich der Mitarbeiter, die das Auftreten eines Burnouts wahrscheinlicher machen. Liegen diese Bedingungen vor, sollten Sie besonders genau hinsehen und auf die Warnsignale achten.

2.3.1 Risikofaktoren im persönlichen Bereich der Mitarbeiter

Immer wenn es im Privatleben der Mitarbeiter zu größeren Krisen kommt, kann sich auch das persönliche Energiegleichgewicht gefährlich verschieben. Damit steigt das Risiko eines Burnouts. Der Tod des Partners oder eines nahen Familienangehörigen oder schwere Erkrankungen im Familien- oder Freundeskreis sind z. B. sehr belastende Situationen. Auch eine Trennung bzw. Scheidung gilt als psychisch belastend. Dazu können weitere Ereignisse im privaten Umfeld kommen, wie z. B. Hausbau oder Umzug, Einschulung der Kinder, Auszug der Kinder. Finanzielle Krisen können den Mitarbeiter ebenso belasten.

Bitte achten Sie nicht nur auf negative Ereignisse im Umfeld Ihrer Mitarbeiter! Interessanterweise können auch wichtige Ereignisse, die als positiv bewertet werden, zu erhöhtem Stress und psychischer Belastung führen, etwa eine bevorstehende Hochzeit.

Besonders engagierte Mitarbeiter

Wie schon beschrieben, gibt es auch bestimmte Einstellungen oder Eigenschaften, die Mitarbeiter eher in den Burnout treiben können. Dazu gehören ausgeprägter Ehrgeiz, Perfektionismus, das Bestreben, es jedem Recht zu machen, eine Unfähigkeit, um Unterstützung zu bitten, oder die Unfähigkeit, „Nein" zu übermäßigen Anforderungen zu sagen. Das Schwierige daran ist, dass diese Persönlichkeiten häufig auch die Leistungsträger im Betrieb sind.

Jeder Vorgesetzte ist froh, solche Mitarbeiter im Team zu haben, und wird sie auch gerne heranziehen, wenn es zusätzliche Aufgaben zu erledigen gibt. Trotzdem sollten Sie gerade auf diese hoch engagierten Mitarbeiter achten und immer wieder überprüfen, ob sie nicht schon über ihre Leistungsgrenzen hinausgehen. Denn schließlich werden sich in Ihrem Team große Lücken auftun, falls gerade diese Menschen mit einem Burnout für längere Zeit ausfallen.

2.3.2 Risikofaktoren im Betrieb

Wir wissen inzwischen, dass es in jedem Alter, bei beiden Geschlechtern, in allen Berufen — selbst bei Hausfrauen — und in allen Branchen zum Burnout kommen kann. Ein Ausbrennen lässt sich nirgendwo komplett ausschließen. Dennoch gibt es bestimmte Konstellationen im Unternehmen, die besondere Risikofaktoren für eine Überlastung darstellen. Wenn in Ihrer Firma eine oder mehrere dieser Situationen zutreffen, ist das noch kein zwangsläufiger Auslöser für die Überlastung von Mitarbeitern, das Risiko erhöht sich aber deutlich.

Risikofaktoren sind z. B.:

- Hohes Arbeitspensum unter Zeitdruck, Überforderung
- Schichtarbeit, wechselnde Arbeitszeiten, lange Arbeitszeiten, ohne dass die Arbeitszeiten selbst mitbestimmt werden können (mangelnde Planbarkeit der Freizeit)
- Komplexe Aufgaben sind unter Zeitdruck zu lösen oder sind sogar komplett unlösbar
- Unsichere Arbeitsverhältnisse, z. B. befristete Arbeitsverträge oder Zeitarbeit
- Restrukturierungen bis hin zu Führungswechseln mit gravierenden Veränderungen bei den Arbeitsinhalten und -abläufen sowie bei der Zusammensetzung der Teams
- Wenig Wertschätzung für die Mitarbeiter: Erbrachte Leistung und erhaltene Anerkennung — entweder als Gehalt oder als Lob — stehen subjektiv nicht mehr in einem ausgewogenen Verhältnis (Gratifikationskrise)
- Wenig Unterstützung durch Vorgesetzte oder im Team
- Geringer Handlungs- und Entscheidungsspielraum
- Widersprüchliche Anweisungen
- Wenig Fairness und Gerechtigkeit, z. B. bei den Gehältern oder bei Beförderungen
- Andauernde Anforderungen, seine psychische Befindlichkeit anzupassen, z. B. in sozialen und Gesundheitsberufen, im Kundendienst (Emotionsarbeit)

! **ACHTUNG**

Vermeiden Sie die „Gratifikationskrise“!

Mangelnde Anerkennung am Arbeitsplatz kann schwerwiegende Auswirkungen auf Gesundheit und Wohlbefinden der Mitarbeiter haben. Unter dem Begriff der „Gratifikationskrise“ hat Siegrist 1996 dieses Modell bekannt gemacht. Nach diesem Modell stehen die Arbeitsanforderungen den Belohnungen gegenüber. Die Anforderungen können von außen in Form von Anweisungen oder Arbeitsplatzbeschreibungen einwirken oder aus der inneren Leistungsmotivation des einzelnen Mitarbeiters herrühren.

Die Belohnungen für diesen Einsatz können ganz verschiedene Formen annehmen: Natürlich das Gehalt, aber auch Anerkennung, Status, Karrieremöglichkeiten und Arbeitsplatzsicherheit. Wenn der Mitarbeiter subjektiv ein Ungleichgewicht erlebt, entspricht also die Belohnungsseite nicht der Anforderungsseite, so kommt es zu einer Gratifikationskrise. In zahlreichen Studien konnten die

Auswirkungen einer solchen Gratifikationskrise belegt werden: s, so ist das Risiko einer Depression deutlich erhöht (Larisch et al., 2003), es gibt auch Zusammenhänge mit emotionaler Erschöpfung, psychosomatischen Beschwerden und koronaren Herzerkrankungen (De Jonge, Bosma, Peter & Siegrist, 2000). Alles Störungen, die auch einen Burnout anzeigen können.

Abb. 2.9: Modell der Gratifikationskrise

3 Umgang mit Burnout

Da psychische Störungen und ernsthafte Belastungen immer noch ein Tabu-Thema in unserer Gesellschaft sind, fällt es schwer, den richtigen Umgang mit betroffenen oder gefährdeten Kollegen oder Mitarbeiterinnen zu finden. Soll man sie ansprechen? Wer ist dafür eigentlich zuständig? Wie läuft so ein Gespräch ab? Was soll man tun, wenn der Kollege dann völlig zusammenbricht?

Wegen all dieser Unsicherheiten und Ängste vermeiden es viele Menschen, ihre Kolleginnen oder Mitarbeiter anzusprechen, wenn ihnen etwas an deren Verhalten Sorgen macht. Dabei ist es das beste Vorgehen, das Thema Burnout offen und frühzeitig anzusprechen.

Auch der Umgang mit Mitarbeitern, die wegen eines Burnouts krankgeschrieben sind, muss mit Fingerspitzengefühl erfolgen. Bevor man hier voreilig handelt, ist es sinnvoll, sich Gedanken über die Ziele im Umgang mit den betroffenen Mitarbeitern zu machen. Wenn Sie geeignete Gesprächsstrategien und vor allem auch die Grenzen Ihrer Zuständigkeit kennen, wird Ihnen der Umgang mit stark belasteten Kolleginnen oder Mitarbeitern leichter fallen.

3.1 Umgang mit aktuell betroffenen Mitarbeitern

3.1.1 Wie Sie in akuten Situationen reagieren sollten

Ein Burnout mag sich für die Außenstehenden, Chefs, Vorgesetzte, Mitarbeiter, Kollegen, wie eine plötzliche Eruption ereignen und dementsprechend äußerst erschreckend wirken, besonders wenn bisher niemand auf die Warnsignale geachtet hat. Wie so etwas aussehen kann, soll das folgende Beispiel einmal einleitend demonstrieren:

▶ **BEISPIEL**

Ein körperlicher Zusammenbruch

In der Marketingabteilung herrscht seit einigen Wochen Hochbetrieb, die Firma steht kurz vor der Einführung eines neuen Produkts. Jetzt gilt es, die Werbekampagne rechtzeitig vorzubereiten. Bei der wöchentlichen Abteilungsbesprechung

gibt die Abteilungsleiterin Frau Fritz einen Überblick über den aktuellen Arbeitsstand. Unter anderem erwähnt sie auch, dass die Druckerei die Werbeflyer noch nicht geliefert hat. „Was ist da los, Herr Marschner? Werden die Flyer noch rechtzeitig fertig? Das fällt doch in Ihren Aufgabenbereich", fragt sie nach.
Mit der Reaktion auf ihre Frage hat sie nicht gerechnet: Herr Marschner fährt zusammen und fängt stotternd an, sich zu rechtfertigen. Er regt sich immer mehr auf: „Ich kann nichts dafür! Ich kann mich doch hier nicht um alles kümmern. Immer bin ich schuld, wenn irgendetwas nicht läuft! Ich kann das alles so nicht mehr!" Er läuft ganz rot an und ringt nach Luft, bis er schließlich kein Wort mehr herausbringt und taumelnd den Raum verlässt. Alle sehen sich betreten und erschrocken an. Niemand weiß, was jetzt zu tun ist.

Ein scheinbar sehr plötzliches Auftreten eines Burnouts ist sehr typisch. Die Betroffenen schaffen es häufig nicht mehr, den Ausstieg aus ihrer Dauerbelastung zu finden und versuchen, durch immer angestrengteres Arbeiten aus der Situation herauszukommen. Sie konzentrieren sich vorwiegend auf die Anforderungen, die von außen kommen und achten nicht mehr auf das eigene Befinden. Ihnen fehlt auch die Energie, die Warnsignale im eigenen Körper wahrzunehmen und sinnvoll zu reagieren. Falls Kollegen oder Vorgesetzte sie ansprechen, wimmeln sie deren Sorgen einfach ab. Schließlich hat man zu arbeiten und will weder Zeit mit zusätzlichen Gesprächen verbringen noch als Schwächling dastehen. So kann der Burnout-Prozess immer weiter fortschreiten, bis zum körperlichen oder psychischen Zusammenbruch.

BEISPIEL

Ein psychischer Zusammenbruch
Ein ganz normaler Tag auf der Station einer orthopädischen Reha-Klinik. Heute Morgen sind vier Patienten entlassen worden, demnächst werden die neuen eintreffen. Pfleger Thomas wirkt schon seit Dienstbeginn ziemlich verstört. Da es auf der Station gerade recht betriebsam zugeht, hat aber niemand von den Kollegen Zeit, sich nach seinem Befinden zu erkundigen.
Da kommt eine Patientin in das Stationszimmer und beschwert sich lautstark, sie habe gestern die falschen Medikamente bekommen. „Ich bin schließlich hergekommen, um gesund zu werden. Und Sie wollen mich wohl mit den falschen Tabletten noch kränker machen!" Sie wolle jetzt sofort den Arzt sprechen.
Krankenpfleger Thomas sieht sie einen Moment sprachlos an, dann bricht er in Tränen aus. Eine Kollegin bringt ihn daraufhin in den Pausenraum. Thomas kann sich überhaupt nicht wieder beruhigen, er schluchzt und weint und bringt kein Wort mehr heraus. Schließlich wird die Psychologin gerufen, die ihn nach Hause begleitet.

Natürlich ist es nicht einfach, in solchen Situationen richtig zu reagieren. Ein plötzlicher Zusammenbruch ist meist für die Kolleginnen und Kollegen sehr erschreckend. So etwas kennt man am Arbeitsplatz nicht. Die meisten Menschen fühlen sich erst einmal hilflos und wissen nicht, was sie tun sollen.

! WICHTIG

Niemals allein lassen!
Lassen Sie in einer akuten Situation die Mitarbeiterin oder den Mitarbeiter nicht allein! Eine häufige Reaktion der Betroffenen wird sein, sich zurückzuziehen, z. B. in das eigene Büro oder auf die Toilette. Es sollte dann auf jeden Fall jemand hinterher gehen, entweder eine Führungskraft oder eine vertraute Kollegin oder ein Kollege. Wenn kein direkter Kontakt gewünscht wird, sollte zumindest jemand in der Nähe bleiben und nach kurzer Zeit noch einmal nachfragen, wie es demjenigen geht. Es muss jetzt Unterstützung und Hilfe angeboten werden. Außerdem muss die oder der Vorgesetzte informiert werden.

Da die betroffenen Mitarbeiter in einer akuten Überlastungsreaktion selbst verwirrt, ängstlich und erregt sind, kann sich ihr Befinden leicht auf die Umgebung übertragen. Wenn andere Menschen jetzt ebenfalls in Aufregung und Panik geraten, ist niemandem geholfen.

! WICHTIG

Ruhe bewahren!
Wenn Vorgesetzte oder Kollegen den Mitarbeiter in der Krise unterstützen, sollten sie auf jeden Fall Ruhe und Klarheit bewahren.
Sprechen Sie den Betroffenen **ruhig**, aber sehr **deutlich** an. Menschen, die in starken Gefühlen, z. B. Ängsten, gefangen sind, nehmen Signale von außen nicht mehr so gut wahr. Sprechen Sie also laut genug und geben Sie **klare Signale**. Zögerliches Verhalten wird oft zu dem Betroffenen nicht durchdringen.

Akute Signale einer psychischen Krise können sein:

- **Depressive Krise**: tiefe Verzweiflung, Hoffnungslosigkeit, Suizidgedanken oder Suizidversuche
- **Angstkrise**: starke Unruhe und Erregtheit, Angst und Panikattacken, bis hin zu Verwirrtheit und Desorientierung
- **Aggressive Krise**: lautes Schimpfen und Schreien, aggressives Verhalten, auch gegen sich selbst oder andere.

Die Fürsorgepflicht

Ist es zu einem akuten Zusammenbruch eines Mitarbeiters am Arbeitsplatz gekommen, wird derjenige höchstwahrscheinlich nicht mehr arbeitsfähig sein. Es liegt jetzt auch in der Fürsorgepflicht des jeweiligen Vorgesetzten, den betroffenen Mitarbeiter möglichst bald zum Arzt oder nach Hause zu schicken. Am besten sollte jemand diesen Mitarbeiter begleiten. Vergewissern Sie sich auch, ob zu Hause jemand anwesend ist. Ein Mensch in einer Krise sollte nicht allein gelassen werden. Falls niemand beim Betroffenen zu Hause ist, kann vielleicht jemand aus der Familie oder dem Freundeskreis angerufen werden oder eine Kollegin oder ein Kollege geht mit.

! WICHTIG

Verhalten bei akutem Alkohol- oder Drogeneinfluss

Sollte ein Mitarbeiter oder eine Mitarbeiterin unter Alkohol- oder Drogeneinfluss stehen, haben die Führungskräfte sogar die gesetzliche Verpflichtung, denjenigen vom Arbeitsplatz zu entfernen, falls er sonst sich oder andere gefährden könnte!

● TIPP

Verhalten bei einem psychiatrischen Notfall

Selbst Ruhe und Klarheit bewahren.

Den Betroffenen in seiner Verwirrung oder seiner Verzweiflung akzeptieren. Es hilft nichts, demjenigen sein Verhalten ausreden zu wollen oder ihm Vorwürfe zu machen.

Den Betroffenen ruhig und bestimmt ansprechen.

Für Schutz und Ruhe sorgen, indem z. B. ein anderer Raum aufgesucht wird oder die Umstehenden weggeschickt werden.

Falls im Unternehmen ein Arzt oder ein betrieblicher Helfer vorhanden ist, den Betroffenen dorthin begleiten.

In Krisensituationen mit Gefahr für den Betroffenen oder andere Menschen sollte externe Hilfe angefordert werden, z. B. ein Arzt, ein psychiatrisches Krisenzentrum oder auch die Polizei. Wenn Sie externe Hilfe anfordern, schildern Sie sehr genau die akute Situation und das Ausmaß der Krise, damit Sie nicht voreilig „abgewimmelt" werden.

Auch wenn der Zusammenbruch nicht am Arbeitsplatz stattfindet, sollten Vorgesetzte und die Personalabteilung sich um Krisensignale kümmern. Ein typischer Zeitpunkt für einen Zusammenbruch ist auch der Weg zur Arbeit. Einige Burnout-

Betroffene schaffen es dann nicht mehr, ihre Wohnung zu verlassen, um zur Arbeit zu fahren, oder das Firmengebäude zu betreten.

Gerade bei Mitarbeitern mit Anzeichen einer Depression ist der Rückzug nach Hause oder in die Arbeitsunfähigkeit häufig ein Gefahrenzeichen.

! **ACHTUNG**

Suizidgefahr

Wenn ein depressiver Mitarbeiter den Kontakt zu Kollegen abbricht oder nicht mehr ans Telefon geht, sollte dies auf jeden Fall als ernstes Krisensignal gewertet werden, insbesondere wenn vorher ein gutes kollegiales Verhältnis bestanden hat.

Wenn Sie sich um eine Mitarbeiterin oder einen Mitarbeiter große Sorgen machen, **vertrauen Sie auf Ihr Bauchgefühl und rufen Sie an oder fahren Sie hin!** Manchmal nehmen wir Alarmsignale unbewusst auf und versuchen dann, uns die Ängste selbst wieder auszureden. Bei einem depressiven Menschen sollten Sie solche unguten Gefühle ernst nehmen. Vielleicht haben Sie unbewusst die Anzeichen für eine bevorstehende Selbsttötung wahrgenommen.

Weitere Informationen zum Umgang mit psychischen Erkrankungen im Arbeitsleben finden Sie in dieser Broschüre: „Psychisch krank im Job. Was tun?“ M. Hommelsen, 2006

3.1.2 Gesprächsführung mit betroffenen Mitarbeitern

▶ **BEISPIEL**

Ein Mitarbeitergespräch wird notwendig

Frau Andresen ist Mitarbeiterin in Ihrem Team. Sie war immer eine der Mitarbeiterinnen, auf die Sie sich voll verlassen konnten. Sie hat stets hervorragende Arbeit geleistet, sich engagiert und weitergebildet. Wichtige oder schwierige Aufgaben konnten Sie Frau Andresen bedenkenlos anvertrauen.

Nun stellen Sie fest, dass sie seit einigen Wochen nicht mehr die gleiche Leistung wie früher erbringt. Sie schafft ihre Arbeiten oft nicht mehr rechtzeitig, macht Fehler, arbeitet plötzlich eher nachlässig. Sie geht auch öfters früher nach Hause, so dass sie schon Minusstunden hat.

Trotzdem haben Sie Frau Andresen die Vorbereitung eines wichtigen Projekts anvertraut. Nach Ihrem Urlaub erwarten Sie, das Konzept in der sonst üblichen einwandfreien Form vorgelegt zu bekommen. Stattdessen erhalten sie einen Entwurf, der recht lieblos wirkt und bei dem Sie auf den ersten Blick merken,

dass wichtige Fakten nicht stimmen. Zum Glück haben Sie das noch rechtzeitig bemerkt und können das Konzept noch überarbeiten. Früher hätten Sie Frau Andresen blind vertrauen und das Konzept direkt verwenden können.
Welche Gründe vermuten Sie für das veränderte Verhalten von Frau Andresen? Wie finden Sie heraus, was los ist?

Gesprächsziele klären

Spätestens jetzt ist es an der Zeit, heraus zu finden, was mit Frau Andresen los ist. Es steht also ein Gespräch mit dem Vorgesetzten an. Bevor Sie zu diesem Gespräch einladen, sollten Sie sich ein wenig Zeit nehmen, um dieses Gespräch vorzubereiten. Sie sollten für sich klären, was das Ziel dieses Gesprächs für Sie ist: Wollen Sie ein Kritikgespräch führen, weil Frau Andresen Fehler in dem wichtigen Konzept gemacht hat? Möchten Sie ihr noch einmal erklären, wie wichtig das Projekt ist und sie motivieren, engagierter zu arbeiten? Oder möchten Sie herausfinden, was vielleicht hinter Frau Andresens geändertem Verhalten steckt? Je nachdem, welche Ziele Sie verfolgen, werden Sie unterschiedlich an dieses Gespräch herangehen.

Zur Klärung der eigenen Herangehensweise an das Gespräch eignet sich gut das bekannte Kommunikationsmodell von Schulz von Thun:

- **Sachebene**: Wie sehe ich die Sachlage? Wie könnte der Gesprächspartner sie sehen? Welche Sachverhalte möchte ich ansprechen?
- **Beziehungsebene**: Wie stehe ich zur Mitarbeiterin oder zum Mitarbeiter? Wie ist die Beziehung zueinander? Hat es in letzter Zeit Änderungen im Verhältnis gegeben? Wie steht die Mitarbeiterin oder der Mitarbeiter zu mir?
- **Appellebene**: Was möchte ich beim Gesprächspartner erreichen? Was sind meine Erwartungen an sie oder ihn? Welche Erwartungen hat sie oder er wohl an mich?
- **Selbstoffenbarungsebene**: Wie geht es mir selbst in Bezug auf die zu besprechende Angelegenheit? Welche Gedanken und Gefühle hege ich? Und was davon möchte ich dem Gegenüber mitteilen?

Eigene Gefühle klären

Besonders wichtig vor einem Gespräch mit jemandem, der sich womöglich in einer Krise befindet: Werden Sie sich selbst darüber klar, welche Gefühle Sie in Bezug auf die Person und auf das bevorstehende Gespräch hegen! Oft wird wegen eigener mulmiger Gefühle das Gespräch gar nicht erst gesucht. Oder die Unterhaltung verläuft ungünstig und ergebnislos. Wenn Sie herausfinden, wie Ihre eigene Einstellung ist, haben Sie den ersten Schritt gemacht, um das günstigste Vorgehen zu finden.

- **Zögerlich**: „Ich bin mir gar nicht sicher, ob überhaupt etwas mit meiner Mitarbeiterin los ist. Vielleicht sollte ich noch ein bisschen abwarten, bevor ich sie anspreche.“ *Falls Sie wirklich Sorgen haben, dass die Mitarbeiterin überlastet ist und ein Burnout vorliegen könnte, sollten Sie keine Zeit verlieren! Beobachten Sie die Mitarbeiterin ein paar Tage lang sorgfältig und notieren Sie sich, was Ihnen an Veränderungen auffällt und was genau Ihnen Sorgen gemacht. Mit diesen Beobachtungen haben Sie auch einen guten Gesprächseinstieg, weil Sie genau beschreiben können, was der Anlass für das Gespräch ist.*
- **Gleichgültig:** „ Wenn der Mitarbeiter ein Problem hat, soll er das entweder selber lösen oder mich ansprechen. Ich bin doch nicht zum Gedankenlesen hier!“ *Auch die oder der Vorgesetzte hat ein Problem, wenn Beschäftigte aus welchen Gründen auch immer ihre Leistung nicht erbringen (können). Daher haben beide Seiten ein Interesse an einer Klärung und Verbesserung der Situation. Außerdem haben Führungskräfte eine Fürsorgepflicht gegenüber ihren Mitarbeitern. Wenn Ihnen ein Leistungsabfall oder Verhaltensänderungen auffallen, sollten Sie sie auf jeden Fall ansprechen!*
- **Ängstlich:** „Oh nein, wenn ich meine Mitarbeiterin anspreche, fängt sie bestimmt an zu weinen! Und mit Tränen kann ich ja nun gar nicht umgehen!“ *So schwierig ist es gar nicht, mit den Tränen anderer umzugehen. Versuchen Sie nicht, sich aus der Situation herauszuziehen. Auch ein plumpes Beschwichtigen ist nicht hilfreich. Lassen Sie dem Gegenüber einfach Zeit, sich solange auszuweinen, bis die- oder derjenige die Gefühle wieder im Griff hat. Reichen Sie ein Taschentuch hinüber. Und bleiben Sie einfach anteilnehmend sitzen. Nur wenn Sie ein sehr freundschaftliches Verhältnis haben, ist eine tröstende Umarmung akzeptabel. Beschränken Sie sich sonst auf ein kurzes Berühren der Hand oder der Schulter. Den meisten Menschen ist es sehr peinlich, vor anderen starke Gefühle zu zeigen, insbesondere zu weinen. Je ruhiger und gelassener Sie selbst bleiben, desto eher kann sich auch der Betroffene wieder beruhigen. Sagen Sie ruhig, dass das Weinen nicht schlimm ist und sie gleich in Ruhe über den Anlass sprechen können.*
- **Forsch:** „Ich habe den Eindruck, dass Sie in letzter Zeit etwas überlastet sind. Deswegen habe ich mit dem Abteilungsleiter Einkauf besprochen, dass Sie ab sofort dorthin wechseln werden.“ *Nachdem Sie Ihre Sicht der Lage geschildert haben, sollte die Mitarbeiterin oder der Mitarbeiter genügend Zeit bekommen, die eigene Meinung dazu zu äußern. Vielleicht sieht sie oder er die Situation völlig anders. Auf jeden Fall sollten mögliche Lösungen erst einmal vom Betroffenen vorgeschlagen werden. Natürlich sind Führungskräfte es gewohnt, schnelle Lösungen*

zu finden und Entscheidungen zu treffen. Die Einigung auf das weitere Vorgehen muss hier aber gemeinsam erfolgen.

- **Therapeutisch:** „Ich muss jetzt unbedingt herausfinden, wo die Probleme meines Mitarbeiters liegen. Vielleicht hat er ja auch Partnerschaftsprobleme. Mal sehen, ob ich hier eine gute Lösung empfehlen kann." *Die Führungskraft hat **nicht** die Aufgabe eines Therapeuten! Sie brauchen auch nicht bei privaten Problemen zu beraten. Ihre Aufgabe ist es, dafür zu sorgen, dass es Ihren Mitarbeitern bei der Arbeit gut geht und sie ihre Leistung erbringen können. Verweisen Sie ggf. an interne Stellen, z. B. die Sozialberatung oder das Employee-Assistance-Program, oder empfehlen Sie externe Beratungsstellen oder Therapeuten.*
- **Autoritär:** „Mein Mitarbeiter soll sich jetzt gefälligst mal zusammenreißen und zusehen, dass er seinen Job macht. Das Leben ist schließlich kein Zuckerschlecken, und ich muss auch viel arbeiten. Wenn der es nicht schafft, gibt es genügend andere, die auf diesen Job scharf sind!" *Vielleicht sollten Sie sich einmal fragen, warum Sie eigentlich Führungskraft geworden sind? Mit dieser Einstellung werden Sie es nicht schaffen, das Vertrauen Ihrer Mitarbeiter zu erwerben und sie zu motivieren. Ein partizipativer Führungsstil und ein freundlicher Umgangston tragen wesentlich zum Teamklima, zum Wohlbefinden und damit auch zu guten Arbeitsergebnissen bei. Sie sollten sich fragen, ob Sie möglicherweise der größte Stressfaktor für Ihre Mitarbeiter sind!*

„Klare Kommunikation setzt immer Selbstklärung voraus. Zeitraubend sind alle Situationen, wo Menschen erst im Kontakt sich einstimmen, mühsam nach wichtigen Informationen kramen und somit an Präsenz und Effizienz im Gespräch verlieren." (Schulz von Thun, Ruppel, & Roswitha, 2011)

Gespräche führen

Wenn Sie für sich geklärt haben, was Ihre Ziele für das Gespräch und Einstellungen zum Betroffenen sowie zur aktuellen Situation sind, können Sie sich mit Ihrer Mitarbeiterin oder dem Mitarbeiter zusammensetzen. Wenn Sie bereits eine sehr gute und vertrauensvolle Beziehung zueinander haben, können Sie darauf aufbauen und müssen nicht jedes Wort auf die Goldwaage legen.

TIPP

Stellen Sie offene Fragen und hören Sie aktiv zu!
Im Gespräch mit einem psychisch belasteten Mitarbeiter sollten Sie mehr fragen, als selber reden! Am besten sind offene Fragen, die eine ausführlichere Antwort erfordern. Hilfreich ist die Gesprächstechnik des aktiven Zuhörens.

Falls das Verhältnis aber distanzierter ist, sollten Sie vorher überlegen, wie die Unterhaltung ablaufen soll. Vielleicht üben Sie sogar die wichtigsten Einleitungssätze. Wenn Ihre Mitarbeiter Ihnen in solchen Gesprächen nicht vertrauen (können) und nicht genau wissen, woran sie sind, werden sie sich eher zurückhalten. Ihre ersten Sätze werden also bereits viel darüber aussagen, wie Sie an das Gespräch herangehen wollen, was Ihre Ziele sind und wie Sie zum Mitarbeiter stehen. Damit entscheidet sich schnell, ob es zu einem offenen und lösungsorientierten Austausch kommen kann oder ob die andere Seite aus Unsicherheit oder Angst „mauert".

! **WICHTIG**

Die innere Haltung

Die folgenden Stichworte markieren die günstigste innere Haltung beim Gespräch, mit der Sie eine vertrauensvolle Atmosphäre aufbauen und Ihrem Gegenüber ein Gefühl von Sicherheit geben können:

- Offen und ehrlich
- Klar
- Sachlich
- Geduldig
- Anteilnehmend, dem Menschen zugewandt
- Partnerschaftlich
- Lösungsorientiert

Ist diese Voraussetzung, die der günstigen inneren Haltung, erfüllt, kommt es nun direkt auf die Gesprächsführung und den -ort an. Dabei können einige Fehler passieren, die einen positiven Verlauf des Gesprächs verhindern könnten.

! **ACHTUNG**

Die häufigsten Fehler in Mitarbeitergesprächen

- Der **Gesprächstermin** wird zu **kurzfristig** festgesetzt („Können Sie gleich mal zu mir ins Büro kommen? Ich möchte etwas mit Ihnen besprechen!").
- Der **Gesprächsanlass** wird nicht mitgeteilt, so dass die Mitarbeiter keine Gelegenheit haben, sich vorzubereiten. Das schafft ein Ungleichgewicht, dass eher Angst als eine offene, vertrauensvolle Atmosphäre hervorbringt.
- Es gibt **keinen ruhigen**, ungestörten **Ort** für das Gespräch.
- Es steht **nicht genügend Zeit** zur Verfügung.
- Die Mitarbeiterin oder der Mitarbeiter wird vom Vorgesetzten immer wieder **unterbrochen** und kann **nicht ausreden**.
- Es werden Details besprochen, aber **keine konkreten Ergebnisse** erreicht.

Das Gespräch selbst kann in acht Schritten ablaufen (s. Leitfaden in Abschnitt 3.2.1). Lassen Sie uns einmal sehen, was passieren könnte, wenn Sie im Fall Frau Andresens diese acht Schritte anwenden.

BEISPIEL

Gespräch mit Frau Andresen

Begrüßung, Einleitung

Führungskraft (FK): „Guten Morgen, Frau Andresen! Kommen Sie rein, nehmen Sie doch bitte Platz. Schön, dass es mit unserem Gespräch geklappt hat! Ich möchte gerne mit Ihnen über Ihre Arbeitsleistung in den letzten Wochen sprechen."
Frau Andresen (Fr. A.): „Guten Morgen, Frau Müller."

Atmosphäre schaffen

FK: „Darf ich Ihnen einen Kaffee oder ein Glas Wasser anbieten? Dieses Gespräch liegt mehr sehr am Herzen. Damit wir uns wirklich in Ruhe unterhalten können, habe ich erst einmal eine Stunde Zeit vorgesehen. Ich habe auch meiner Sekretärin Bescheid gegeben, dass wir in der Zeit nicht gestört werden."

Klärung des Gesprächsanlasses

FK: „Frau Andresen, lassen Sie mich einmal erklären, wieso ich um dieses Gespräch gebeten habe. Sie sind ja schon seit sieben Jahren in meinem Team und ich war immer vollauf zufrieden mit Ihrer Arbeit. Ich konnte mich immer hundertprozentig darauf verlassen, dass alle Aufgaben fehlerfrei und pünktlich bearbeitet wurden. Wenn es gelegentlich besonders hektisch zuging, sind Sie auch mal länger geblieben.
Nun ist mir in den letzten Wochen eine Veränderung bei Ihnen aufgefallen. Sie haben beim Asien-Projekt einige Male die Termine nicht eingehalten. Wo Sie früher immer eher Überstunden hatten, sind Sie inzwischen bei 25 Minusstunden angekommen. Einige Male sind Ihnen auch Fehler unterlaufen, wie z. B. in dem Konzept, das Sie während meines Urlaubs bearbeitet haben.
Frau Andresen, das bin ich von Ihnen gar nicht gewohnt. Ich mache mir Sorgen! Was ist los?"

Sicht des Mitarbeiters

Fr. A.: „Ja, das mit dem Konzept tut mir leid. Da hatte ich versehentlich die Zahlen vom vorletzten Jahr genommen. Das soll nicht wieder vorkommen. Und während Ihres Urlaubs war einfach mehr zu tun als sonst."

Klärung der Hintergründe

FK: „ Frau Andresen, ich will Ihnen gar keine Vorwürfe machen und Sie brauchen sich auch überhaupt nicht zu rechtfertigen. Sie wissen ja hoffentlich, dass ich sehr viel von Ihnen und Ihrer Arbeit halte.
Aber mir scheint, dass da noch mehr dahinter steckt. Schließlich habe ich diese Veränderungen auch schon vor meinem Urlaub bemerkt. Gibt es irgendetwas, dass Ihnen auf dem Herzen liegt?"
Fr. A.: „Ja, jetzt wo Sie danach fragen ... Mein Vater ist vor ein paar Wochen schwer krank geworden. Er war viele Wochen im Krankenhaus und ich habe ihn oft dort besucht. Deswegen bin ich häufig früher gegangen. Und meine Mutter kommt mit ihrem Alltag alleine überhaupt nicht zurecht ... (schluchzt). Fast jeden Abend und auch am Wochenende fahre ich hin. Und dann haben Sie mir auch noch dieses Konzept gegeben – mir ist das im Moment alles viel zu viel. Ich weiß überhaupt nicht mehr, wo mir der Kopf steht. Eigentlich könnte ich auch Urlaub gebrauchen. Es tut mir leid, wenn ich Sie enttäuscht habe!"

Gemeinsame Lösungssuche

FK: „Es tut mir leid, das zu hören, Frau Andresen! Davon wusste ich ja gar nichts. Was können wir denn tun, damit Sie mit dieser Situation besser zurecht kommen? Wie kann ich Sie unterstützen?"
Fr. A.: „Mir wäre viel damit geholfen, wenn ich in der nächsten Zeit keine Zusatzaufgaben erledigen müsste. Wäre es vielleicht auch in Ordnung, wenn ich gelegentlich etwas früher gehe?"
FK: „Wie wäre es, wenn ich Herrn Walter in das Asien-Projekt mit einbeziehe? Er könnte Sie sicherlich unterstützen. Sie können natürlich auch mal 1–2 Stunden früher gehen, es wäre mir aber lieb, wenn wir das vorher absprechen können."
Fr. A.: „Das ist eine gute Idee. Wenn Herr Walter an dem Projekt mitarbeitet, wäre mir das eine große Erleichterung. Ich möchte ja gar nicht jeden Tag früher gehen, aber im Moment braucht meine Mutter mich Mittwoch-Nachmittags. Wäre es in Ordnung, wenn ich dann schon um 14 Uhr gehe?"
FK: „Ja, kein Problem. Sie können gerne für eine begrenzte Zeit Stunden reduzieren, sollen wir erst einmal zwei Monate sagen? Sie sagten vorhin, Sie

könnten auch einmal Urlaub gebrauchen. Möchten Sie sich vielleicht ein paar Tage frei nehmen?“
Fr. A: „Nein, danke für das Angebot. Im Moment geht es so. Aber wenn mein Vater aus dem Krankenhaus entlassen wird, würde ich gerne eine Woche Urlaub nehmen.“
FK: „Kein Problem, das kriegen wir hin.“

Vereinbarungen treffen

FK: „Dann fasse ich noch einmal zusammen, was wir vereinbart haben. Herr Walter wird Sie beim Asien-Projekt unterstützen. Ich werde ihn darauf ansprechen und wir werden diese Woche dann zu dritt die genaue Aufgabenverteilung besprechen. In den nächsten zwei Monaten gehen Sie mittwochs schon um 14 Uhr. Wenn Sie absehen können, dass Ihr Vater das Krankenhaus verlässt, nehmen Sie sich eine Woche frei. Bitte informieren Sie mich darüber so früh wie möglich. Ist Ihnen das so recht?“
Fr. A.: „Ja, das klingt alles sehr gut. Das wäre eine große Entlastung!“
FK: „Gut, dann probieren wir es so. Ich möchte aber gerne nächste Woche noch einmal kurz mit Ihnen sprechen, damit wir uns austauschen können, ob das alles so klappt.“

Gespräch reflektieren

FK: „Nun bin ich aber wirklich erleichtert! Ich hatte mir schon Sorgen gemacht, weil ich so gar nicht wusste, was los war. Und dieses Gespräch hat mir ehrlich gesagt auch ein bisschen auf der Seele gelegen. Aber nun bin ich froh, dass wir das angesprochen und hoffentlich eine gute Lösung gefunden haben! Wie geht es Ihnen jetzt?“
Fr. A.: „Viel besser! Ich habe das alles so viele Wochen mit mir herumgetragen – die Sorgen zu Hause und dann die Arbeit hier. Natürlich habe ich gemerkt, dass ich oft unkonzentriert war. Aber nun muss ich mir zumindest hier keine Sorgen mehr machen. Ich hatte schon befürchtet, dass Sie mich nicht mehr in Ihrer Abteilung haben wollen, nach dem Patzer mit dem Konzept. Gut, dass Sie nachgehakt haben.“
FK: „Ja, da bin ich auch froh. Dann sehen wir uns beim Gespräch mit Herrn Walter wieder. Alles Gute auch für Ihre Eltern! Halten Sie mich doch bitte auf dem Laufenden, wenn Sie mögen.“

Kontakt halten während einer Arbeitsunfähigkeit

Falls eine Mitarbeiterin oder ein Mitarbeiter tatsächlich wegen eines Burnouts krankgeschrieben ist, dauert diese Arbeitsunfähigkeit meist länger. Durchschnittlich dauert eine Krankschreibung wegen Burnout 26 Tage (Bundespsychotherapeutenkammer, 2012), teilweise sind die Betroffenen monatelang arbeitsunfähig. Wie soll man also als Führungskraft oder Personalabteilung damit umgehen?

Dies ist tatsächlich ein heikles Thema. Einerseits brauchen viele Burnout-Betroffene während ihrer Arbeitsunfähigkeit dringend Abstand zum Arbeitsleben. Sie wollen am liebsten gar nichts von der Firma hören und einfach nur in Ruhe gelassen werden. Andererseits besteht von Seiten des Unternehmens natürlich ein Interesse daran, zum Erkrankten Kontakt zu halten. Hier einen geeigneten Mittelweg zu finden ist nicht leicht, das Vorgehen im einzelnen Fall sollte gut überlegt werden.

Lassen Sie uns doch einmal die möglichen Sichtweisen und Interessen aller Seiten ansehen.

Mitarbeiterin oder Mitarbeiter in der Arbeitsunfähigkeit:

- „Ich will einfach nur meine Ruhe haben! Ich will von der Firma nichts hören!"
- „Ich möchte von der Firma nicht unter Druck gesetzt werden, schnell wieder gesund werden zu müssen. Fragen nach der voraussichtlichen Dauer meiner Krankschreibung möchte ich deswegen nicht hören."
- „Es ist mir ja selber peinlich, krank zu sein. Eigentlich möchte ich schnell wieder arbeiten. Im Moment geht es aber einfach nicht, und mein Psychotherapeut sagt auch, ich muss mir Zeit lassen. Deswegen mag ich nicht dauernd Fragen danach beantworten, wann ich denn nun wieder arbeite."
- „Erst setzen sie mich in der Firma so unter Druck, dass ich jetzt völlig zusammengebrochen bin. Und nun können sie mich immer noch nicht in Ruhe lassen und rufen dauernd an!"
- „Ich bin denen jetzt wohl völlig egal. Solange man funktioniert, interessiert sich die Firma für einen. Sobald man krank ist, meldet sich niemand mehr."
- „Was wohl die Kollegen jetzt so machen? Sonst sieht man sich jeden Tag, und jetzt kriege ich gar nichts mehr mit. Auf die Kunden kann ich im Moment ja gut verzichten, aber mein Team fehlt mir schon."
- „Ob sie jemanden gefunden haben, der mein Projekt gut weiterführt? Oder wird das jetzt völlig vor die Wand gefahren? Keiner kennt sich da so gut aus wie ich! Vielleicht liegt das da jetzt auch einfach nur rum und meine ganze Arbeit war umsonst! Eigentlich würde ich das gerne noch auf den Weg bringen ..."

Vorgesetzte oder Vorgesetzter

- „Gerade jetzt, wo wir so viel zu tun haben, fällt mir hier jemand aus. Und bislang habe ich keine Ahnung, wie lange das dauern kann. Soll ich mich jetzt um eine Vertretung kümmern oder kann mein Team das ausgleichen?“
- „Oh je, noch eine Krankschreibung! Hoffentlich dauert das nicht so lange. Gerade sind noch einige Mitarbeiter arbeitsunfähig und die Urlaubszeit steht bevor.“
- „Meine Güte, ausgerechnet diese Mitarbeiterin ist jetzt krank! Wo sie doch sonst immer absolut zuverlässig und eine der Leistungsträgerinnen ist. Bei ihr kenne ich bisher gar keine Krankschreibung. Hoffentlich ist es nichts Ernstes. Ich würde gerne wissen, wie es ihr so geht.“
- „Jetzt mache ich mir doch langsam Sorgen. Ich weiß ja, dass die letzte Umstrukturierung für unsere Abteilung mehr Arbeit gebracht hat. Aber die Krankheitsfälle häufen sich in den letzten Wochen wirklich auffällig! Ob das vielleicht doch alles zu viel für mein Team ist? Aber nun habe ich mich bei meinem Chef schon verpflichtet, dieses Jahr die höheren Zahlen zu erreichen!“
- „Jetzt ist Herr Müller schon die dritte Woche krank. Ob ich mich bei ihm mal melden sollte? Aber wir haben kein so gutes Verhältnis zueinander. Vielleicht empfindet er es ja als aufdringlich, wenn ich jetzt anrufe?“
- „Ich weiß ja, dass man die Mitarbeiter in der Krankheitszeit nicht mit Arbeit belästigen soll. Aber leider habe ich keine Ahnung, wie weit Frau Meier mit dem Konzept war, und ich weiß auch nicht, wo sie die Unterlagen dafür hat. Ob ich sie das mal kurz fragen kann?“
- „Unverschämtheit! Alles Drückeberger hier! Nur weil jetzt wegen des großen Auftrags mal mehr zu tun ist, machen die alle schlapp. Bestimmt haben die jetzt auch alle einen Burnout, ist ja gerade groß in Mode. Denen werde ich schon auf die Schliche kommen!“
- „Hmmm, nun ist Herr Schulze also noch eine Woche krank. Das wäre dann schon die sechste. Damit ist er so langsam nicht auf dem Laufenden mit dem, was hier so im Moment passiert. Ob ich ihn kurz informieren sollte?“
- „Schon 5 Wochen in der AU! Was die wohl für eine Krankheit hat?“

Sie merken schon, dass es sowohl beim betroffenen Mitarbeiter als auch bei den Vorgesetzten durchaus widerstreitende Interessen und Einstellungen geben kann. Damit Sie sich entscheiden können, wie Sie vorgehen wollen, können Sie sich vor der Kontaktaufnahme ein paar Fragen stellen, die Ihnen helfen werden, sich über Ihre eigene Position klar zu werden.

Fragen an sich selbst vor der Kontaktaufnahme

- Wie gut ist mein **Verhältnis** zum krankgeschriebenen Mitarbeiter? Wenn Sie ein gutes und freundschaftliches Verhältnis haben, dürfen Sie durchaus anrufen und sich nach dem Befinden erkundigen. Machen Sie aber keinen Druck, jetzt schnell wieder gesund werden zu müssen! Seien Sie einfach freundlich und anteilnehmend. Wenn Ihr Verhältnis zum Mitarbeiter nicht so eng ist, können Sie vielleicht eine Kollegin oder einen Kollegen bitten, den Kontakt zu halten und Genesungswünsche und Grüße von Ihnen auszurichten.
- **Was will ich** eigentlich im Gespräch **erreichen**? Falls Sie vorwiegend Ihre eigene Neugier befriedigen, eine Diagnose oder die Dauer der Krankschreibung erfahren wollen: Rufen Sie nicht an! Damit erzeugen Sie nur Druck, der sich negativ auf das Befinden Ihres Mitarbeiters oder Ihrer Mitarbeiterin auswirken wird. Falls Sie Ihre Sorge um den Erkrankten ausdrücken möchten und einfach nur Genesungswünsche loswerden wollen, dann dürfen Sie sich gerne melden, sofern Sie dabei wirklich authentisch wirken können und den Mitarbeitern der Kontakt recht ist. Fragen Sie nach, ob Sie sich wieder melden dürfen oder die oder der Betroffene lieber ganz in Ruhe gelassen werden möchte.
- Was weiß ich von den **Wünschen der Mitarbeiterin oder des Mitarbeiters**? Vielleicht hat das Team-Mitglied schon Wünsche geäußert, wie im Krankheitsfall verfahren werden soll. Manchmal wissen auch die Kollegen, ob Kontakt während der Krankschreibung erwünscht ist oder nicht.

! WICHTIG

Keine Auskunftspflicht!
Weder der Arbeitgeber noch die oder der Vorgesetzte hat **ein Recht, die Diagnose zu erfahren**, wegen der jemand arbeitsunfähig ist!
Sie werden deswegen überhaupt nur wissen, dass die Arbeitsunfähigkeit durch einen Burnout zustande gekommen ist, wenn die oder der Betroffene es entweder Ihnen direkt oder anderen Kollegen mitteilt.

Wichtig ist, dass Sie sich bei einer Krankschreibung wegen Burnout nicht anders verhalten sollten als bei anderen Krankheitsfällen. Wenn Sie also üblicherweise anrufen, eine Karte oder einen Blumenstrauß bei längerer Krankheit schicken: Tun Sie das jetzt auch.

Der einzige Unterschied zwischen einer Arbeitsunfähigkeit wegen eines Burnouts oder anderen Erkrankungen besteht darin, dass Sie beim Burnout mit großer Sicherheit davon ausgehen können, dass Ursachen dafür am Arbeitsplatz liegen. Genauso können aber auch der hohe Blutdruck oder die Erkältung mit Stress bei der Arbeit zusammenhängen. Beim Burnout sollten Sie sich also einfach noch intensiver fragen, ob die Ursachen für diesen Krankheitsfall am Arbeitsplatz liegen könnten und ob Sie etwas dagegen tun können.

3.2 Umgang mit gefährdeten Mitarbeitern

Es gibt bestimmte Branchen bzw. Arbeitsplätze (s. Abschnitte 1.3.2 und 1.4.), bei denen besonders häufig eine Überlastung auftritt. Daneben gibt es Risikokonstellationen bei einzelnen Mitarbeitern, z. B. aufgrund deren persönlicher Einstellungen (s. Abschnitt 1.3.1). Wie soll man nun umgehen mit Mitarbeitern, die möglicherweise gefährdet sind oder schon erste Überlastungsanzeichen aufweisen (s. Abschnitt 2.2.1)?

! WICHTIG

Erste Regel: Bleiben Sie nicht untätig!

Der größte Fehler, den Sie bei Burnout-gefährdeten Mitarbeitern machen können, ist, nichts zu tun!

Nehmen Sie alle Anzeichen, die Sie bei einzelnen Mitarbeitern oder im ganzen Team beobachten, sehr ernst. Vertrauen Sie auch auf Ihr Bauchgefühl, wenn Sie meinen, dass bei einem Team-Mitglied etwas nicht stimmt.

Umgang mit einzelnen Mitarbeitern

Sie haben mehrere Möglichkeiten, bei Eintritt eines solchen Falles zu reagieren. Aber grundsätzlich gilt die Devise: Je früher, desto besser. Am besten sprechen Sie Mitarbeiterinnen oder Mitarbeiter, die überlastet erscheinen, direkt an. Fragen Sie nach der aktuellen Arbeitsbelastung und nach dem persönlichen Befinden. Das sollten Sie übrigens nicht nur dann tun, wenn ein Burnout-Verdacht besteht, sondern regelmäßig z. B. einmal im Monat.

Wenn Sie aber konkrete Warnzeichen beobachtet haben, fragen Sie ruhig öfters nach, wie es dem Betreffenden geht. Äußern Sie Ihre Sorgen. Benennen Sie die Zeichen, aus denen Sie auf eine mögliche Überlastung schließen. Manchmal braucht es mehrere Gesprächsangebote, bis die- oder derjenige die eigenen Ängste und Unsicherheiten überwindet und sich auf dieses Gespräch einlässt.

Je früher Sie dafür sorgen, dass niemand permanent überlastet ist, desto besser beugen Sie Überforderung und Burnout vor. Dafür müssen Sie aber über die Aufgaben und Deadlines der Mitarbeiterinnen und Mitarbeiter informiert sein.

Geben Sie Team-Mitgliedern, die sowieso schon unter Druck stehen, nicht noch zusätzliche Aufgaben und erhöhen Sie nicht den Zeitdruck. Falls ein Burnout zwar vehement geleugnet wird, Sie aber dennoch das deutliche Gefühl haben, da sei jemand überlastet: Sie können auch von sich aus den Arbeitsdruck für denjenigen reduzieren. (Weitere Möglichkeiten zur Prävention von Burnout lernen Sie in Kapitel 4 kennen).

TIPP

Das können Sie tun!

1. Bleiben Sie im Gespräch und im engen Austausch mit jedem einzelnen Ihrer Mitarbeiter!

2. Beobachten Sie Ihre Mitarbeiter auf mögliche Überlastungszeichen hin! Warten Sie nicht ab, bis sich jemand bei Ihnen meldet oder gar krank wird.

Vorgehensweise im Team

Sie können die Arbeitsbelastung aller Team-Mitglieder auch zum Thema der regelmäßigen Besprechungen machen: Wer ist gerade mit welchen Aufgaben oder Projekten beschäftigt? Wie hoch ist die Arbeitsbelastung? Wie stark ist der Termindruck? Braucht jemand Unterstützung oder hat jemand freie Kapazitäten und kann irgendwo mit anpacken? Wie ist es mit der Belastung durch Schichtdienste und Dienstreisen?

Setzen Sie das Thema Burnout auch ruhig mit auf die Tagesordnung einer Team-Besprechung. Vielleicht laden Sie dazu auch eine psychologische Expertin oder einen Experten ein, die oder der einen Informationsvortrag zum Thema hält. Dann können Sie gemeinsam mit den Mitarbeitern klären, wie mit möglichen Überlastungen umgegangen werden soll. Sorgen Sie für ein Klima, in dem niemand sich verstecken oder rechtfertigen muss, der mit seiner Arbeit überlastet ist.

TIPP

Schaffen Sie ein offenes Betriebsklima!

Die oder der Vorgesetzte bestimmt die **„Spielregeln"** im Team. Machen Sie also deutlich, dass es erlaubt ist, Überlastung anzusprechen und dann auch ggf.

weitere Aufgaben abzulehnen. Fragen Sie das Team, welche Regeln sie gemeinsam aufstellen wollen, um Burnout vorzubeugen. Schaffen Sie ein Klima, in dem es möglich ist, Warnzeichen schon früh wahrzunehmen, und in dem Schwäche erlaubt ist.
Achten Sie auch auf diejenigen, die nur mittlere Leistungen erbringen, und loben Sie nicht nur die „Überflieger".
Und ganz entscheidend: **Werden Sie zum Vorbild!** Was Sie tun, hat mehr Einfluss als das, was Sie sagen. Achten Sie also darauf, dass auch Sie Pausen machen, nicht dauernd Überstunden leisten und nicht immer Arbeit mit ins Wochenende nehmen. Auch Sie sollten im Urlaub nicht immer erreichbar sein!

3.3 Wiedereingliederung betroffener Mitarbeiter

Alle Arbeitgeber sind gesetzlich verpflichtet (§84 Abs. 2 Sozialgesetzbuch IX) jedem Arbeitnehmer, der länger als sechs Wochen im Jahr arbeitsunfähig war, ein Angebot zur betrieblichen Eingliederung zu machen. Dabei spielt es keine Rolle, ob der Mitarbeiter sechs Wochen ununterbrochen krankgeschrieben war oder ob sich mehrere Krankheitsepisoden über das Jahr hinweg ereignet haben. Diese Verpflichtung gilt seit 2004 für alle Betriebe, unabhängig von der Größe. Und sie gilt für alle Mitarbeiter, nicht nur für Behinderte oder Schwerbehinderte. Aufgrund der oft langen Ausfallzeiten trifft dieses Gesetz auch auf Mitarbeiter mit Burnout zu.

Mit dem sogenannten Betrieblichen Eingliederungsmanagement — kurz BEM — sollen gleich mehrere Ziele erreicht werden:

Individuelle und übergreifende Ziele des Betrieblichen Eingliederungsmanagements

Individuelle Ziele	Übergreifende Ziele
▪ Die Arbeitsunfähigkeit des Arbeitnehmers soll möglichst überwunden werden, z. B. durch Änderung der Arbeitszeiten oder andere Verteilung der Arbeitsaufgaben.	▪ Erhalt und Förderung der Gesundheit der Beschäftigten.
▪ Es soll einer erneuten Arbeitsunfähigkeit vorgebeugt werden.	▪ Vermeidung der Chronifizierung von Erkrankungen und von Behinderungen.
▪ Der Arbeitsplatz des betroffenen Beschäftigten soll erhalten bleiben.	▪ Vermeidung von Krankheitsfolgen.

Individuelle Ziele	Übergreifende Ziele
▪ Eine krankheitsbedingte Kündigung soll vermieden werden.	▪ Dauerhafte Sicherung der Arbeitsfähigkeit
	▪ Verzahnung des BEM mit dem Betrieblichen Gesundheitsmanagement

Tab. 3.1: Ziele des Betrieblichen Eingliederungsmanagements

Ablauf eines Betrieblichen Eingliederungsmanagements (BEM)

Wie läuft ein Betriebliches Eingliederungsmanagement ab? Sinnvollerweise sollten alle Unternehmen die entsprechende Infrastruktur für ein Wiedereingliederungs-Management einrichten, **bevor** tatsächlich ein langer Krankheitsfall auftritt. Die Abläufe und Regelungen eines BEM sollten in einer Betriebsvereinbarung festgehalten werden (s. auch Abschn. 6.6). Mindestens folgende Punkte sollten geregelt werden:

- Ablauf des BEM-Verfahrens
- Benennung von Verantwortlichen für den Gesamtprozess und mögliche Teilschritte
- Mitwirkungspflichten der Beschäftigten
- Datenschutz
- Kontrolle der Ergebnisse und Auswertung der einzelnen Fälle
- Dokumentation (wer dokumentiert was wie)
- (S. auch Bundesarbeitsgemeinschaft der Integrationsämter und Hauptfürsorgestellen; Bundesagentur für Arbeit, 2008.)

Die betriebliche Gesamtsteuerung sollte ein „Integrationsteam" übernehmen, das sich regelmäßig zur Planung und Verlaufskontrolle von BEM-Aktivitäten trifft. Häufig sind im Integrationsteam Personalmanager, Betriebsrat bzw. Personalrat, Schwerbehindertenvertretung (soweit der Beschäftigte schwerbehindert ist oder eine Schwerbehinderung droht), Vertreter der Unternehmensleitung, z. B. der Vorgesetzte des Mitarbeiters, Betriebsärzte und eine Fachkraft für Arbeitssicherheit vertreten.

Es können auch Externe als Helfer in Planung und Umsetzung unterstützend einbezogen werden. Dazu gehören z. B. Vertreter von Krankenkassen, aber auch Berater entsprechender professioneller Anbieter. Externe Hilfe kann in kleineren Betrieben sinnvoll sein, in denen es nur selten zu Wiedereingliederungsfällen kommt und sich so ein spezielles Integrationsteam nicht lohnt.

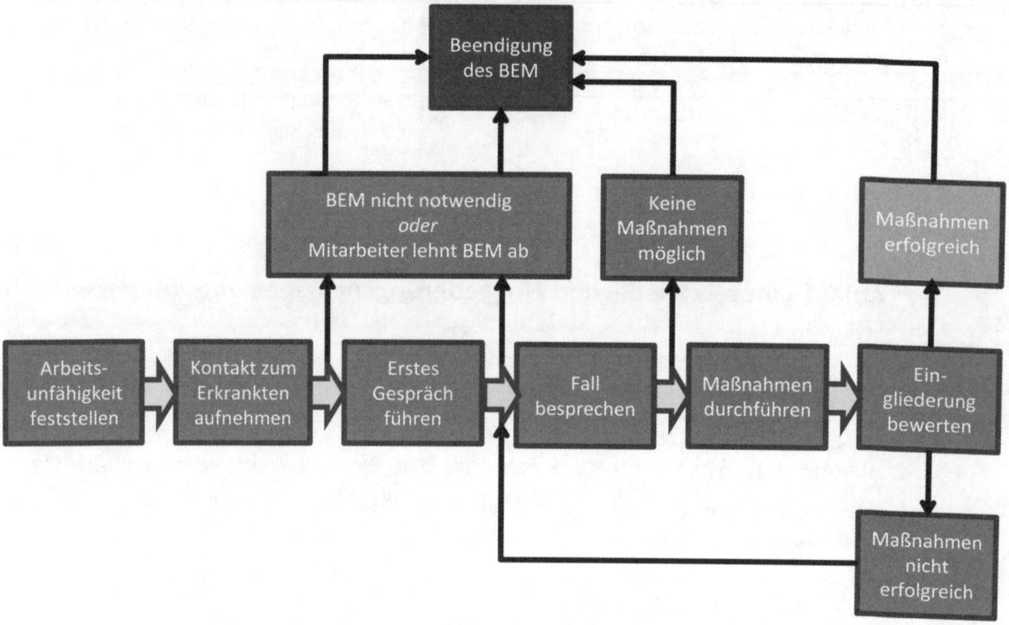

Abb. 3.1: Ablauf des Betrieblichen Eingliederungsmanagements

Maßnahmen zur Wiedereingliederung

Nicht immer werden Maßnahmen zur Wiedereingliederung notwendig oder gewünscht sein. Wenn die sechs Wochen Krankheitsdauer im Jahr z. B. durch mehrere unterschiedliche Erkrankungen entstanden sind, lassen sich möglicherweise keine sinnvollen Unterstützungsmaßnahmen finden. Da das BEM sich auf alle Krankheitsfälle bezieht, also sowohl körperliche als auch psychische, gibt es eine Fülle von möglichen Maßnahmen, die die Wiedereingliederung unterstützen können.

Maßnahmen zur Wiedereingliederung

- Stufenweise Wiedereingliederung
- Technische Umrüstung des Arbeitsplatzes
- Veränderungen in der Arbeitsorganisation
- Veränderungen in der Arbeitsumgebung
- Veränderung der Arbeitsaufgaben
- Wechsel des Teams
- Veränderungen in der Arbeitszeit

- Qualifizierungsmaßnahmen
- Arbeitsversuche
- Medizinische Rehabilitation
- Psychosoziale Betreuung schwerbehinderter Mitarbeiter

Stufenweise Wiedereingliederung

Im Falle eines Burnouts sind natürlich andere Maßnahmen sinnvoll als z. B. bei Rückenschmerzen. Es kommt hier nicht so sehr auf eine technische Veränderung des Arbeitsplatzes an. Meist wird der erste Schritt in einer (vorübergehenden) Verringerung der Arbeitsmenge bestehen. Viele Betroffene entscheiden sich in Absprache mit dem behandelnden Arzt, der Krankenkasse und dem Arbeitgeber für eine stufenweise Wiedereingliederung. Hier kann ganz individuell festgelegt werden, mit wie vielen Arbeitsstunden am Tag begonnen wird, und dann kann schrittweise die Stundenzahl erhöht werden. Falls der Einstieg zu schnell war, kann auch wieder reduziert werden. Damit werden auch beim Betroffenen die Ängste vor einer Überforderung verringert, die sich oft nach einer längeren Krankheitszeit einstellen können.

TIPP

Die Krankenkasse übernimmt die Gehaltszahlung!

Bei einer stufenweisen Wiedereingliederung zahlt die Krankenkasse das Gehalt weiter! Für den Arbeitgeber ist der Aufwand hier also relativ gering. Damit ist diese Lösung gerade beim Thema Burnout für alle Beteiligten eine attraktive Lösung.

Verringerung von Belastungen

Hilfreich ist auch eine Verringerung der psychischen Belastungen am Arbeitsplatz. So können vielleicht bestimmte besonders stressende Aufgaben im Team anders verteilt werden. Dazu gehört auch die Möglichkeit, weniger Kundenkontakt zu haben. Auf der anderen Seite können auch die Kompetenzen und Fähigkeiten zur Bewältigung von Aufgaben verbessert werden, z. B. durch gezielte Fortbildungen. Gerade zu Beginn des Wiedereinstiegs können auch die Arbeitszeiten angepasst werden, so kann etwa ein Verzicht auf die Nachtschicht sinnvoll sein.

! WICHTIG

Die Wiedereingliederung ist ein laufender Prozess!
Sehen Sie die Wiedereingliederung immer als **Prozess** an. Einmal getroffene Verabredungen müssen nicht unbedingt auf Dauer bestehen bleiben. So kann z. B. nach und nach die Stundenzahl wieder erhöht werden. Vorgesetzte und betroffene Mitarbeiter sollten im Gespräch bleiben — und im Kontakt mit dem Integrationsteam —, ob die Maßnahmen ausreichend sind, verändert werden sollten oder Sonderregelungen langsam wieder zurückgefahren werden können.

Das folgende Beispiel soll zeigen, wie eine erfolgreiche Wiedereingliederung ablaufen könnte; aber natürlich muss da jeder Betrieb für jeden Betroffenen eine individuelle Lösung finden.

► BEISPIEL

Die „Rückfall-Abteilung"
Ein recht großer Finanzdienstleister hatte mit mehreren Burnout-Fällen zu tun. Um die Wiedereingliederung zu erleichtern, wurde eine eigene Abteilung gegründet, in der nur Beschäftigte nach einer längeren Krankheitsphase tätig sind.
Hier unterliegen sie nicht dem gleichen Leistungsdruck, wie er in den anderen Bereichen herrscht. So können sie ihre Arbeitsleistung erst einmal selbst erproben und müssen sich nicht vor einer Überforderung und einem dadurch ausgelösten Rückfall fürchten. Die anderen Teams wiederum geraten nicht zusätzlich dadurch unter Druck, dass sie die noch verminderten Leistungen der Kollegen mit ausgleichen und abfangen müssen.
In der Rückkehrer-Abteilung gibt es nur eine begrenzte Anzahl von Arbeitsplätzen. Es gibt auch keine festen Zeiten, ab wann ein dort Beschäftigter wieder in den „Normalbetrieb" wechselt. Einige Mitarbeiter sind dort ca. ein Jahr verblieben, andere sind nach wenigen Wochen wieder in ihre alten Abteilungen zurückgekehrt.

Was Führungskräfte beachten sollten

Die Rückkehr an den Arbeitsplatz ist für einen Burnout-Betroffenen meist keine leichte Sache. Hier sind vor allem die Vorgesetzten zur Unterstützung gefordert.

Doch was tun, wenn der Mitarbeiter wieder zurück an seinen Arbeitsplatz kommt? Wie soll ein Chef einen wiederkehrenden Mitarbeiter ansprechen? Wie kann sie oder er den Neuanfang unterstützen? Vielleicht ist ihr oder ihm ja inzwischen klar, dass auch sie oder er selbst einen Anteil an der Überlastung seines Mitarbeiters hatte. Und wie kann sie oder er auf das Team einwirken? Auch dort herrschen vielleicht gemischte Gefühle vor. Einerseits gibt es sicherlich Mitgefühl und Solidarität mit dem Team-Mitglied, andererseits haben aber auch alle mehr arbeiten müssen, um die fehlende Arbeitskraft zu ersetzen. Also keine leichte Aufgabe für die Führungskraft. Und die wenigsten haben jemals die Gelegenheit gehabt, sich auf eine solche Situation vorzubereiten.

Viele Mitarbeiter stehen dem Betrieblichen Wiedereingliederungsmanagement erst einmal mit Misstrauen gegenüber. Sie befürchten, unter Druck gesetzt zu werden, um frühzeitig wieder zur Arbeit zurückzukehren. Deswegen wird die direkte Führungskraft oft nicht von Anfang an einbezogen, sondern der Eingliederungsprozess wird z. B. von einer oder einem neutralen BEM-Beauftragten gestartet. Vom BEM-Beauftragten oder dem Integrationsteam aus wird auch die erste Einladung an die langzeit-erkrankten Mitarbeiter versandt. Auch bei der Maßnahmenplanung sind die direkten Vorgesetzten oft noch nicht selbst einbezogen. Erst wenn Vorschläge vom Betroffenen und dem Integrationsteam erarbeitet wurden, wird dann auch die Führungskraft hinzugezogen. Damit sind oft Interessenkonflikte vorprogrammiert: Für Burnout-Erkrankte werden oft Maßnahmen zur Entlastung geplant, d. h. dass die Arbeit im Team anders verteilt werden muss. Für Vorgesetzte ist dies nicht immer eine leichte Aufgabe, besonders nicht in kleinen Teams.

Welche Aufgaben haben die Führungskräfte?

Der direkte Vorgesetzte kann im Integrationsteam mitarbeiten, muss dies aber nicht tun. Dennoch hat er auf jeden Fall im Rahmen der Fürsorgepflicht die Aufgabe, die Wiedereingliederung zu unterstützen. Dazu kann es gehören, dass Arbeitszeiten oder —aufgaben angepasst werden. Falls das Integrationsteam mit dem einzugliedernden Beschäftigten Maßnahmen vereinbart hat, muss auch die Führungskraft informiert werden. Auf jeden Fall muss sie mit dem betroffenen Mitarbeiter ein Gespräch führen, in dem es in erster Linie darum geht, welche Unterstützung der Mitarbeiter braucht, um wieder in den Arbeitsprozess zurückzufinden.

Die betroffenen Mitarbeiter werden anfangs oft von vielen Ängsten geplagt. Da sind Versagensängste und Befürchtungen, sich wieder zu viel zuzumuten. Aber auch Ängste, wie es um den sozialen Rückhalt im Team und durch den Vorgesetzten bestellt ist. Manche Mitarbeiter plagen auch Sorgen um den Arbeitsplatz. Denn wer lange krank war, gilt häufig als nicht mehr ausreichend leistungsfähig. Dazu kommt, dass psychische Erkrankungen noch immer mit einem Tabu behaftet sind, als ein Zeichen von Schwäche gelten, besonders in leistungsorientierten Branchen, so dass Mitarbeiter oft eine Scheu haben, die tatsächliche Krankheitsursache zu nennen.

Bevor der Vorgesetzte am ersten Arbeitstag mit dem zurückkehrenden Mitarbeiters spricht, sollte er sich gut vorbereiten. Dazu muss er sich darüber informieren, welche Vereinbarungen zwischen Mitarbeiter und dem Integrationsteam getroffen wurden. Diese Vereinbarungen können durchaus Konflikte bergen. Denn jede Sondermaßnahme, die zur Schonung der Betroffenen eingeführt werden soll, wird zwangsläufig den Rest der Mannschaft stärker belasten. Da müssen Arbeitsaufgaben anders verteilt oder Arbeitszeiten verändert werden.

Hatte der Vorgesetzte auch während der Krankheitszeit Kontakt zu seinem Mitarbeiter, erleichtert das die Gesprächsführung. Das ist aber meist nur dann sinnvoll, wenn bereits vor dem Burnout ein vertrauensvolles Verhältnis bestand. Sonst fühlt sich der Mitarbeiter durch Anrufe vom Vorgesetzten während seiner Krankheitsphase schnell bedrängt und kontrolliert (s. Abschnitt0). Und gerade bei einem Burnout haben viele Betroffene das starke Bedürfnis, möglichst wenig mit ihrer Arbeitsstelle zu tun zu haben.

Rückkehr- und Willkommensgespräche

Sinnvoll für Führungskräfte ist es, sich vorab über die Störungen Depression und Burnout zu informieren. Alles, was unbekannt ist, macht unsicher und befangen. Viele haben auch Angst, bei den Betroffenen Verletzungen oder einen Rückfall auszulösen, wenn sie etwas Falsches sagen. Je mehr Informationen ein Chef über Auslöser, Warnsignale und Verlauf einer psychischen Störung hat, desto angemessener und sicherer kann er im Gespräch reagieren. Zudem sollte man sich über die Ziele des Gesprächs klar sein. Dazu können folgende Punkte gehören:

- Den Mitarbeiter oder die Mitarbeiterin wieder am Arbeitsplatz und im Team willkommen heißen
- ihm oder ihr sagen, dass man selbst und auch das Team ihn vermisst hat
- nach seinem oder ihrem Befinden und möglicherweise noch bestehenden Einschränkungen fragen
- sein oder ihr Vertrauen zu gewinnen
- seine oder ihre Haltung der Fürsorge und Unterstützung deutlich machen
- die aktuelle Leistungsfähigkeit des Mitarbeiters einschätzen
- mögliche Auslöser für den Burnout klären

- die Umsetzung der mit dem Integrationsteam vereinbarten Maßnahmen besprechen
- mögliche weitere Maßnahmen diskutieren, bei denen die Führungskraft unterstützen kann
- über Vorkommnisse oder Änderungen im Arbeitsbereich während der Krankheitszeit informieren
- über die konkret geplanten Arbeitsaufgaben für den Mitarbeiter oder die Mitarbeiterin sprechen
- weitere Gesprächsbereitschaft signalisieren.

Dabei gibt es grundsätzlich zwei unterschiedliche Formen, ein Rückkehrgespräch zu führen. Die unkompliziertere Art ist das informelle Gespräch, das jede Führungskraft nach eigenem Ermessen gestaltet. Einige Unternehmen haben aber auch formalisierte Krankenrückkehr-Gespräche eingeführt, die nach einem standardisierten Fragenkatalog durchgeführt werden und mitbestimmungspflichtig sind. Diese standardisierten Gespräche werden häufig von Mitarbeitern mit mehr Misstrauen betrachtet, weil dahinter das Ausüben von Druck und der Einstieg in disziplinarische Maßnahmen vermutet werden. Bevor man also standardisierte Rückkehr-Gespräche einführt, sollte man ihre Auswirkungen auf das Betriebsklima bedenken.

Förderlicher für das Betriebsklima und damit auch für Motivation und Loyalität der Beschäftigten ist es, wenn die Gespräche als echte Willkommens-Gespräche geführt werden, in denen es vorwiegend um die Unterstützung und Wiedereingliederung der Betroffenen geht. Wenn feststeht, wann der erkrankte Mitarbeiter wieder an den Arbeitsplatz zurückkehrt, muss auch das Team informiert werden. Das gilt vor allem, wenn Maßnahmen der Wiedereingliederung getroffen wurden, die die anderen Teammitglieder stärker belasten.

! WICHTIG

Grundsätze für Willkommensgespräche:

- **Sie werden grundsätzlich mit dem direkten Vorgesetzten geführt! Diese Aufgabe kann nicht delegiert werden, schon gar nicht an andere Team-Mitglieder.**
- **Sie werden grundsätzlich nach jeder Fehlzeit geführt, also nicht nur Krankheiten, sondern auch nach dem Urlaub, einer längeren Fortbildung, der Elternzeit usw.**
- **Sie werden mit jeder Mitarbeiterin oder jedem Mitarbeiter geführt, also nicht nur mit bestimmten Sorgen- oder Problemfällen.**

Umgang mit Entlastungsmaßnahmen zur Wiedereingliederung

Führungskräfte sollten die Entlastungs-Maßnahmen, die vom Integrationsteam erarbeitet wurden, kritisch prüfen. Wenn der Arbeitsanfall vom Rest des Teams nicht mehr zu bewältigen ist oder z. B. Nachtschichten nicht mehr besetzt werden können, muss im Rahmen der Fürsorgepflicht darüber verhandelt werden, wie eine Überlastung des Teams verhindert werden kann. Schließlich wäre es völlig kontraproduktiv, mehrere andere Mitarbeiter zu überlasten, weil einer geschont werden soll.

In einer Teambesprechung sollte auch an die Solidarität der anderen appelliert werden, schließlich kann jeder einmal krank werden und braucht dann vielleicht die Unterstützung der anderen. Häufig macht sich der Unmut über zusätzliche Aufgaben in Ärger auf die erkrankten Kollegen Luft. Da muss die Führungskraft sehr deutlich gegensteuern, um Ausgrenzung und Mobbing zu verhindern. Gleichzeitig sollte die oder der Vorgesetzte auch deutlich machen, dass sie oder er das Team vor Überlastung zu schützen versucht, um möglichst den Belangen aller Mitarbeiter gerecht zu werden.

Wie führt man das Gespräch mit dem rückkehrenden Mitarbeiter?

Die zuständige Führungskraft sollte rückkehrende Mitarbeiter schon vorab informieren, dass sie sich zunächst zu einem Gespräch zusammensetzen. Dafür sollte genug Zeit — etwa eine Stunde — eingeplant werden. Das Gespräch sollte an einem ruhigen Ort und in einer möglichst freundlichen Atmosphäre stattfinden. Schließlich ist davon auszugehen, dass wahrscheinlich beide am Gespräch Beteiligten nervös und ein bisschen aufgeregt sind. Das Eis kann oft dadurch gebrochen werden, dass die Führungskraft zu ihrer eigenen Unsicherheit steht (s. auch Abschnitt 3.1.2).

TIPP

Die wichtigsten Regeln für ein Willkommensgespräch

- Willkommen heißen unter Verzicht auf — unterschwellige — Vorwürfe oder Drohungen („Das darf jetzt aber nicht noch mal passieren!").
- Die eigene Haltung ausdrücken: Es geht um Fürsorge und Unterstützung.
- Zuhören ist besser, als selber zu reden.
- Eigene Unsicherheiten oder Konflikte offen ansprechen.
- Zu Selbstverantwortung anregen und eigene Vorschläge nicht aufdrängen.
- Kreativ sein beim Finden von geeigneten Wegen zur Unterstützung.
- Grenzen des Möglichen klar benennen, nichts Unmögliches versprechen.

Dabei ist es nicht Aufgabe der Führungskraft, Detektiv zu spielen und zu ergründen, ob der Betroffene wirklich krank war oder welche weiteren Hintergründe die Erkrankung hat. Die Offenheit und Bereitschaft der Mitarbeiter im Gespräch wird Grenzen haben, die auf jeden Fall respektiert werden sollten.

Sinnvoll ist es, gleich nach dem ersten Gespräch einen Termin für das nächste Treffen abzumachen. Bis dahin hat der Betroffene Zeit gehabt, die eigene Belastbarkeit auszuprobieren und den Anschluss an das Team wieder zu gewinnen. Dann kann noch einmal besprochen werden, ob alles gut läuft oder noch andere Maßnahmen nötig sind.

Hilfen in Anspruch nehmen

Rückkehr-Gespräche mit Burnout-Betroffenen sind nicht einfach. Daher ist es durchaus sinnvoll, sich vorab Unterstützung zu suchen. Eine Möglichkeit ist es, vorher mit dem Betriebsarzt zu sprechen oder sich mit den Mitgliedern des Integrationsteams auszutauschen. Denkbar ist es auch, eine dritte Person, z. B. aus der Personalabteilung oder dem Gesundheitsmanagement, zum Gespräch dazu zu bitten — natürlich nur mit Einverständnis des Betroffenen. Auch ein Coach kann dabei helfen, das Rückkehrgespräch im Vorfeld zu besprechen. Hilfreich ist zudem die Teilnahme an einem Seminar zur gesundheitsförderlichen Führung, in dem oftmals auch die Gesprächsführung mit belasteten Mitarbeitern geübt wird.

Eigene Grenzen erkennen

Trotz allem Wohlwollen und aller Fürsorge — eine Führungskraft ist kein Therapeut oder Sozialberater. Daher sollte sie sich klar darüber sein, was ihre Aufgabe ist und wo ihre persönlichen Grenzen liegen. Wichtig ist es dabei, nicht in übermäßige Fürsorglichkeit zu verfallen. Gerade Burnout-Erkrankte sind häufig auch durch eigene ungünstige Verhaltensmuster in die Krankheit geschlittert. Es liegt dann vor allem in ihrer Selbstverantwortung, sich mit diesen ungünstigen Mustern auseinanderzusetzen und sie zu verändern. Dazu ist meist therapeutische Hilfe nötig. Die Führungskraft kann und sollte durchaus darauf aufmerksam machen, wenn Mitarbeiter sich selbst zu viel abverlangen. Sich Grenzen zu setzen, müssen die Mitarbeiter aber letztendlich selbst lernen.

Wenig hilfreich ist es auch, wenn ein Vorgesetzter von sich aus zu viele Vorschläge bringt. Meist wissen die Betroffenen selbst recht gut, welche Veränderungen sie am Arbeitsplatz wirklich brauchen. Zu viele Vorschläge können dazu führen, dass die Betroffenen in eine Art unselbstständige Konsumhaltung gedrängt werden.

Rolle der Führungskräfte

Führungskräfte haben beim Thema Burnout von Mitarbeitern also eine sehr wichtige Rolle: einerseits natürlich bei der Prävention, andererseits auch bei der Wiedereingliederung im Krankheitsfall. Da sie nicht immer in die Planung von Entlastungsmaßnahmen miteinbezogen sind, müssen sie so für eine Umsetzung der Maßnahmen sorgen, dass die zurückkehrenden Mitarbeiter bestmöglich aufgenommen werden, ohne dabei den Rest des Teams aus den Augen zu verlieren. Je ausgeprägter eine Kultur von Unterstützung und Interesse an den Mitarbeitern im Unternehmen gelebt wird, umso leichter fällt die Wiedereingliederung.

▶ **BEISPIEL**

Die aufmerksame Führungskraft

Frau Wilhelm ist Abteilungsleiterin in einem international tätigen Unternehmen. Eine hohe Arbeitslast ist im Unternehmen normal und wird von allen erwartet. Besonders die Mitarbeiter in ihrem Bereich sind viel auf Reisen, sie müssen den Kontakt zu Standorten auf der ganzen Welt halten.

In letzter Zeit ist ihr aber einer ihrer Teamleiter aufgefallen: Der sonst immer fröhliche Herr Pauli scheint häufig schlechter Stimmung zu sein. Dazu kommt noch, dass ihm in den letzten Wochen zwei gravierende Fehler unterlaufen sind. Er klagt jetzt häufiger über Jetlag, der ihm früher wenig ausgemacht hat. Über die letzten zwei Monate hinweg hat er sich immer mal wieder für ein bis zwei Tage krank gemeldet.

Weil Frau Wilhelm schon immer ein vertrauensvolles Verhältnis zu ihren Mitarbeitern hatte, sucht sie das Gespräch mit dem Teamleiter. Sie schildert, was ihr in der letzten Zeit am Verhalten, Befinden und an der Leistung von Herrn Pauli aufgefallen ist, und sagt, dass sie sich Sorgen um ihn macht. Daraufhin gesteht er ihr, dass er sich absolut überfordert und erschöpft fühlt – nach seinem Empfinden ist er im Burnout.

Diese Einschätzung ist für seine Chefin im ersten Moment durchaus erschreckend. Schnell wird ihr aber klar, dass sie jetzt nach Lösungen und Wegen der Entlastung suchen will, um eine Verschlechterung des Zustandes und eine möglicherweise drohende längere Krankheitszeit zu verhindern. Sie weiß aber auch, dass es nicht leicht sein wird, eine ihrer Führungskräfte zu entlasten. Herrn Pauli ist seine Situation selbst auch sehr unangenehm, weil er seit langem im Unternehmen ist und das sehr leistungsorientierte Klima stark verinnerlicht hat. Frau Wilhelm schlägt ein Gespräch mit dem Bereichsleiter, ihrem gemeinsamen Vorgesetzten, vor.

In der folgenden Woche findet ein Gespräch zu dritt statt. Herr Pauli schildert seine Situation und beschreibt auch, was an seinen Arbeitsaufgaben ihn besonders belastet. Schnell stellt sich heraus, dass seine Lage im Moment auch dadurch verschärft wird, dass bei seiner Tochter gerade eine chronische Krankheit festgestellt wurde. Auf Nachfragen seiner Chefs nennt Herr Pauli drei Wünsche: Er möchte im nächsten Jahr nur noch innerhalb Europas reisen, er möchte die Verantwortung für ein sehr arbeitsintensives Projekt abgeben und er hätte gerne eine halbe Stelle mehr in seinem Team, um bei einigen Aufgaben Unterstützung zu haben.

Nach einigem Nachdenken finden sie gemeinsam Lösungen, um die Arbeitsaufgaben anders zu verteilen. Der Bereichsleiter möchte einige der Aufgaben aus diesem Team auf ein gerade neu zusammengestelltes übertragen. Frau Wilhelm macht auch den Vorschlag, dass Herr Pauli für das nächste halbe Jahr seine Arbeitszeit auf 80 % reduziert, um mehr Zeit für die Familie zu haben. Erst reagiert der Teamleiter überrascht und ungläubig, weil er als Führungskraft Teilzeitarbeit nicht für machbar gehalten hatte. Die Unterstützung seiner Vorgesetzten und die Zusage, die Arbeitszeit später wieder aufstocken zu können, wirken auf ihn sehr entlastend. Herr Pauli weiß jetzt, dass er nicht als Versager dasteht, sondern dass seine Chefs sich wirklich für ihn und sein Wohlergehen interessieren und bereit sind, sowohl seine Wünsche zu berücksichtigen, als auch selbst Ideen zur Unterstützung einzubringen.

Erfolgsfaktoren für die Wiedereingliederung

- Auch während der Krankschreibung stehen Unternehmen und betroffene Mitarbeiter in einem angenehmen und vertrauensvollen Kontakt.
- Die Wiedereingliederung erfolgt nicht nach „Schema F“, sondern wird ganz individuell entwickelt.
- Die betroffenen Mitarbeiter beteiligen sich freiwillig und nicht unter Druck.
- Die Zusammenarbeit zwischen allen Beteiligten ist von Vertrauen geprägt.
- Führungskraft und Team unterstützen die Bemühungen um Wiedereingliederung.
- Es steht genügend Zeit für die Wiedereingliederung zur Verfügung. Ein gelungener Prozess kann von 6 Wochen bis hin zu einem Jahr dauern.
- Der Prozess der Wiedereingliederung kann flexibel immer wieder angepasst werden, um den veränderten Gegebenheiten auf allen Seiten gerecht zu werden.

3.4 Behandlungsmöglichkeiten von Burnout

Kann man einen Burnout überhaupt behandeln? Wenn es nach den Einschätzungen von Ärzten und Psychotherapeuten geht, die der Meinung sind, dass Burnout gar keine eigenständige Krankheit ist, kann es logischerweise auch keine Therapie geben. Wenn man sich an die Klassifikationen zur Diagnosestellung hält (s. Abschnitt 0), würde man meistens eine Depression feststellen, die dann in der Regel in einer Psychotherapie behandelt wird. Wenn man pragmatisch vorgeht und einfach feststellt, **das Burnout aus einer Vielzahl unterschiedlichster körperlicher und psychischer Symptome bestehen kann, die als Grundlage einen tiefgreifenden psychischen Erschöpfungszustand haben**, lassen sich entsprechende Behandlungsmöglichkeiten ableiten.

Lassen Sie uns hier von der pragmatischen Sichtweise ausgehen, schließlich haben Sie hier kein Lehrbuch für Klinische Psychologie und Psychotherapie in der Hand. Sie wollen wahrscheinlich einfach nur wissen, welche Möglichkeiten der Besserung eines Burnouts es überhaupt gibt.

Viele Maßnahmen, die bei einem bereits bestehenden Burnout eingesetzt werden können, dienen gleichzeitig der Prävention. Es gibt also keine großen Unterschiede zwischen individuellen Präventiv- und Therapiemaßnahmen für Betroffene. (Das Thema der umfassenden Burnout-Prävention im Unternehmen wird in Kapitel 4 ausführlich behandelt.)

Präventionsvorschläge für Burnout nach H. Freudenberger

Schon der „Erfinder" des Burnout-Begriffs, Herbert Freudenberger, hat umfassende Vorschläge zur Prävention eines Burnouts gemacht. Diese Ratschläge stammen zwar aus dem Jahre 1974, sind aber nach wie vor aktuell und richtig.

1. Trainings- und Eingewöhnungsmaßnahmen für neue Mitarbeiter
2. Klärung der eigenen Ansprüche und Ziele: realistische versus unrealistische
3. Gelegentliche Wechsel des Arbeitsbereiches
4. Begrenzung der Arbeitsstunden: „Auszeit heißt Auszeit!"
5. Klare Urlaubsregelungen und Flexibilität bewahren: Wer eine Auszeit braucht, soll sie bekommen!
6. Pflege von Kollegialität
7. Austausch mit Kollegen, um eigene Belastungen in Grenzen zu halten
8. Workshops — Unterbrechung der Routine durch Weiterbildung

9. Erhöhung der Zahl der Mitarbeiter
10. Körperliche Fitness durch Training steigern

(Hillert A., 2012)

Für die Heilung und Besserung des Burnout-Betroffenen gibt es **zwei** wesentliche **Säulen**: einmal die **Erholung**, die bei einem ausgeprägten Erschöpfungszustand als erstes auf dem Programm steht. Als Zweites dann das **Umdenken**, um Handlungsweisen, Denkmuster und Einstellungen zu ändern, die mit zum Entstehen des Burnout beigetragen haben. Der zweite Schritt kann allerdings erst erfolgen, wenn die oder der Burnout-Erkrankte sich psychisch und körperlich wieder erholt hat und zu Kräften gekommen ist. Der erste Teil der Behandlung sollte also immer aus einem „Wiederauftanken" bestehen, damit der zweite Teil wirklich ankommt.

Eigene Antreiber entdecken

- Auszeit
- Psychosomatische Rehabilitation
- Entspannungsübungen
- Achtsamkeitsübungen
- Ausreichend Schlaf
- Bewegung, Sport
- Kreative Tätigkeiten
- Soziale Aktivitäten
- Gesunde Ernährung

Umdenken

- Coaching
- Psychotherapie
- Eigene Antreiber erkennen und Einstellungen ändern
- Stressbewältigungskompetenzen verbessern
- Verbesserte Work-Life-Balance erarbeiten
- Strategien für die Rückkehr in den Beruf entwickeln

Abb. 3.2: Die beiden Säulen der Burnout-Behandlung

Erholung

Das wichtigste für jemanden, der von einem ausgeprägten Burnout betroffen ist, ist erst einmal eine Auszeit. Diese wird oft in Form einer Krankschreibung gewährt, wenn die oder der Betroffene in ärztlicher Behandlung ist und dort die Ursache der Beschwerden einem Burnout zugeordnet wird. Manchen erschöpften Arbeitnehmern ist es peinlich, wegen eines Burnouts krankgeschrieben zu werden. Sie glauben, dass eine „echte" Krankheit nur besteht, wenn man hohes Fieber oder sich zumindest einen Arm oder ein Bein gebrochen hat.

Hilfreich für das eigene Empfinden ist es, den korrekten Begriffe für die umgangssprachlich so genannte „Krankschreibung“ zu verwenden. Offiziell heißt es ja „Arbeitsunfähigkeit“, und eine Unfähigkeit, seine Arbeit auszuführen, kann ja auch bei ganz unterschiedlichen Symptomen oder Lebensumständen bestehen.

! WICHTIG

Burnout = Arbeitsunfähigkeit!

Bei einem ausgeprägten und akuten Burnout besteht meistens eine Arbeitsunfähigkeit!

Gerade bei ausgeprägten Erschöpfungszuständen, die sich ja meistens über eine längere Zeit entwickelt haben, braucht es auch eine entsprechend lange Zeit, um wieder Kraft zu schöpfen. Eine Arbeitsunfähigkeit von mehreren Wochen oder Monaten ist also nichts Ungewöhnliches. Einige Betroffene schaffen es überhaupt nicht mehr, an ihren alten Arbeitsplatz zurückzukehren!

● TIPP

Prävention ist wichtiger als Reaktion!

Die Prävention von Burnout im Unternehmen ist eine deutlich sinnvollere Strategie als nur das Reagieren auf bereits eingetretene Fälle. Mit frühzeitigen Maßnahmen können Langzeit-Erkrankungen vermieden werden.

Psychosomatische Rehabilitation

Empfehlenswert ist oft eine psychosomatische Rehabilitation, möglichst in einer Klinik, die vom Wohnort weiter entfernt ist. Fern vom gewohnten Alltag gelingt es leichter, Abstand zu gewinnen und sein Leben zu überdenken.

Um den beiden Aspekten der Burnout-Behandlung — Erholung und Umdenken — gerecht zu werden, werden psychosomatische Reha-Maßnahmen von vornherein meist auf einen Zeitraum von 6 Wochen festgesetzt, eine Verlängerung vor Ort ist immer noch möglich. Kostenträger derartiger Reha-Behandlungen ist bei Berufstätigen die Rentenversicherung. Beim Finden eines Therapieplatzes in einer passenden Klinik helfen aber häufig auch die Krankenkassen.

Ein weiterer Vorteil der Behandlung in einer Reha-Klinik ist, dass diese meist nicht nur weit entfernt vom Heimatort liegen, sondern auch in einer idyllischen Landschaft. Diese lädt einerseits ein zu Bewegung in der Natur, andererseits trägt der

Aufenthalt in schöner Umgebung dazu bei, die Gedanken zu sortieren und kreative neue Lösungen zu finden. Damit wird das dringend nötige Umdenken noch gefördert.

Maßnahmen zur Erholung

Zurzeit boomt das Angebot an Burnout-Behandlungen. Eine Google-Suche ergab im Juli 2012 fast 5 Millionen (!) Ergebnisse. Da es sich beim Burnout laut Gesundheitssystem nicht um eine Krankheit handelt, begibt sich also auch niemand in rechtliche Grauzonen, der alle möglichen „Therapien“ für Burnout anbietet. So findet sich vom Wellness-Urlaub über homöopathische Mittel, Handauflegen, Nahrungsergänzungsmittel, Kräutertinkturen bis hin zum „Therapie-App“ für das iPhone alles nur Denkbare im Angebot. Die meisten dieser Angebote dienen wahrscheinlich vorwiegend dem Wohlbefinden ihrer Anbieter...

Bislang gibt es (erstaunlicherweise) auch nur sehr wenige Studien, die die Effektivität von Burnout-Behandlungen untersucht haben. Eine Überblicksstudie fand lediglich 25 Studien zur Burnout-Prävention, die überhaupt wissenschaftlichen Kriterien genügten. Sinnvolle Maßnahmen dienen der allgemeinen körperlichen Erholung (Entspannung, Achtsamkeit, Schlaf) und dem Aufbau von gesundheitsförderlichen Aktivitäten (Bewegung und Sport, gesunde Ernährung, kreatives und soziales Engagement).

„Je breiter der Ansatz und je intensiver die Maßnahme, umso wirksamer ist sie.“ (Hillert A., 2012)

Umdenken

Bei den meisten Burnout-Betroffenen ist nicht nur die Arbeitslast und -umgebung schuld an der Erschöpfung, sondern es gibt dazu noch Einstellungen, Ängste und Verhaltensweisen, die die dauernde Selbstüberforderung ermöglicht haben (s. Abschnitt 1.3.1). Ein ganz wichtiger Bestandteil der Burnout-Therapie ist daher die Auseinandersetzung mit den eigenen Anteilen bei der Entstehung der Überforderungssituation. Dabei reichen gute Tipps wie: „Du musst einfach mal Nein-Sagen lernen!“ oder „Machen Sie sich doch nicht so viel Stress! Schalten Sie mal ab.“ nicht aus! Wenn es so einfach wäre, eingefahrene Verhaltensweisen und Gewohnheiten zu ändern, wären wir alle gesund, schlank, fit und entspannt.

TIPP

Vorsicht: Schwarze Schafe!

Für die Reflektion über den eigenen Anteil bei der Entstehung des Burnouts sollten unbedingt **kompetente Experten** zu Hilfe genommen werden und keine selbsternannten Burnout-Berater. Inzwischen werden überall auch Fortbildungen zum Burnout-Berater oder „Burnout-Manager" angeboten, weil viele Anbieter ein gutes Geschäft wittern. Die Qualität dieser Angebote ist aber schwer zu beurteilen. Auf jeden Fall sollten nur Teilnehmer mit einem entsprechenden Grundberuf aufgenommen werden. Sonst können Sie später auf absolute Laien treffen, die irgendwo eine Zusatz-Fortbildung absolviert haben.

Falls Sie Experten suchen, sollten Sie unbedingt auf eine entsprechende fachliche Grundausbildung achten: **Sinnvoll ist es, Psychologinnen oder Psychologen bzw. Ärztinnen und Ärzte mit einer psychotherapeutischen Ausbildung zu Rate zu ziehen.** Bei dieser Personengruppe können Sie sicher sein, dass hier sowohl diagnostische als auch beratende und therapeutische Fähigkeiten vorliegen. So werden ernsthafte psychische Störungen nicht übersehen und geeignete Beratungs- und Behandlungsmethoden eingesetzt.

Diese Experten arbeiten entweder als Psychotherapeuten in eigener Praxis, in einer Klinik oder bieten ihre Dienstleistungen als Coaches an.

Auseinandersetzung mit ungünstigen Strategien

Im Coaching, in der Beratung oder in der Therapie geht es dann um die Auseinandersetzung mit den bisher betriebenen ungünstigen Strategien, die mit zum Burnout beigetragen haben. Meist liegen diesen bisher angewandten Verhaltensstrategien Ängste und Unsicherheiten zugrunde, denen die Betroffenen sich aktiv zuwenden müssen, um sie ändern zu können. Wer eine überhöhte Arbeitslast auf sich genommen hat, weil sie oder er Konflikten mit Kollegen und Vorgesetzten aus dem Wege gehen wollte, muss lernen, sich diesen Ängsten zu stellen. Manchmal ist auch ein geringes Selbstwertgefühl die Ursache für eine Überkompensation durch hohe Leistungen am Arbeitsplatz. Oder es fehlt an persönlichen Zielen im Leben, was dafür anfällig macht, die Ziele anderer Leute, z. B. bei der Arbeit, unkritisch zu übernehmen. So zeigt sich häufig in der Beratung, dass das selbstüberfordernde Verhalten durchaus in anderen Lebensbereichen Vorteile gebracht hat.

Erlernen von Stressbewältigungs-Kompetenzen

Erst wenn diese inneren Antreiber und Motive erforscht und geändert sind, macht es Sinn, ganz handfeste Kompetenzen zur Stressbewältigung zu erlernen. In berufsbezogenen Therapieprogrammen, wie dem Gruppenprogramm „Stressbewältigung am Arbeitsplatz“, werden z. B. folgende Themen intensiv behandelt:

- Erklärung beruflicher Probleme und Ansatzpunkte für Veränderungen
- Umgang mit Kollegen
- Konflikte am Arbeitsplatz
- Grundlagen der Stressbewältigung
- Belastungsreduktion
- Berufliche Stärken und Perspektiven
- Bewerbungstraining.

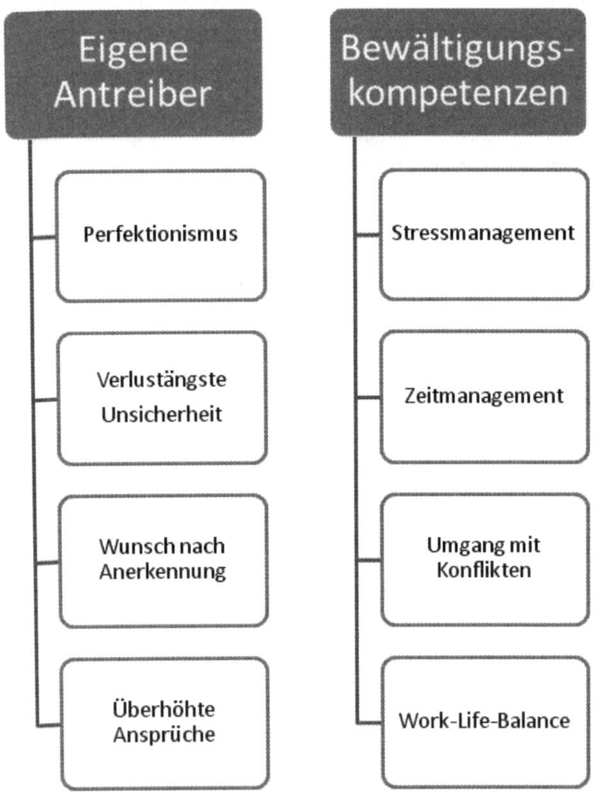

Abb. 3.3: Inhalte von Beratung und Therapie

In guten Programmen wird ein sehr breites Spektrum an Themen, Informationen, Bewältigungsstrategien und neuen Verhaltensweisen angeboten, so dass die Teilnehmenden ihre eigenen Kompetenzen zur Stressbewältigung und -vermeidung verbessern können. In der Auseinandersetzung mit eigenen Verhaltensmustern werden die Betroffenen „zu Experten in eigener Sache ausgebildet, trainiert und therapiert." (Hillert A., 2012)

Da die auslösenden Situationen und die einzelnen Persönlichkeiten sehr unterschiedlich sind, muss eine Burnout-Behandlung immer individuell vorgehen und angepasst werden. Mit den oben beschriebenen Behandlungsansätzen lassen sich dann aber stabile und deutliche positive Veränderungen erzielen!

TIPP

Die Burnout-Prävention gehört in das Fortbildungs-Angebot!
Übrigens: Die beschriebenen Inhalte sind natürlich auch alle geeignet für den Einsatz in der **betrieblichen Burnout-Prävention**. Umfasst das betriebliche Fortbildungsprogramm Ihres Unternehmens bereits alle genannten Themen? Wenn nein, sorgen Sie doch dafür, dass die Stressprävention frühzeitig in das Fortbildungs-Angebot aufgenommen wird und alle Beschäftigten zur Teilnahme ermuntert werden.

3.5 Rechtliche Grundlagen

Die rechtlichen Grundlagen für die Burnout-Prävention und den Umgang mit Betroffenen finden sich in ganz unterschiedlichen Gesetzestexten und sehr unterschiedlichen Zusammenhängen. Die meisten dieser Gesetze sind auch sehr allgemein gehalten, es gibt nur an sehr wenigen Stellen einen direkten Bezug auf psychische Belastungen. Das Thema Burnout wird überhaupt nicht erwähnt. Das heißt allerdings nicht, dass Arbeitgeber keine rechtlichen Verpflichtungen gegenüber ihren Beschäftigten in diesem Bereich haben! Wenn in verschiedenen Gesetzen Fürsorgepflichten und Pflichten zum Gesundheitsschutz benannt werden, umfasst dies auch immer die psychische Gesundheit.

In diesem Abschnitt finden Sie alle relevanten Gesetzestexte. Sie erfahren auch, welchen Bezug es jeweils auf das Thema Burnout gibt.

Übersicht über relevante Gesetze

- Bürgerliches Gesetzbuch (BGB)
- Allgemeines Gleichbehandlungsgesetz (AGG)

- Arbeitsschutzgesetz (ArbSchG)
- Bildschirmarbeitsverordnung (BildscharbV)
- Arbeitssicherheitsgesetz (ASiG)
- 5. Sozialgesetzbuch (SGB V, § 20): Gesetzliche Krankenversicherung
- 7. Sozialgesetzbuch (SGB VII): Gesetzliche Unfallversicherung
- 9. Sozialgesetzbuch (SGB IX): Behindertenrecht
- Betriebsverfassungsgesetz: Aufgaben des Betriebsrates

3.5.1 Fürsorgepflichten der Arbeitgeber

Eine allgemeine Fürsorgepflicht des Arbeitgebers ist nicht grundsätzlich gesetzlich geregelt. Ein Arbeitgeber ist also nicht verpflichtet, alles nur Mögliche und Erdenkliche zum Wohlbefinden der Beschäftigten beizutragen. Gemäß der allgemeinen Bestimmung des § 241 Abs. 2 BGB ist der Arbeitgeber verpflichtet, seine Rechte aus dem Arbeitsverhältnis nur unter Berücksichtigung der Rechte, Rechtsgüter und Interessen des Arbeitnehmers auszuüben.

§ 241 Abs. 2 BGB Pflichten aus dem Schuldverhältnis:

(2) Das Schuldverhältnis kann nach seinem Inhalt jeden Teil zur Rücksicht auf die Rechte, Rechtsgüter und Interessen des anderen Teils verpflichten.

Neben diesen nur sehr allgemein gehaltenen gesetzlichen Grundlagen im BGB finden sich Fürsorgepflichten des Arbeitgebers aber in vielen speziellen arbeitsrechtlichen Bestimmungen. Und hier gibt es dann auch durchaus Querverbindungen zum Thema Burnout:

- Pflicht des Arbeitgebers gemäß § 618 BGB, zum Schutz der Arbeitnehmer vor Gesundheitsgefahren.
- Schutz vor sexueller Belästigung.
- Gesundheitsschutz des Arbeitnehmers, z.B. in der Arbeitsstättenverordnung oder der Bildschirmarbeitsverordnung (s. u.).
- Schutz vor Mobbing.
- Schutz vor Benachteiligungen im Sinne des Allgemeinen Gleichbehandlungsgesetzes (§ 12 AGG).

§ 618 Abs. 1 BGB Pflicht zu Schutzmaßnahmen:

(1) Der Dienstberechtigte hat Räume, Vorrichtungen oder Gerätschaften, die er zur Verrichtung der Dienste zu beschaffen hat, so einzurichten und zu unterhalten und

Dienstleistungen, die unter seiner Anordnung oder seiner Leitung vorzunehmen sind, so zu regeln, dass der Verpflichtete gegen Gefahr für Leben und Gesundheit soweit geschützt ist, als die Natur der Dienstleistung es gestattet.

§ 12 Abs. 1 AGG Maßnahmen und Pflichten des Arbeitgebers:

(1) Der Arbeitgeber ist verpflichtet, die erforderlichen Maßnahmen zum Schutz vor Benachteiligungen wegen eines in § 1 genannten Grundes zu treffen. Dieser Schutz umfasst auch vorbeugende Maßnahmen.

3.5.2 Arbeitsschutzgesetz

Das Arbeitsschutzgesetz enthält Bestimmungen, die auf eine Verbesserung der Arbeitsumwelt, der Sicherheit und der Gesundheit der Arbeitnehmer zielen. Hier sind auch die Pflichten der Arbeitgeber und Arbeitnehmer aufgeführt, die den Gesundheitsschutz betreffen. Für den Umgang mit dem Thema Burnout im Betrieb ist das Arbeitsschutzgesetz also eine wichtige Grundlage, auch wenn dieses Gesetz sehr allgemein gehalten ist und psychische Belastungen nicht explizit benannt werden.

Der Arbeitgeber muss demnach „eine Beurteilung der für die Beschäftigten mit ihrer Arbeit verbundenen Gefährdung“ erstellen und dann bei Bedarf Maßnahmen des Arbeitsschutzes daraus ableiten und umsetzen (§ 5 ArbSchG). Ein solches ganzheitliches Arbeitsschutzverständnis mit dem Ziel der menschengerechten Gestaltung der Arbeit bezieht in jedem Fall psychische Fehlbelastung in die Gesamtbetrachtung mit ein.

Welche Maßnahmen des Arbeitsschutzes konkret erforderlich sind, muss der Arbeitgeber durch diese Gefährdungsbeurteilung ermitteln. Er muss dabei berücksichtigen, dass sich eine Gefährdung nicht nur durch die „klassischen“ Unfall- und Gesundheitsfaktoren ergeben kann, sondern auch durch die in § 5 Abs. 3 ArbSchG angeführten Faktoren.

Der gesamte betriebliche Prozess soll auf eine andauernde und dynamische Verbesserung von Sicherheit und Gesundheit der Beschäftigten ausgerichtet sein. Das Arbeitsschutzgesetz fordert mit seinem systematischen, auf Nachhaltigkeit angelegten Ansatz, dass eine geeignete betriebliche Organisationsstruktur aufzubauen ist.

Wichtige Abschnitte aus dem Arbeitsschutzgesetz

§ 2 Begriffsbestimmungen

(1) Maßnahmen des Arbeitsschutzes im Sinne dieses Gesetzes sind Maßnahmen zur Verhütung von Unfällen bei der Arbeit und arbeitsbedingten Gesundheitsgefahren einschließlich Maßnahmen der menschengerechten Gestaltung der Arbeit. (...)

§ 3 Grundpflichten des Arbeitgebers

(1) Der Arbeitgeber ist verpflichtet, die erforderlichen Maßnahmen des Arbeitsschutzes unter Berücksichtigung der Umstände zu treffen, die Sicherheit und Gesundheit der Beschäftigten bei der Arbeit beeinflussen. Er hat die Maßnahmen auf ihre Wirksamkeit zu überprüfen und erforderlichenfalls sich ändernden Gegebenheiten anzupassen. Dabei hat er eine Verbesserung von Sicherheit und Gesundheitsschutz der Beschäftigten anzustreben.

(2) Zur Planung und Durchführung der Maßnahmen nach Absatz 1 hat der Arbeitgeber unter Berücksichtigung der Art der Tätigkeiten und der Zahl der Beschäftigten 1. für eine geeignete Organisation zu sorgen und die erforderlichen Mittel bereitzustellen sowie 2. Vorkehrungen zu treffen, daß die Maßnahmen erforderlichenfalls bei allen Tätigkeiten und eingebunden in die betrieblichen Führungsstrukturen beachtet werden und die Beschäftigten ihren Mitwirkungspflichten nachkommen können.

(3) Kosten für Maßnahmen nach diesem Gesetz darf der Arbeitgeber nicht den Beschäftigten auferlegen.

§ 4 Allgemeine Grundsätze

Der Arbeitgeber hat bei Maßnahmen des Arbeitsschutzes von folgenden allgemeinen Grundsätzen auszugehen: 1. Die Arbeit ist so zu gestalten, daß eine Gefährdung für Leben und Gesundheit möglichst vermieden und die verbleibende Gefährdung möglichst gering gehalten wird;

2. Gefahren sind an ihrer Quelle zu bekämpfen;

3. bei den Maßnahmen sind der Stand von Technik, Arbeitsmedizin und Hygiene sowie sonstige gesicherte arbeitswissenschaftliche Erkenntnisse zu berücksichtigen;

4. Maßnahmen sind mit dem Ziel zu planen, Technik, Arbeitsorganisation, sonstige Arbeitsbedingungen, soziale Beziehungen und Einfluß der Umwelt auf den Arbeitsplatz sachgerecht zu verknüpfen;

5. individuelle Schutzmaßnahmen sind nachrangig zu anderen Maßnahmen;

6. spezielle Gefahren für besonders schutzbedürftige Beschäftigtengruppen sind zu berücksichtigen;

7. den Beschäftigten sind geeignete Anweisungen zu erteilen;

8. mittelbar oder unmittelbar geschlechtsspezifisch wirkende Regelungen sind nur zulässig, wenn dies aus biologischen Gründen zwingend geboten ist.

§ 5 Beurteilung der Arbeitsbedingungen

(1) Der Arbeitgeber hat durch eine Beurteilung der für die Beschäftigten mit ihrer Arbeit verbundenen Gefährdung zu ermitteln, welche Maßnahmen des Arbeitsschutzes erforderlich sind.

(2) Der Arbeitgeber hat die Beurteilung je nach Art der Tätigkeiten vorzunehmen. Bei gleichartigen Arbeitsbedingungen ist die Beurteilung eines Arbeitsplatzes oder einer Tätigkeit ausreichend.

(3) Eine Gefährdung kann sich insbesondere ergeben durch 1. die Gestaltung und die Einrichtung der Arbeitsstätte und des Arbeitsplatzes,

2. physikalische, chemische und biologische Einwirkungen,

3. die Gestaltung, die Auswahl und den Einsatz von Arbeitsmitteln, insbesondere von Arbeitsstoffen, Maschinen, Geräten und Anlagen sowie den Umgang damit,

4. die Gestaltung von Arbeits- und Fertigungsverfahren, Arbeitsabläufen und Arbeitszeit und deren Zusammenwirken,

5. unzureichende Qualifikation und Unterweisung der Beschäftigten.

3.5.3 Bildschirmarbeitsverordnung

Ausdrücklich erwähnt werden die psychischen Belastungen in der Bildschirmarbeitsverordnung, wo sie als gesundheitsrelevanter Faktor beschrieben werden, der im Rahmen der Gefährdungsbeurteilung auch erhoben werden soll. Der Arbeitgeber ist verpflichtet, die Arbeitsbedingungen der Mitarbeiter „insbesondere hinsichtlich einer möglichen Gefährdung des Sehvermögens sowie körperlicher Probleme und psychischer Belastung zu ermitteln und zu beurteilen“ (§ 3 BildscharbV).

Die Ermittlung und Beurteilung der psychischen Belastungen dient dazu, bereits im Vorfeld präventiv tätig zu werden und die Belastungsfaktoren zu verringern. Wichtig ist die Einschätzung, ob eine psychische Belastung auch schon eine Gefährdung des Mitarbeiters darstellt.

Wichtige Abschnitte aus der Bildschirmarbeitsverordnung

§ 3 Beurteilung der Arbeitsbedingungen

Bei der Beurteilung der Arbeitsbedingungen nach § 5 des Arbeitsschutzgesetzes hat der Arbeitgeber bei Bildschirmarbeitsplätzen die Sicherheits- und Gesundheitsbedingungen insbesondere hinsichtlich einer möglichen Gefährdung des Sehvermögens sowie körperlicher Probleme und psychischer Belastungen zu ermitteln und zu beurteilen.

§ 5 Täglicher Arbeitsablauf

Der Arbeitgeber hat die Tätigkeit der Beschäftigten so zu organisieren, daß die tägliche Arbeit an Bildschirmgeräten regelmäßig durch andere Tätigkeiten oder durch Pausen unterbrochen wird, die jeweils die Belastung durch die Arbeit am Bildschirmgerät verringern.

! **WICHTIG**

Berücksichtigen Sie die Ressourcen Ihrer Mitarbeiter!
Eine Gefährdung ergibt sich erst dann, wenn der Mitarbeiter nicht über die Bewältigungsstrategien oder die psychischen oder physischen Ressourcen verfügt, um die Belastung bewältigen.

Der Arbeitgeber muss also nur die psychischen Gefährdungen ermitteln und beurteilen, die für den Mitarbeiter eine Fehlbelastung darstellen und negative Beanspruchungsfolgen nach sich ziehen. Er muss aber nicht jeden Arbeitsplatz beurteilen: Vergleichbare Gefährdungen müssen nur einmal untersucht werden, wenn sie als repräsentativ für und übertragbar auf andere Arbeitsplätze gelten können. Die Ergebnisse der Gefährdungsbeurteilung müssen dokumentiert werden. Wenn die Ursachen für die psychischen Belastungen gefunden sind, können diese bearbeitet werden.

3.5.4 Sozialgesetzbuch V (Gesetzliche Krankenversicherung)

Die Krankenkassen sollen und dürfen auch Maßnahmen der betrieblichen Gesundheitsförderung unterstützen. Der Gesetzgeber hat den gesetzlichen Krankenversicherungen den Auftrag zur Primärprävention gegeben – sie sollen also dafür sorgen, dass Krankheiten möglichst gar nicht erst entstehen.

§ 20 Sozialgesetzbuch V (SGB V) Prävention und Selbsthilfe

(1) Die Krankenkasse soll in der Satzung Leistungen zur primären Prävention vorsehen, die die in den Sätzen 2 und 3 genannten Anforderungen erfüllen. Leistungen zur Primärprävention sollen den allgemeinen Gesundheitszustand verbessern und insbesondere einen Beitrag zur Verminderung sozial bedingter Ungleichheit von Gesundheitschancen erbringen. Der Spitzenverband Bund der Krankenkassen beschließt gemeinsam und einheitlich unter Einbeziehung unabhängigen Sachverstandes prioritäre Handlungsfelder und Kriterien für Leistungen nach Satz 1, insbesondere hinsichtlich Bedarf, Zielgruppen, Zugangswegen, Inhalten und Methodik.

§ 20a Betriebliche Gesundheitsförderung

(1) Die Krankenkassen erbringen Leistungen zur Gesundheitsförderung in Betrieben (betriebliche Gesundheitsförderung), um unter Beteiligung der Versicherten und der Verantwortlichen für den Betrieb die gesundheitliche Situation einschließlich ihrer Risiken und Potenziale zu erheben und Vorschläge zur Verbesserung der gesundheitlichen Situation sowie zur Stärkung der gesundheitlichen Ressourcen und Fähigkeiten zu entwickeln und deren Umsetzung zu unterstützen. § 20 Abs. 1 Satz 3 gilt entsprechend.

§ 20b Prävention arbeitsbedingter Gesundheitsgefahren

(1) Die Krankenkassen unterstützen die Träger der gesetzlichen Unfallversicherung bei ihren Aufgaben zur Verhütung arbeitsbedingter Gesundheitsgefahren. Insbe-

sondere unterrichten sie diese über die Erkenntnisse, die sie über Zusammenhänge zwischen Erkrankungen und Arbeitsbedingungen gewonnen haben. Ist anzunehmen, dass bei einem Versicherten eine berufsbedingte gesundheitliche Gefährdung oder eine Berufskrankheit vorliegt, hat die Krankenkasse dies unverzüglich den für den Arbeitsschutz zuständigen Stellen und dem Unfallversicherungsträger mitzuteilen.

Begrenzte Ressourcen der Krankenkassen

Weil jede Krankenkasse für Maßnahmen des Betrieblichen Gesundheitsmanagements nur sehr begrenzte finanzielle und personelle Ressourcen hat, sollte rechtzeitig vor Beginn einer Maßnahme nachgefragt werden, ob Unterstützungsmöglichkeiten bestehen. Häufig finden sich bei den großen Krankenversicherungen spezielle Abteilungen für das Thema. Die Mitarbeiterinnen und Mitarbeiter verfügen über einen großen Erfahrungsschatz in vielen verschiedenen Betrieben und Branchen und können deswegen sehr hilfreiche Beratung leisten.

Die Maßnahmen, die auch finanziell unterstützt werden können, sind in einem Leitfaden zum § 20 SGB V festgelegt. Auf jeden Fall können Gefährdungsanalysen gefördert werden, aber auch Trainingsmaßnahmen für Führungskräfte und Mitarbeiter oder Beratung zur gesundheitsförderlichen Organisationsentwicklung.

Da es gerade beim Burnout teilweise zu sehr langen Krankschreibungen kommt, ist der Abschnitt über die stufenweise Wiedereingliederung in diesem Zusammenhang ebenfalls sehr wichtig. Damit wird es möglich, dass betroffene Mitarbeiter langsam wieder in das Arbeitsleben einsteigen, z. B. mit wenigen Stunden am Tag. Nach und nach wird dann die Arbeitszeit wieder gesteigert (s. auch Abschnitt 3.3).

§ 74 SGB V Stufenweise Wiedereingliederung

Können arbeitsunfähige Versicherte nach ärztlicher Feststellung ihre bisherige Tätigkeit teilweise verrichten und können sie durch eine stufenweise Wiederaufnahme ihrer Tätigkeit voraussichtlich besser wieder in das Erwerbsleben eingegliedert werden, soll der Arzt auf der Bescheinigung über die Arbeitsunfähigkeit Art und Umfang der möglichen Tätigkeiten angeben und dabei in geeigneten Fällen die Stellungnahme des Betriebsarztes oder mit Zustimmung der Krankenkasse die Stellungnahme des Medizinischen Dienstes (§ 275) einholen.

3.5.5 Sozialgesetzbuch VII (Gesetzliche Unfallversicherung)

Auch die gesetzlichen Unfallversicherungsträger haben den Auftrag, Prävention und Rehabilitation bei arbeitsbedingten Gesundheitsgefahren oder Berufskrankheiten zu leisten. Viele Berufsgenossenschaften bieten daher den Unternehmen auch beim Thema psychische Belastungen am Arbeitsplatz Unterstützung an. Das reicht von hervorragend gemachten schriftlichen Informationsmaterialien (z. B. von der BGW oder VBG) bis hin zu Beratung durch Experten. Krankenkassen und Unfallversicherungsträger sind zwar verpflichtet, im Bereich der Betrieblichen Gesundheitsförderung zusammenzuarbeiten. Tatsächlich werden aber in den Betrieben selber selten gemeinsame Projekte durchgeführt. Falls Sie Unterstützung suchen, können Sie sich aussuchen, an wen Sie sich wenden wollen — gesetzliche Kranken- oder Unfallversicherung.

Wichtige Abschnitte aus dem Sozialgesetzbuch VII (SGB VII)

§ 1 Prävention, Rehabilitation, Entschädigung

Aufgabe der Unfallversicherung ist es, nach Maßgabe der Vorschriften dieses Buches 1. mit allen geeigneten Mitteln Arbeitsunfälle und Berufskrankheiten sowie arbeitsbedingte Gesundheitsgefahren zu verhüten,

2. nach Eintritt von Arbeitsunfällen oder Berufskrankheiten die Gesundheit und die Leistungsfähigkeit der Versicherten mit allen geeigneten Mitteln wiederherzustellen und sie oder ihre Hinterbliebenen durch Geldleistungen zu entschädigen.

§ 14 Grundsatz

(1) Die Unfallversicherungsträger haben mit allen geeigneten Mitteln für die Verhütung von Arbeitsunfällen, Berufskrankheiten und arbeitsbedingten Gesundheitsgefahren und für eine wirksame Erste Hilfe zu sorgen. Sie sollen dabei auch den Ursachen von arbeitsbedingten Gefahren für Leben und Gesundheit nachgehen.

(2) Bei der Verhütung arbeitsbedingter Gesundheitsgefahren arbeiten die Unfallversicherungsträger mit den Krankenkassen zusammen.

3.5.6 Sozialgesetzbuch IX (Rehabilitation und Teilhabe behinderter Menschen)

Dieses relativ neue Sozialgesetzbuch fasst jetzt Regelungen zusammen, die früher über verschiedene Gesetze verstreut waren. Im Betrieb wird es u. a. relevant, wenn Mitarbeiterinnen oder Mitarbeiter eine Behinderung haben. Außerdem wird in § 84 dieses Gesetzbuches das Betriebliche Eingliederungsmanagement (BEM) vorgeschrieben (s. Abschnitt 3.3)

Wichtige Abschnitte aus dem Sozialgesetzbuch IX (SGB IX)

§ 1 Selbstbestimmung und Teilhabe am Leben in der Gesellschaft

Behinderte oder von Behinderung bedrohte Menschen erhalten Leistungen nach diesem Buch und den für die Rehabilitationsträger geltenden Leistungsgesetzen, um ihre Selbstbestimmung und gleichberechtigte Teilhabe am Leben in der Gesellschaft zu fördern, Benachteiligungen zu vermeiden oder ihnen entgegenzuwirken. Dabei wird den besonderen Bedürfnissen behinderter und von Behinderung bedrohter Frauen und Kinder Rechnung getragen.

§ 83 Integrationsvereinbarung

(1) Die Arbeitgeber treffen mit der Schwerbehindertenvertretung und den in § 93 genannten Vertretungen in Zusammenarbeit mit dem Beauftragten des Arbeitgebers (§ 98) eine verbindliche Integrationsvereinbarung. Auf Antrag der Schwerbehindertenvertretung wird unter Beteiligung der in § 93 genannten Vertretungen hierüber verhandelt. Ist eine Schwerbehindertenvertretung nicht vorhanden, steht das Antragsrecht den in § 93 genannten Vertretungen zu. Der Arbeitgeber oder die Schwerbehindertenvertretung können das Integrationsamt einladen, sich an den Verhandlungen über die Integrationsvereinbarung zu beteiligen. Der Agentur für Arbeit und dem Integrationsamt, die für den Sitz des Arbeitgebers zuständig sind, wird die Vereinbarung übermittelt.

(2) Die Vereinbarung enthält Regelungen im Zusammenhang mit der Eingliederung schwerbehinderter Menschen, insbesondere zur Personalplanung, Arbeitsplatzgestaltung, Gestaltung des Arbeitsumfelds, Arbeitsorganisation, Arbeitszeit sowie Regelungen über die Durchführung in den Betrieben und Dienststellen. Bei der Personalplanung werden besondere Regelungen zur Beschäftigung eines angemessenen Anteils von schwerbehinderten Frauen vorgesehen.

§ 84 Prävention

(...) (2) Sind Beschäftigte innerhalb eines Jahres länger als sechs Wochen ununterbrochen oder wiederholt arbeitsunfähig, klärt der Arbeitgeber mit der zuständigen Interessenvertretung im Sinne des § 93, bei schwerbehinderten Menschen außerdem mit der Schwerbehindertenvertretung, mit Zustimmung und Beteiligung der betroffenen Person die Möglichkeiten, wie die Arbeitsunfähigkeit möglichst überwunden werden und mit welchen Leistungen oder Hilfen erneuter Arbeitsunfähigkeit vorgebeugt und der Arbeitsplatz erhalten werden kann (betriebliches Eingliederungsmanagement). Soweit erforderlich wird der Werks- oder Betriebsarzt hinzugezogen. Die betroffene Person oder ihr gesetzlicher Vertreter ist zuvor auf die Ziele des betrieblichen Eingliederungsmanagements sowie auf Art und Umfang der hierfür erhobenen und verwendeten Daten hinzuweisen. Kommen Leistungen zur Teilhabe oder begleitende Hilfen im Arbeitsleben in Betracht, werden vom Arbeitgeber die örtlichen gemeinsamen Servicestellen oder bei schwerbehinderten Beschäftigten das Integrationsamt hinzugezogen. Diese wirken darauf hin, dass die erforderlichen Leistungen oder Hilfen unverzüglich beantragt und innerhalb der Frist des § 14 Abs. 2 Satz 2 erbracht werden. Die zuständige Interessenvertretung im Sinne des § 93, bei schwerbehinderten Menschen außerdem die Schwerbehindertenvertretung, können die Klärung verlangen. Sie wachen darüber, dass der Arbeitgeber die ihm nach dieser Vorschrift obliegenden Verpflichtungen erfüllt.

(3) Die Rehabilitationsträger und die Integrationsämter können Arbeitgeber, die ein betriebliches Eingliederungsmanagement einführen, durch Prämien oder einen Bonus fördern.

3.5.7 Internationale Standards

Auch auf europäischer und weltweiter Ebene gibt es Standards, wie mit psychosozialen Risiken am Arbeitsplatz umgegangen werden soll:

- „Leitlinien zum Europäischen Handlungsrahmen für psychosoziales Risikomanagement“ (2009), in denen auch die nötigen Präventionsschritte dargestellt werden.
- Die „Rahmenvereinbarung über arbeitsbedingten Stress“ (2004) definiert Stress und mahnt die Arbeitgeber noch einmal an, dass sie gesetzlich verpflichtet sind, die Sicherheit und Gesundheit ihrer Beschäftigten am Arbeitsplatz zu schützen. Außerdem werden Bespiele für Maßnahmen zur Bekämpfung von Stress gegeben.

- Auch die DIN EN ISO 10075 befasst sich mit psychischen Arbeitsbelastungen und nennt u. a. 29 Aufgabenmerkmale, die einen Einfluss auf das Ausmaß der psychischen Belastung haben.

3.5.8 Fazit

Sie sehen, es gibt zahlreiche gesetzliche Regelungen, die sich im weiteren Sinne auch auf psychische Belastungen und Burnout anwenden lassen. Seit über hundert Jahren ist das gesamte Arbeitsschutzsystem aber vorwiegend auf die Verhütung von Arbeitsunfällen ausgerichtet. Das zunehmende Problem mit psychischen Belastungen am Arbeitsplatz und entsprechend steigenden Krankheitszahlen wegen psychischer Störungen hat noch keinen ausreichenden Eingang in die Gesetzgebung gefunden.

So werden die gesetzlichen Regelungen sicherlich in den nächsten Jahren ergänzt werden müssen, um dem geänderten Belastungsspektrum bei der Arbeit gerecht zu werden. Die Arbeitgeber müssen wissen, was sie tun sollen und auf welche Art und Weise. Gleichzeitig müssen die Institutionen, die mit der Aufsicht über die Sicherheit und Gesundheit am Arbeitsplatz betraut sind, für entsprechend qualifiziertes Personal sorgen.

Die Weltgesundheitsorganisation sagt voraus, dass Depressionen — eine wichtige Schnittmenge mit dem Komplex Burnout — in den nächsten Jahrzehnten zu einer Volkskrankheit werden. Wenn man dieser Einschätzung folgt, werden wir uns in Deutschland auch mit den gesetzlichen Regelungen und den Institutionen, die für Arbeits- und Gesundheitsschutz zuständig sind, noch viel stärker um die psychische Gesundheit der Beschäftigten kümmern müssen.

4 Die Burnout-Prävention

In vielen Unternehmen fällt das Thema der psychischen Belastungen erst dann auf, wenn es bereits zu Krankheits- und Burnout-Fällen gekommen ist. Auch überdurchschnittlich hohe Fehlzeiten, erhöhte Fluktuation oder Unruhe in bestimmten Abteilungen wecken manchmal die Aufmerksamkeit. Vielleicht ist auch der besorgniserregende Gesundheitsbericht einer Krankenkasse für diese Firma ein Anlass, sich um die Ursachen zu kümmern. Dieses Vorgehen hat die Folge, dass immer nur Krisenherde bearbeitet werden, aber wenig Prävention erfolgt. Auch den Mitarbeitern wird das Signal gesendet: Das Unternehmen kümmert sich erst, wenn das Kind in den Brunnen gefallen ist. Spezielle Aufmerksamkeit erhalten bei diesem Vorgehen die Personen oder Teams, die in irgendeiner Form auffällig geworden sind, z. B. in Form eines Betrieblichen Eingliederungsmanagements.

Es gibt aber viele Möglichkeiten, schon der Entstehung von psychischen Beanspruchungen — und damit auch von Burnout — vorzubeugen. Die Prävention ist immer sinnvoller, weil es weniger aufwändig ist, frühzeitig für günstige Arbeitsbedingungen zu sorgen, als erst anzusetzen, wenn die Folgen schon gravierend sind. Darum soll es in diesem Kapitel um die Ansätze zur Burnout-Prävention im Unternehmen auf ganz verschiedenen Ebenen gehen.

Prävention oder Krisenbekämpfung?

Oft sind es nur einzelne Personen oder bestimmte Bereiche im Betrieb, die z. B. bei Fehlzeiten als problematisch auffallen. Alle anderen Mitarbeiter kommen regelmäßig zur Arbeit und sind produktiv und unauffällig. Diese Mitarbeiter und deren Bedürfnisse bekommen häufig zu wenig Beachtung, wenn man sich nur um die Auffälligen kümmert.

So ist ein **zweistufiges Vorgehen** sinnvoll. Die **erste Stufe der Präventionsangebote** ist an die Mitarbeiter gerichtet, die (noch) keinerlei Probleme oder Auffälligkeiten zeigen, das sind in den meisten Firmen mindestens 75 %. Die **zweite Stufe der Prävention** beinhaltet Maßnahmen zur **Früherkennung** von psychischen Belastungen und Beanspruchungen und zum **Umgang mit bereits betroffenen Beschäftigten**.

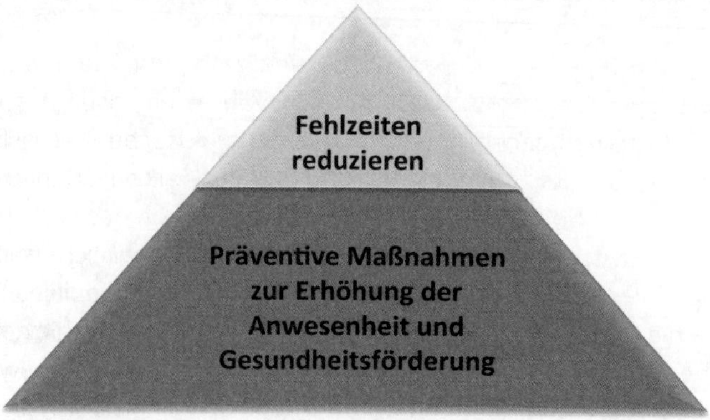

Abb. 4.1: Gestuftes Vorgehen bei der Prävention

Hier geht es also um **Primärprävention**. Die **zweite Stufe** beinhaltet Maßnahmen der **Sekundärprävention** und der **Tertiärprävention** (s. Tabelle), also die Früherkennung von Belastungen bzw. die Linderung von bereits eingetretenen Schäden. Hiermit werden maximal 25 % der Mitarbeiter angesprochen.

Ansatzpunkte für die Prävention

Präventionsmaßnahme	Ziel der Maßnahme	Beispiel-Maßnahme
Primärprävention	Auftreten von Beschwerden und Krankheitsfällen soll von vornherein verhindert werden	▪ Stressmanagement ▪ Zeitmanagement ▪ Selbstmanagement ▪ Work-Life-Balance ▪ Konfliktmanagement ▪ Führungskräfte-Trainings zur gesundheitsgerechten Mitarbeiterführung ▪ Team-Entwicklung ▪ Veränderungen der Arbeitsabläufe ▪ Veränderung der Arbeitsumgebung ▪ Veränderung der Kommunikationsstruktur ▪ Erweiterung von Handlungs- und Entscheidungsspielräumen ▪ Angebote zur besseren Vereinbarkeit von Beruf und Familie ▪ Präventives Krisencoaching, Supervision ▪ Sicherung von Arbeitsplätzen ▪ Personalentwicklung

Präventionsmaßnahme	Ziel der Maßnahme	Beispiel-Maßnahme
Sekundärprävention	Sich entwickelnde Symptome, Warnzeichen, Störungen und Erkrankungen sollen möglichst frühzeitig erkannt werden	▪ Mitarbeitergespräche ▪ Führungskräfte-Trainings zum Führen von Gesundheitsgesprächen ▪ Mitarbeiterbefragungen ▪ Gesundheitszirkel ▪ Betriebsärztliche Untersuchungen
Tertiärprävention	Maßnahmen zum Umgang mit bereits eingetretenen Symptomen, Beschwerden oder Erkrankungen; Verhütung von Rückfällen	▪ Betriebliches Eingliederungsmanagement ▪ Anpassung von Arbeitsplätzen ▪ Führungskräfte-Trainings zum Führen von Rückkehrgesprächen ▪ Flexible Arbeitszeiten, reduzierte Arbeitszeiten

Tab. 4.1: Maßnahmen im Betrieb auf verschiedenen Präventionsebenen

Es gibt verschiedene Methoden, mit denen die oben genannten Themenbereiche im Betrieb umgesetzt werden können, z. B.

- Arbeitsplatzbezogene praktische Anleitungen
- Kursprogramme, Gruppenschulungen
- Seminare, Trainings, Workshops
- Vortrag, Tagung
- Individuelle Beratung, Coaching
- Organisationsberatung und -entwicklung
- Gesundheitstage oder Aktionswochen

Diese Maßnahmen müssen natürlich nicht alle angeboten werden, sondern sollten je nach Bedarf eingeführt werden. Zu den einzelnen Themen erfahren Sie in den nächsten Abschnitten mehr.

! **WICHTIG**

Bieten Sie vielfältige Maßnahmen an!
Besonderer Wert sollte auf das breite Angebot von Maßnahmen der Primärprävention gelegt werden.

4.1 Fortbildungsangebote

In den Bereich der Primärprävention — also Maßnahmen, die das Auftreten von Belastungsreaktionen bei den Mitarbeitern verhüten sollen — gehören Fortbildungsangebote. Frei zugänglich für alle Mitarbeiterinnen und Mitarbeiter sollten Seminare und Trainings zu **stress-relevanten Themen** sein (s. u.). Zusätzlich sollten **fachliche Fortbildungsangebote** für einzelne Personen im Rahmen der Personalentwicklung geplant werden, um möglichen Über- oder Unterforderungen von vornherein entgegenzuwirken.

Kenntnisse und Fähigkeiten zu Themen, die Stress von vornherein verringern können, sollten entweder im internen Fortbildungskatalog angeboten werden oder die Belegschaft sollte die Möglichkeit bekommen, diese bei externen Anbietern zu erlernen. Es ist immer wieder zu beobachten, dass unnötige Belastungen entstehen, weil z. B. grundlegende Techniken des Stress- und Zeitmanagements nicht bekannt sind oder weil Probleme nicht systematisch angepackt und gelöst werden. Hier haben sowohl Arbeitgeber als auch Beschäftigte eine Verpflichtung, diese Basis-Fähigkeiten zu entwickeln.

4.1.1 Stressmanagement und Entspannungstechniken

Alle Beschäftigten sollten Trainings zum Stressmanagement besuchen, weil hier grundlegende Techniken vermittelt werden, mit denen sich Überlastungen verhindern und Anforderungen besser bewältigen lassen.

! **ACHTUNG**

Voraussetzungen für ein erfolgreiches Stress-Management-Training!
Wenn Sie in Ihrem Unternehmen Trainings zum Thema Stress-Management anbieten möchten, achten Sie auf folgende Punkte:

- **die ausreichende Qualifikation der Referenten (z. B. Psychologinnen und Psychologen)**
- **dem Training liegen fundierte theoretische Modelle zugrunde (und keine esoterischen oder selbst entwickelten Ideen)**
- **es werden verschiedene praktische Techniken vermittelt**
- **es werden nicht nur Entspannungsverfahren gelehrt.**

Es gibt durchaus verschiedene Stressmodelle, die sich an einigen Punkten voneinander unterscheiden. Letztendlich finden sich aber in allen Modellen ähnliche Elemente wieder, die sich anschaulich als „Stresswaage“ darstellen lassen. Die vier

Bestandteile dieser Stresswaage müssen immer wieder neu ins Gleichgewicht gebracht werden.

Stressmanagement ist keine einmalige Aktivität! Letztendlich sind alle Menschen lebenslang damit beschäftigt, die für sie passende Balance immer wieder neu herzustellen.

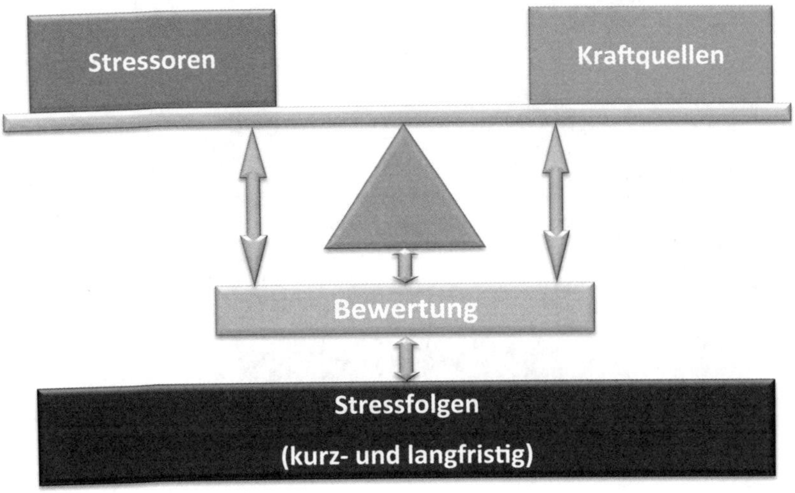

Abb. 4.2: Die „Stresswaage"

Auf der Waage jedes Menschen finden sich auf der einen Seite verschiedene **Belastungen** und Anforderungen (die entweder von der Umwelt oder aus der eigenen Persönlichkeit stammen können) und auf der anderen Seite ausgleichende **Kraftquellen**, die bei der Bewältigung dieser Anforderungen helfen.

Je nachdem, wie wir Anforderungen **bewerten**, lösen diese Stress aus oder eben nicht. Nach dem „Transaktionalen Stressmodell" wird bei einer neuen Anforderung, z. B. einer neuen Arbeitsaufgabe, als erstes bewertet, ob diese Aufgabe positiv („Toll! Endlich eine neue Herausforderung!"), neutral („Ja klar, mach ich, kein Problem.") oder belastend („Das auch noch kurz vor Feierabend!") empfunden wird. Diese Bewertungen können von Mensch zu Mensch sehr unterschiedlich ausfallen. Die Redensart „Aus einer Mücke einen Elefanten machen" drückt diese unterschiedlichen Bewertungsmöglichkeiten von Belastungen sehr gut aus. Im zweiten Bewertungsschritt werden dann die persönlichen Möglichkeiten und Fähigkeiten zur Bewältigung dieser Aufgabe beurteilt. Erst, wenn beide Bewertungsschritte negativ ausfallen, kommt es zu einem Stressempfinden. Wenn die Möglichkeiten zur Bewältigung der Situation positiv bewertet werden, wird die Situation neu eingeschätzt und es kommt nicht zu einer Stressreaktion: „Das sah komplizierter aus, als es ist. So etwas Ähnliches habe ich doch neulich schon gemacht. Das kriege ich gut hin.“

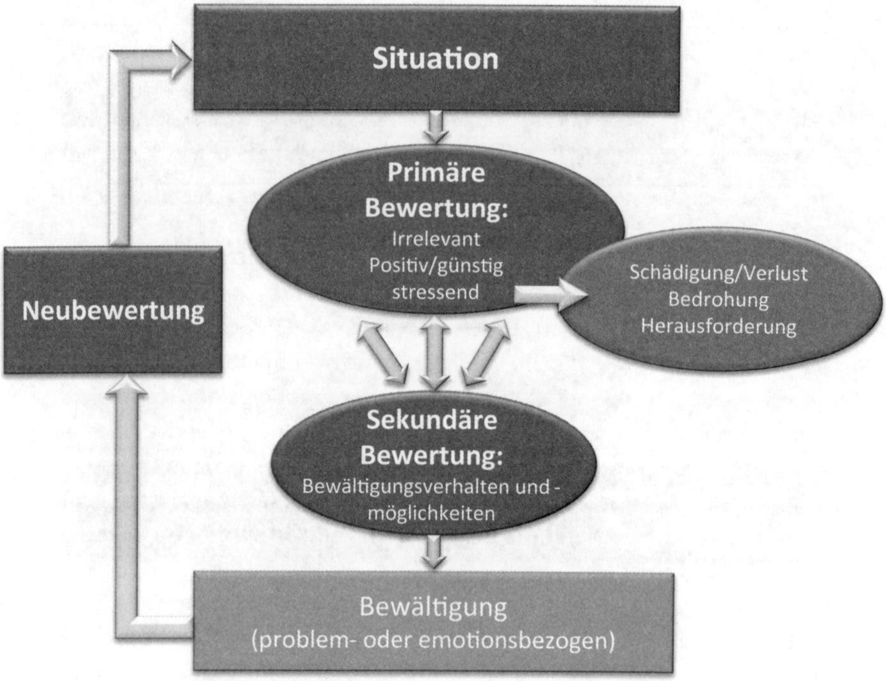

Abb. 4.3: Transaktionales Stressmodell (nach Lazarus)

Der vierte Bestandteil der Stressmodelle sind die Möglichkeiten zur Erholung und zum Regenieren, die jemandem zur Verfügung stehen. Dazu gehören z. B. ausgleichende Aktivitäten wie Sport, Hobbys und Unternehmungen mit Familie und Freunden.

Aus der Vorstellung einer „Stresswaage“ lassen sich im Prinzip vier Ansatzpunkte zu einer besseren Stressbewältigung finden:

- die stressauslösenden Faktoren selbst, die sogenannten Stressoren,
- die individuellen Möglichkeiten zu Bewältigung von Stress,
- die subjektive Bewertung von Stressoren und eigenen Bewältigungsmöglichkeiten,
- die Milderung von körperlichen oder psychischen Stressfolgen.

Beispiele für Stressmanagement-Strategien:

- Stressoren abbauen: Verbesserung der Arbeitszeiten durch einen günstigeren Dienstplan
- Kraftquellen/Ressourcen erweitern: Besuch eines Zeitmanagement-Seminars
- Bewertung ändern: keine unnötige Hektik vor einer dringenden Aufgabe
- Stressfolgen mildern: Entspannungsverfahren lernen, Sport treiben.

Die ersten beiden Punkte liegen mit in der Verantwortung des Arbeitgebers! Dieser ist dafür verantwortlich, die Arbeitslast und die Arbeitsbedingungen so zu gestalten, dass sie bei den Beschäftigten weder zu körperlichen, noch zu psychischen Schädigungen führen (s. Abschn. 3.5). Selbstverständlich sollte das Unternehmen auch die nötigen Arbeitsmittel, Kenntnisse, personellen und finanziellen Ressourcen sowie Erholungsmöglichkeiten zur Verfügung stellen.

Stressoren und mögliche ausgleichende Kraftquellen

Stressauslöser (Stressor)	Kraftquelle zum Ausgleich der Belastung
Neues Computerprogramm für wichtige Aufgaben	Ein Kurs, der in dieses Programm einführt sowie Kollegen, die sich damit schon auskennen und die man fragen kann
Zeitdruck auf der Arbeit	Eine Chefin, mit der man über die Arbeitsverteilung sprechen kann, und Kenntnisse im Zeitmanagement
Konflikte mit einer Kollegin	Eine Vertrauensperson in der Abteilung, Möglichkeit, eine Mediation durchzuführen

Tab. 4.2: Beispiele für Stressoren und passende Kraftquellen

Eher im persönlichen Bereich jedes einzelnen Mitarbeiters liegen die Bewertung und der Ausgleich von Stressbelastungen. Beide Themen sollten aber in Stressmanagement-Seminaren unbedingt mit behandelt werden!

4.1.2 Zeitmanagement

Im Rahmen von Arbeitsverdichtung fühlen sich viele Beschäftigte einem stark belastenden Zeitdruck ausgesetzt. Zeitdruck ist eine der Hauptquellen für das Stressempfinden. Gerade Führungskräfte sind besonders vielen Ansprüchen an ihre Zeit ausgesetzt. Oft werden Zeit und Energie aber nicht sinnvoll eingesetzt, weil die Ziele und Prioritäten unklar sind und nicht planvoll genug vorgegangen wird. Daher ist eine bewusste Planung der Zeit eine Methode der Reduktion von Stress am Arbeitsplatz.

Techniken des Zeitmanagements sollten ebenfalls allen Mitarbeiterinnen und Mitarbeitern vermittelt werden, die einen gewissen Freiraum bei der Gestaltung ihrer Aufgaben haben und z. B. über die Reihenfolge der Abarbeitung oder das Setzen von Prioritäten entscheiden müssen.

BEISPIEL

Der Nutzen eines guten Zeitmanagements

Frau Zacharias ist Team-Leiterin in einem Telekommunikations-Unternehmen. Sie ist nicht nur selber noch voll mit der Sachbearbeitung beschäftigt, sondern soll auch an ihren Vorgesetzten berichten, Personalgespräche führen, an Projektgruppen teilnehmen und und und ... Seit langem schon hatte sie das Gefühl, dass ihr das alles viel zu viel wurde und sie ihr Pensum nur mit Überstunden bewältigen konnte. Mehrfach hatte sie ihre Vorgesetzte darauf angesprochen. Die gab ihr aber nur die wenig hilfreiche Antwort: „Dann stimmt mit Ihrem Zeitmanagement etwas nicht. Sie müssen sich besser organisieren!". Das hätte Frau Zacharias ja gerne getan, sie wusste aber einfach nicht, wie sie das anfangen sollte.

Als sie einen neuen Vorgesetzten bekommt, spricht sie im ersten Gespräch auch ihren dauernden Zeitdruck an. Der schlägt ihr vor, erst einmal an einem Zeit- und Selbstmanagement-Training teilzunehmen. Danach würden sie sich noch einmal zusammensetzen.

Im Zeitmanagement-Training lernt Frau Zacharias, wie sie ihre Aktivitäten besser planen kann. Bislang hat sie sich einfach immer viel zu viel für einen Tag vorgenommen, weil sie die Dauer der Aufgaben unterschätzt und nicht mit den vielen Unterbrechungen gerechnet hat, die durch Telefonanrufe entstehen. Einige Aufgaben kann sie an Team-Mitglieder delegieren.

Nachdem sie nun diese Maßnahmen umgesetzt hat, spürt sie schon eine gewisse Entlastung. Nachdem sie dann noch mit dem neuen Chef die Prioritäten ihrer Aufgaben durchgesprochen hat, kann sie sich aus einer Projektgruppe zurückziehen, weil die für die Abteilung eigentlich gar nicht mehr wichtig ist. Frau Zacharias staunt, dass sie jetzt mit ihrer Zeit deutlich besser zurecht kommt. Vorher fühlte sie sich schon fast am Rande ihrer Kräfte.

Modernes Zeitmanagement fängt mit der Setzung von Zielen und Prioritäten an. Danach werden Wege und Techniken gewählt, um diese Ziele auch effizient zu erreichen. Dazu gehören eine gewisse Selbstdisziplin und auch der Mut zum Loslassen, z. B. zum Delegieren. Es geht auch um die richtige Einstellung, um die selbst gesetzten Prioritäten umsetzen zu können. Zu einem gelungenen Zeitmanagement gehört, das Wichtige zu tun und nicht nur das Dringliche!

Sinnvolle Inhalte für ein Zeitmanagement-Seminar

- Auseinandersetzung mit der Frage: „Kann man Zeit managen?"
- Motivierende Ziele setzen (kurz- und langfristig)
- Prioritäten setzen: Erkennen, was wirklich wichtig ist
- Delegation
- Realistisch Planen und Nutzen von Planungshilfen
- „Zeitdiebe" finden und ausmerzen
- Vom Zeitmanagement zur Life-Balance

4.1.3 Life-Balance

Viele Beschäftigte erleben einen wachsenden Zeit- und Leistungsdruck bei der Arbeit und eingeschränkte Möglichkeiten, sich um Freizeit, Familie und Gesundheit zu kümmern.

Durch diese fehlende Balance zwischen Arbeit und „dem Rest des Lebens" entstehen jedoch Unzufriedenheit oder private Konflikte. Auf die Dauer können körperliche und psychische Beschwerden auftreten, wie z. B. Gereiztheit, Depressivität, Burnout und Kreislauf- oder Magen-Darmstörungen.

Sinnvoll ist es deswegen für Führungskräfte und Mitarbeiter, immer einmal wieder aus dem Alltag herauszutreten, um Abstand zu gewinnen und sich mit den eigenen Prioritäten und Zielen auseinanderzusetzen. So kann die zukünftige Energie- und Zeiteinteilung bewusster gestaltet werden. Psychische Beschwerden können so von vornherein verhindert werden.

Der Begriff „Work-Life-Balance" trifft hierbei nicht ganz das Ziel: Es geht ja nicht darum, die Arbeitszeit möglichst zu reduzieren, damit man mehr Freizeit hat. Das eigentliche Ziel ist es, in verschiedenen Lebensphasen immer wieder Wege zu finden, wie man sich sowohl bei der Arbeit als auch im Privatleben möglichst wohl fühlen kann. Damit gehen Angebote zur Life-Balance über ein reines Zeitmanagement hinaus.

„Zeit ist etwas, das man sich nehmen muss – hier und jetzt! Das kann nur gelingen, wenn wir Zeit nicht länger allein unter dem Aspekt des Mangels betrachten. Deshalb darf Zeitmanagement nicht dazu dienen, die Hetze in unserem Leben noch besser zu organisieren, die Verplanung unserer Zeit weiter zu optimieren oder lediglich Stress und Termindruck zu verwalten." (Seiwert, 2009)

Sinnvolle Inhalte eines Life-Balance-Seminars

- Analysieren der persönlichen Lebenssituation
- Bewusstwerden über eigene Werte, Ziele und Prioritäten im Leben
- Auseinandersetzung mit der persönlichen Zeit- und Energieverteilung
- Erkennen der vorhandenen Ressourcen und Möglichkeiten, Energie zu gewinnen
- Erproben von Stressbewältigungsmethoden, z. B. Entspannung, mentale Techniken

4.1.4 Problemlösefähigkeiten

Viele Dauerbelastungen bei der Arbeit existieren einfach deshalb, weil Probleme nicht konsequent und effektiv gelöst werden. Stattdessen beschwichtigt man sich und andere mit den bekannten Killerphrasen wie „Das haben wir schon immer so gemacht!“ oder „Das klappt sowieso nicht.“ So wird ein Problem zum Dauerthema, dass immer wieder zu Behinderungen im Arbeitsablauf führt.

Dabei gibt es recht einfache Techniken, mit denen die Ursachen von Problemen analysiert und Lösungen gefunden werden können, um dann dieses Thema aus der Welt zu schaffen. Da Problemlösetechniken oft weder in der Schule noch in der Ausbildung oder im Studium vermittelt werden, ist es für Arbeitgeber eine Investition in das Wohlbefinden der Mitarbeiter und in die Zukunft des Unternehmens, derartige Fähigkeiten zu vermitteln.

Je nach Problemstellung und persönlichen Herangehensweisen der Betroffenen, kann es ganz unterschiedliche Methoden zum Lösen von Problemen geben.

Grundsätzlich kann man drei verschiedene Möglichkeiten nutzen:

- **Analytisches Problemlösen** durch systematische Analyse des Problems und Ableitung von möglichen Lösungen
- **Kreatives Problemlösen**, z. B. mit Hilfe des Brainstormings oder mit Mindmaps
- **Praktisches Problemlösen** durch praktisches Ausprobieren von Möglichkeiten.

Für die ersten beiden Möglichkeiten gibt es viele hilfreiche Techniken, die dritte Möglichkeit eignet sich besonders gut für den Produktionsbereich.

Schritte für das erfolgreiche Problemlösen

1. Alle vom Problem Betroffenen zusammenholen
2. Genaue Beschreibung des Problems
3. Ggf. Analyse der Ursachen für das Problem
4. Beschreibung der Ziele
5. Gemeinsames Suchen von Lösungsmöglichkeiten
6. Bewerten von Lösungsmöglichkeiten
7. Aufstellung eines genauen schriftlichen Handlungsplans (Wer macht was wann und wie?)
8. Durchführung der Maßnahmen
9. Überprüfung des Erfolgs und ggf. Anpassung des Handlungsplans

---

BEISPIEL

Problemlösung bei ungerechter Arbeitsverteilung

Schon diverse Male stand das Thema der Arbeitsverteilung innerhalb des Teams auf der Tagesordnung. Immer wieder nörgelten einige Team-Mitglieder über die Arbeitsverteilung. Die Stimmung innerhalb des Teams verschlechterte sich zusehends, alle fühlten sich ungerecht behandelt, keiner traute mehr dem anderen. Bislang hat der Chef, Herr Mayer, die Klagen entweder ignoriert oder beschwichtigt. Frisch von der Fortbildung zum Thema Problemlöse-Techniken zurück, beschließt Herr Mayer nun, das Gelernte einmal auszuprobieren (Schritt 1). Für die nächste Team-Besprechung hat er angekündigt, dass es genau um das Dauerthema gehen wird. Es soll jetzt endlich eine Lösung gefunden werden.

Zu Beginn der Besprechung schildern die „Nörgler", was ihrer Meinung nach nicht gut läuft und wo sie sich ungerecht behandelt und überfordert fühlen (Schritt 2). Bestimmte aufwändige Arbeitsaufgaben müssen sie immer viel häufiger erledigen, als andere Kollegen. Eine immer aufgeregtere Debatte entspinnt sich. Herr Mayer unterbricht die Diskussion erst einmal und bittet alle Mitarbeiter, zur nächsten Besprechung eine Aufstellung mitzubringen, wie oft innerhalb der letzten drei Monate welche Arten von Vorgängen bearbeitet wurden. Da es im Team nur fünf verschiedene Vorgänge mit jeweils ähnlich langen Bearbeitungszeiten gibt, reicht dafür eine einfache Strichliste (Schritt 3).

Beim nächsten Treffen zwei Wochen später hat Herr Mayer die Listen aller Team-Mitglieder – und damit die Verteilung der Arbeit zwischen den Mitarbeitern – bereits verglichen: Die Arbeit ist ungerecht verteilt!

Als nächstes fragt er die Mitarbeiter nach dem Ziel: Sollen alle möglichst gleich viele der verschiedenen Vorgänge abarbeiten oder sollen unterschiedliche Vorlieben berücksichtigt werden? (Schritt 4) Schnell einigt man sich darauf, dass auch die Vorlieben und Stärken jedes Einzelnen berücksichtigt werden sollen.

Gemeinsam werden verschiedene Ideen diskutiert und schließlich wird ein Vorschlag erstellt, wie in Zukunft die Akten an die einzelnen Mitarbeiter zugeteilt werden sollen (Schritte 5 und 6). So soll dafür gesorgt werden, dass niemand sich überfordert fühlt. Es werden auch Regeln aufgestellt, was bei einer Überlastung getan werden soll: Dann dürfen die anderen Kollegen im Bereich gefragt werden, ob sie mit helfen können.
Herr Mayer erstellt ein Protokoll über die neue Vorgehensweise, so dass jeder genau weiß, was sie oder er zu tun hat (Schritt 7). Das Team einigt sich darauf, die neue Verteilung vier Wochen lang auszuprobieren und dann zu überlegen, ob noch Verbesserungen nötig sind (Schritt 8). Beim nächsten Meeting stellt sich allerdings schnell heraus, dass jetzt alle deutlich zufriedener sind (Schritt 9).

Es gibt im Seminarbereich viele Angebote für Problemlösetrainings. Auch diese Trainings kann man extern an verschiedenen Bildungsinstituten und Akademien belegen oder sich für ein Inhouse-Seminar einen Trainer suchen.

Sinnvolle Inhalte für ein Problemlösetraining

- Aufstellung einer Liste aller Arten von Problemen
- Beschreibung von Problemen, Untersuchung der Ist-Situation
- Ursachen von Problemen finden
- Ziele entwickeln, Chancen in Problemen entdecken
- Verschiedene Arten der Problemlösung
- Lösungsmöglichkeiten entwickeln und exakt beschreiben
- Unterschiedliche Interessensgruppen einbinden
- Bewertung von Lösungen (Nutzen — Kosten, Chancen — Risiken)
- Transfer: Umsetzung und Prüfung von Lösungen

4.1.5 Konfliktbewältigung

Ein Faktor, der stark zum Stresserleben im Beruf beiträgt, sind Konflikte. Wenn diese nicht sachlich und konstruktiv ausgetragen werden, können sie weiter eskalieren, bis hin zum Mobbing oder Bossing. Konflikte treten aber nicht nur zwischen den Mitarbeitern auf, sondern auch zwischen Mitarbeitern und Führungskräften oder mit Kunden. Wenn umgekehrt gar nicht gestritten wird, reden die Kollegen möglicherweise nicht mehr genug miteinander und die Zusammenarbeit leidet.

In der Wirtschaft wird die Dienstleistungs- und Servicementalität immer wichtiger. Dies erfordert von den Beschäftigten einen sehr hohen Grad von Kommunikations-

und Konfliktfähigkeit. Sind diese nicht vorhanden, können Konflikte leichter entstehen, werden schlechter und später gelöst und führen häufig zu einem starken Stresserleben, weil Kunden unzufrieden sind. Gerade Dauerkonflikte können eine Ursache für Burnout sein!

Schulungen zum Konfliktmanagement sowohl für den betriebsinternen Umgang als auch ggf. mit Kunden sind daher als wichtige Maßnahme zur Stressprävention anzusehen. Entscheidend ist es allerdings, nicht nur die Mitarbeiter im Konfliktmanagement zu schulen. Auch die Führungskräfte sollten wissen, wie sie Konflikten im Team begegnen können. Schließlich gehört das Lösen von Konflikten zwischen den Mitarbeitern eindeutig zu den Führungsaufgaben, da sonst die Arbeit erheblich leiden kann. Viele Vorgesetzte trauen sich aber nicht, Konflikte aktiv anzugehen, weil sie nicht wissen, wie sie dabei vorgehen sollen. Mit einer „Kopf-in-den-Sand-Strategie" lässt ein Chef das Team aber leider alleine, wenn die Mitarbeiter es ohne Unterstützung nicht schaffen, ihre Unstimmigkeiten zu lösen und ihren Chef ganz besonders brauchen.

Sinnvolle Inhalte von Konfliktmanagement-Trainings

- Ursachen von Konflikten
- Arten von Konflikten (z. B. Sach-, Werte-, Beziehungskonflikte)
- Stufen von Konflikten
- Konfliktverhalten und Konfliktstile
- Günstige Reaktion auf Konflikte
- Intervenieren bei Konflikten und Deeskalationsstrategien
- Analyse und Lösung von Konflikten
- Vorbereitung auf und Durchführung von Konfliktgesprächen
- Konfliktprävention

4.2 Team-Entwicklung

Ein gut funktionierendes Team ist ein hervorragender Stresspuffer und damit auch sehr wichtig bei der Burnout-Prävention. In einem guten Team hilft man sich gegenseitig: Wenn eine Kollegin oder ein Kollege zeitweise überlastet ist, nehmen die anderen Team-Mitglieder Arbeit ab. In Teams, die gut zusammenarbeiten gibt es auch weniger nervenzehrende Konflikte — unterschiedliche Meinungen oder Kritik können offen angesprochen werden und Absprachen werden eingehalten.

Jede Art der Cliquen-Bildung oder gar des Mobbings ist eine Stressquelle. Ein Team, das gut zusammenarbeiten kann, entsteht aber nicht von alleine, und auch ein funktionierendes Miteinander muss gepflegt werden. Deswegen sind alle Aktivitäten, die der Team-Entwicklung, dem besseren Verständnis und Zusammenhalt untereinander dienen, ein wichtiger Bestandteil der Verhinderung von Burnout.

Es gibt verschiedenste Wege, auf denen man zu einem guten Teamklima kommen kann. Wichtig dafür sind Möglichkeiten, sich im Gespräch auszutauschen. Dazu gehören natürlich regelmäßige Team-Meetings, aber auch informelle Unterhaltungen – beliebte Orte dafür sind die Teeküche und die Raucherecke …

Hilfreich ist es, immer wieder Gelegenheiten zu schaffen, bei denen Team-Mitglieder sich auch persönlich besser kennen lernen können. Das können gemeinsame Veranstaltungen, Feiern, Essengehen, Ausflüge und Familientage sein. Feiertage wie z. B. Weihnachten und Geburtstage sollten zumindest in kleinem Rahmen auch innerhalb des Arbeitsteams gemeinsam begangen werden.

TIPP

Beziehen Sie das Team ein!

Es ist gar nicht nötig, dass sich nur die Vorgesetzten oder die Personalabteilung Gedanken über die Team-Entwicklung machen. Lassen Sie doch einfach mal die Betroffenen selber darüber nachdenken, wie sie am besten zusammenarbeiten können und wollen.

Dafür eignet sich ein eintägiger – extern moderierter – Workshop, bei dem die Mitarbeiter benennen können, was sie für verbesserungsbedürftig halten und was ihre Lösungsideen sind. Sehr hilfreich ist es, wenn die Team-Mitglieder selber möglichst viel regeln und entscheiden, was die tägliche Zusammenarbeit betrifft. Damit wird ein Teil der Verantwortung auf die Beschäftigten selber übertragen.

Wenn der Workshop ohne die jeweiligen Führungskräfte abgehalten wird, können auch Themen offen besprochen werden, die Wünsche an die Vorgesetzten beinhalten.

Ein Erfolgsfaktor für einen derartigen Team-Workshop ist allerdings, dass die Vorgesetzten sehr wohlwollend versuchen, die Wünsche auch umzusetzen, die an sie herangetragen werden.

Die Schaffung eines guten Teamklimas hängt nicht nur von den Mitarbeiterinnen und Mitarbeitern selbst ab, auch die Führungskräfte haben hier eine ganz entscheidende Rolle. Wie soll z. B. eine gute Stimmung entstehen, wenn der Chef anscheinend besondere „Lieblinge“ hat und diese vorzieht? Oder wenn jedes

Zwischengespräch sofort mit einem „Haben Sie nicht genug zu tun?“ abgewürgt wird? Ein gesundheitsgerechter Führungsstil bedeutet auch, dass das Team-Klima bewusst gepflegt wird (s. Abschn. 4.4)

Ein Team-Training ist immer dann sinnvoll, wenn sich ein Team neu zusammenfindet, um von vornherein für gute Arbeitsbedingungen zu sorgen. Aber auch bei Unruhe oder Unzufriedenheit im Team kann ein solcher Workshop hilfreich sein, um den Ursachen für den Unmut auf den Grund zu gehen und passende Gegenmaßnahmen zu entwickeln.

Sinnvolle Inhalte von Team-Trainings

- Was ist ein Team?
- Wie entwickeln sich Teams?
- Welche Rollen gibt es im Team? Wie sind sie verteilt?
- Welche Erfolgsfaktoren von Teams gibt es?
- Welche Regeln sollen im Team gelten?
- Welche Arbeits- und Aufgabenverteilung im Team ist möglich?
- Wie ist die Kommunikation im Team?
- Wie soll mit Konflikten im Team umgegangen werden?
- Wie ist der Ablauf von Team-Besprechungen?

4.3 Personalauswahl

Ein wichtiges Instrument, um Unzufriedenheit, Überlastung und Burnout zu verhindern, ist eine sorgfältige Personalauswahl. Je besser die Anforderungen des Arbeitsplatzes zu den Qualifikationen, Kompetenzen und der Persönlichkeit des Bewerbers passen, desto weniger Umstellung und Anpassung werden nötig. Ein guter Person-Environment-Fit sollte schon bei der Einstellung stattfinden. So macht es genauso wenig Sinn, einen introvertierten Menschen in dauernden Publikumskontakt zu bringen, wie einen extrovertierten, geselligen Menschen in ein Einzelbüro ohne Kontakt zu Kollegen oder Kunden zu stecken. Menschen, die sich leicht aufregen, sollten nicht in einer Beschwerdeabteilung arbeiten müssen, während ängstliche Menschen schlecht in einen Inkasso-Betrieb passen. Ein Eigenbrötler sollte nicht zur dauernden Team-Arbeit gezwungen sein, sondern sollte seine Aufgaben auf seine Weise alleine erledigen dürfen.

Neben bestimmten Persönlichkeitseigenschaften spielen auch die Wünsche und Bedürfnisse der künftigen Mitarbeiter eine Rolle. Was verspricht sich jemand von seinem Arbeitsplatz? Was für Ziele werden verfolgt? Welche Werte sollen ausgelebt werden können? Es gibt verschiedene Möglichkeiten, Bedürfnisprofile zu bilden. Hilfreich ist z. B. folgende (grobe) Einteilung von Persönlichkeitstypen bei der Arbeit:

- „Karrieristen“
- „Sozial Engagierte“
- „Kunsthandwerker“
- „Freischaffende“, deren eigentlicher Lebensinhalt gar nicht die Arbeit ist (s. Burisch, 2010)

Zur Burnout-Prävention ist es hilfreich, für neu zu besetzende Stellen nicht nur die fachlichen Anforderungen und die Wünsche des Arbeitgebers an die Persönlichkeit der neuen Mitarbeiter festzulegen. In der Personalabteilung sollte man sich auch Gedanken machen, welcher Typ Mensch sich auf diesem Arbeitsplatz wohl fühlen und entfalten könnte. Diese Bedürfnisprofile können sowohl dem Arbeitgeber, als auch dem Bewerber helfen, den richtigen Menschen an den richtigen Platz zu bekommen.

„Eine Umwelt, die ein Individuum zu häufig oder zu intensiv vor subjektiv bedrohliche Situationen stellt oder ihm zu häufig oder zu nachhaltig wichtige Bedürfnisbefriedigungen vorenthält, sorgt für Stress, u. U. Dauerstress. Scheitern die Bewältigungsversuche oder sorgen sie für nunmehr ‚hausgemachte‘ Bedrohungen/Frustrationen, dann ist der Weg für einen Burnout-Prozess bereitet.“ (Burisch, 2010)

Für Mitarbeiter, die nicht gut auf ihren Arbeitsplatz passen, kann sich noch ein weiterer Stressfaktor ergeben: Wahrscheinlich passt sie oder er auch nicht gut in das Team. Schließlich wird das Team großenteils aus Menschen bestehen, die mit den Anforderungen des Arbeitsplatzes zufrieden sind und deren Persönlichkeit dort gut passt. Jemand, dessen Art und Persönlichkeit deutlich abweichen, läuft Gefahr, ausgegrenzt zu werden.

4.4 Gesundheitsförderlicher Führungsstil

Die Ursachen für psychische Belastungen werden in den starken Arbeitsbelastungen, Stress, Konflikten mit Mitarbeitern, Vorgesetzten und Kunden sowie der Unsicherheit über den eigenen Arbeitsplatz gesehen. Ein ungünstiges Arbeitsklima macht krank und kann damit direkt dem Betrieb schaden.

Bei der Verringerung der psychosozialen Belastungen haben die Führungskräfte eine Schlüsselrolle. Sie bestimmen die Art, in der in einem Team kommuniziert wird, und die Gestaltung von Arbeitsinhalten und -abläufen. Daher ist es wichtig, dass Führungskräfte nicht nur auf die eigene Gesundheit achten, sondern ihren Führungsstil möglichst gesundheitsförderlich gestalten.

Führung kann krank machen

Die Führungskräfte haben für das Teamklima, für die Motivation und Zufriedenheit der Mitarbeiter die Hauptverantwortung. Gleichzeitig stehen aber gerade die Führungskräfte selbst erheblich unter Stress und fordern sich oft selbst bis zu ihrer körperlichen und psychischen Leistungsgrenze – das gleiche erwarten sie dann auch von den Mitarbeitern. Dadurch können die Gesundheit der Führungskräfte und auch das Klima im Team beeinträchtigt werden.

Es besteht ein eindeutiger Zusammenhang zwischen dem Verhalten des Vorgesetzten und Krankmeldungen von Mitarbeitern. Das wissenschaftliche Institut der AOK stellte übrigens im „Fehlzeiten-Report 2011" fest, dass die Mitarbeiter selber ebenfalls einen engen Zusammenhang zwischen ihrer Gesundheit und dem Führungsverhalten ihrer Chefs sehen. (Badura, Ducki, Schröder, Klose, & Macco, 2011)

! **ACHTUNG**

Führungsverhalten beeinflusst den Krankenstand!
Die Hauptursache für hohe Krankenstände ist das Führungsverhalten. Das Verhalten der Vorgesetzten beeinflusst das Wohlbefinden der Mitarbeiter am stärksten (Matyssek, Gesundes Team – gesunde Bilanz, 2003).

Wenn Mitarbeiter von sich aus kündigen, wird in 60 % der Fälle als einer der Gründe dafür der Führungsstil des Vorgesetzten benannt.

Wie Vorgesetzte Gesundheit fördern können

Meist ohne dass ihnen dies bewusst wäre, sind die Führungskräfte auch Vorbilder für das gesundheitsbezogene Verhalten ihrer Mitarbeiter, was z. B. den Umgang mit Stress, Rauchen, Bewegung und Ernährung betrifft. Auch ohne Worte sehen die Mitarbeiter, welche Art von Arbeitsstil oder was für ein Umgang mit Stress bei ihrem Vorgesetzten sozial erwünscht ist.

Es hat sich sogar gezeigt, dass Vorgesetzte durch ihr Verhalten die gesundheitlichen Aktivitäten der Mitarbeiterinnen und Mitarbeiter in deren Freizeit beeinflussen! Wenn sich Führungskräfte ernsthaft und glaubwürdig für die Gesundheit und das Wohlbefinden ihres Teams interessieren, führt das zu einem gesünderen Verhalten auch in der privaten Zeit.

Führungskräfte sollten sich an folgenden Aktivitäten beteiligen, um Belastungen am Arbeitsplatz möglichst gering zu halten:

- Mitarbeitergerechte und gesundheitsförderliche Führung
- Menschengerechte Arbeitsgestaltung
- Partizipation der Mitarbeiter bei Planungen und Entscheidungen
- Stärkung der Fähigkeiten der Mitarbeiter beim Umgang mit Stress
- Soziale Unterstützung der Mitarbeiter.

So lieber nicht: Beispiele schlechter Führung

- Mitarbeitern ist nicht völlig klar, wofür sie eigentlich zuständig sind.
- Mitarbeitern ist nicht klar, wie und wann sie ihre Aufgaben erledigen sollen.
- Mitarbeiter erhalten zu wenig Rückmeldung über ihre Arbeit und ihr Verhalten am Arbeitsplatz, sie bekommen kaum Anerkennung.
- Mitarbeiter haben den Eindruck, dass ihr Vorgesetzter sich nicht für sie als Person interessiert.
- Mitarbeiter werden nicht an Entscheidungen beteiligt.
- Der Umgangston der Führungskraft ist unfreundlich oder unhöflich.

Zur mitarbeitergerechten Führung gehören folgende **Führungstechniken** (nach Stadler 2003):

- Den richtigen Mitarbeiter für die Arbeitsaufgabe auswählen
- Für die Einarbeitung von neuen Mitarbeitern oder in neue Aufgaben genügend Zeit einplanen
- Überforderung und Unterforderung entgegenwirken
- Die persönlichen Berufsziele der Mitarbeiter kennen und berücksichtigen
- Entwicklungsmöglichkeiten schaffen und aufzeigen
- Konkrete und realistische Arbeitsziele vereinbaren
- Rückmeldung über die Arbeitsergebnisse geben
- Positive Leistungen anerkennen
- Regelmäßig und ausreichend mit den Mitarbeitern kommunizieren
- Mitarbeiter über betriebliche Belange und Veränderungen informieren
- Ein Klima von Vertrauen schaffen

- Den Zusammenhalt im Team fördern
- Gefühl der Wertschätzung vermitteln
- Den Sinn der Arbeit deutlich machen
- Konflikte rechtzeitig erkennen und zur Lösung beitragen.

Soziale Unterstützung

In der Studie „Was ist gute Arbeit?" (Fuchs, 2006) klagten 48 % der Befragten über zu wenig soziale Unterstützung durch ihre Vorgesetzten. Mitarbeiter fühlen sich mit ihren Problemen und Belastungen von den Führungskräften allein gelassen. Dies beeinträchtigt das Befinden, die Motivation und die Arbeitsleistung. Dabei erleben Mitarbeiter, die in schwierigen Arbeitssituationen und auch bei Fehlern noch Unterstützung erfahren, ihre Arbeit als weniger stressbelastet.

Soziale Unterstützung durch die Führungskraft (und das Team) gilt als ausgesprochen wirksamer Stresspuffer. Sie wirkt sowohl präventiv, als auch hilfreich bei der Bewältigung von Anforderungen. Unterstützende Führungskräfte achten von vornherein darauf, dass ihre Mitarbeiter nicht überlastet werden und reduzieren Belastungen, wo es geht. Das Gefühl, am Arbeitsplatz unterstützt zu werden, stärkt die Gesundheit. Außerdem kann diese Unterstützung auch als Stresspuffer dienen, weil sie die negativen Auswirkungen von Belastungen abschwächen kann.

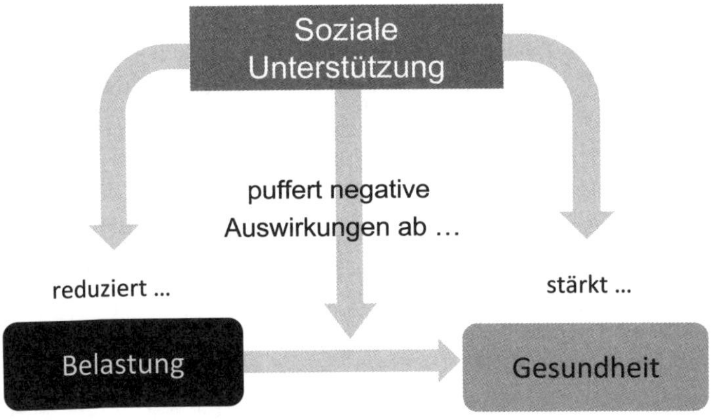

Abb. 4.4: Auswirkungen sozialer Unterstützung auf Wohlergehen und Gesundheit

Mitarbeiter, die viel soziale Unterstützung erleben, sind stressresistenter, zufriedener mit ihrer Arbeit und ihrem Leben und haben ein höheres Selbstwertgefühl.

Empfinden sie wenig Unterstützung am Arbeitsplatz, nehmen körperliche und psychische Beschwerden sowie die Fehlzeiten zu.

Ihre Unterstützung können Führungskräfte ihren Mitarbeitern auf verschiedene Weise zeigen:

- Die Mitarbeiter können sich auf ihre Führungskraft verlassen, wenn Probleme auftauchen.
- Die Führungskraft ist bereit, sich die Probleme der Mitarbeiter in der Arbeit anzuhören.
- Die Führungskraft unterstützt die Mitarbeiter aktiv, so dass sie es in der Arbeit leichter haben.

Gerade zur Burnout-Prävention ist die Unterstützung durch die Vorgesetzten besonders wichtig und bringt wesentliche Vorteile mit sich:

- Begrenzung der Arbeitslast zur Vermeidung von dauerhafter Überforderung
- Angemessene Verteilung der Arbeitsaufgaben im Team, je nach Stärken, Schwächen und Leistungsvermögen
- Rechtzeitiges Erkennen von Warnsignalen bei Mitarbeitern
- Frühzeitiges und konsequentes Reagieren auf Überlastung von Mitarbeitern.

Team-Entwicklung

Genauso wie soziale Unterstützung durch Führungskräfte wirkt sich auch die Unterstützung innerhalb des Teams stressmindernd aus. In einem gut funktionierenden Team helfen sich die Mitglieder gegenseitig bei schwierigen Aufgaben oder einem sehr großen Arbeitspensum. Schon das Zugehörigkeitsgefühl zu einer Gruppe wirkt sich sehr positiv auf die Arbeitsmotivation und die Verringerung von Fehlzeiten aus. Wer sich in seinem Team wohl fühlt und in schwierigen Situationen Hilfe und Unterstützung erfährt, kommt gerne zur Arbeit und arbeitet auch gut und produktiv.

Viele Führungskräfte fühlen sich für das Teamklima allerdings nicht zuständig, sondern achten nur auf die Arbeitsleistung. Bei Konflikten im Team wird dann die Haltung eingenommen: „Das müssen die schon unter sich klären!" Damit erhöht sich das Belastungserleben im Team, weil Konflikte oft nicht gelöst werden können und das Team eher gegen- als miteinander arbeitet.

Das Arbeiten an einem guten Klima im Team, also die Teamentwicklung, ist eine wichtige Führungsaufgabe! Gerade wenn ein Team neu zusammengesetzt wird, ist ein Arbeiten an der Teamentwicklung sehr wichtig. Hierfür sollten Zeit und Unterstützung eingeplant werden, z. B. in Form von Teamentwicklungs-Workshops (s. Abschn. 4.2).

Aber auch im Arbeitsalltag können Führungskräfte viel dafür tun, dass eine Arbeitsgruppe gut und reibungslos miteinander arbeiten kann:

- Zeit nehmen für Schwierigkeiten innerhalb des Teams und als Ansprechpartner für Probleme zur Verfügung stehen
- Aktives Eingreifen in Konflikte im Team und Auflösung von Konfliktstrukturen
- Kommunikationsstrukturen im Team aufbauen
- Gegenseitige Unterstützung im Team bewusst fördern und fordern, z. B. auch durch Zeitpuffer bei der Aufgabenplanung
- Die Mitarbeiter für Teamarbeit qualifizieren und Teamarbeit fördern
- Das Team bei der Planung und Entscheidungsfindung miteinbeziehen
- In Teambesprechungen auch arbeits- und gesundheitsbezogene Probleme regelmäßig mit auf die Tagesordnung nehmen
- Gemeinsame Aktivitäten auch außerhalb des Betriebes anbieten und fördern.

4.5 Selbstfürsorge für Führungskräfte

Aber wie steht es denn mit den Vorgesetzten selber? Da werden immer mehr Ansprüche gestellt, dass Führungskräfte sich auch um das Wohlergehen und die Gesundheit der Mitarbeiter kümmern sollen — können sie das denn überhaupt, wenn sie selbst von allen Seiten großen Druck erfahren? Vielleicht stehen sie ja selber am stärksten unter Stress?

Stressfaktoren der Führungskräfte

- Hohe Arbeitsbelastung
- Lange Arbeitszeiten (durchschnittlich 54 Std./Woche)
- Schlechte Work-Life-Balance: Die Mehrheit der Führungskräfte nimmt Arbeit mit nach Hause; 25 % der Führungskräfte arbeiten am Wochenende mehr als 10 Stunden

- Wenig Pausen, kürzerer Urlaub (durchschnittlich 24 Tage pro Jahr)
- Psychische Belastungen haben massiv zugenommen
- Rollenkonflikte durch die typische „Sandwich-Position“
- Dauernde Erreichbarkeit durch moderne Medien: 85 % der deutschen Manager sind auch im Urlaub erreichbar

(s. auch Hunziger & Grüterich, 2003)

Laut einer Studie der Unternehmensberatung Kienbaum leiden fast 60 % der Führungskräfte mindestens einmal pro Woche unter Befindlichkeitsstörungen wie z. B. Rückenschmerzen oder Schlafstörungen. Jüngere Vorgesetzte sind besonders betroffen. Eine große Rolle spielt hier die allgemeine Arbeitszufriedenheit: Unzufriedene Manager leiden fast doppelt so häufig unter gesundheitlichen Beeinträchtigungen wie die Kollegen, die mit ihrer Arbeit zufrieden sind. Die Belastungen lassen sich aber scheinbar durch Kraftquellen im Privatleben abfedern: Wer zu Hause von der Partnerin oder dem Partner unterstützt wird, hat deutlich weniger Befindlichkeitsstörungen.

Natürlich gibt es auch Burnout-Fälle unter den Führungskräften. Insgesamt gesehen geht es den Chefs gesundheitlich aber ziemlich gut. Das betrifft nicht nur die Themen Stress und Burnout, sondern alle Gesundheitsbereiche. Das ist nicht weiter überraschend, bedenkt man, dass Gesundheit mit dem gesellschaftlichen Status und der Ausbildung korreliert. Führungskräfte sind in der Regel besser ausgebildet und verfügen über einen besseren Zugang zum Gesundheitssystem.

Jetzt könnte man sich beruhigt zurücklehnen und sich sagen, dass für die Führungskräfte nichts getan werden muss — schließlich scheint es ihnen ja relativ gut zu gehen. Diese Herangehensweise greift allerdings zu kurz. Die Fürsorge des Unternehmens für seine Manager und die Selbstfürsorge der Vorgesetzten senden wichtige Signale an die gesamte Belegschaft. Es wird gezeigt, dass das Wohlbefinden aller Mitarbeiter wichtig ist und dass auch gesundheitsförderliche Maßnahmen ergriffen werden. Außerdem werden Führungskräfte sensibler für das Befinden ihrer Mitarbeiter, wenn sie selbst auf ihre Gesundheit achten. Nicht zu unterschätzen ist auch die Vorbildrolle, die die Führungskräfte einnehmen.

▶ **BEISPIEL**

Der Erfolg eines jährlichen Burnout-Screenings

Seit 2006 wird den Managern eines internationalen Pharmakonzerns in der Schweiz ein jährliches Burnout-Screening angeboten. Auch ein Nachsorge-An-

gebot ist etabliert. Diese Maßnahme kostet das Unternehmen jährlich 50.000 Schweizer Franken, ca. 300 € pro Manager.

Mit zwei Argumenten wurde das Projekt durch alle Gremien gebracht:

- **Finanziell hat sich die Burnout-Früherkennung schon gelohnt, wenn nur ein Top-Manager nicht wegen eines Burnouts zwei Monate krank wird.**
- **Das Unternehmen möchte die qualifiziertesten Experten als Mitarbeiter gewinnen und sieht ein attraktives Gesundheitsmanagement deswegen als wichtigen Wettbewerbsvorteil an.**

Um einer Überlastung vorzubeugen, sollten Führungskräfte sich immer einmal wieder mit ihrer eigenen Arbeitsorganisation und ihrem Verhalten unter Stress auseinandersetzen (s. Abschn. 6.2.1). Dazu eignet sich besonders gut ein Coaching, das viele Firmen ja bereits für ihre Führungskräfte anbieten. Coaching sollte allerdings nicht als „Reparaturwerkstatt für Führungskräfte, die es nicht bringen" betrachtet werden. Es würde dann zu einem Makel, und daran teilzunehmen, wäre ein Zeichen von Schwäche. In Abständen seine Einstellung zur Arbeit und sein Arbeitsverhalten zu überprüfen zeugt aber eigentlich von einem sehr professionellen Herangehen an die eigene Arbeitsleistung — schließlich muss man nicht nur seine fachlichen Kenntnisse auf dem aktuellen Stand halten, sondern auch seine Arbeitsmethodik.

„Die Erfahrung in diesem Projekt hat gezeigt, dass ein Top-down-Prozess in Gang kommt, wenn Führungskräfte der obersten Führungsebene das Thema Burnout entstigmatisieren und bei sich selbst erste aktive Schritte wagen. Damit ist das gemeint, was Manager können und können sollten: den Ursachen auf den Grund gehen und kontinuierliche Verbesserungsprozesse auch im Bereich Gesundheit und Burnout managen – bei sich selbst und bei den eigenen Mitarbeitern." (Hollmann & Hanebuth, 2011)

4.6 Günstige Arbeitsgestaltung und Organisation

Schon bei der Planung und Entwicklung von Arbeitsabläufen kann dafür gesorgt werden, dass psychische Belastungen möglichst gering gehalten und die Gesundheit und das Wohlbefinden der Mitarbeiter sogar gefördert werden. Bei der Arbeitsorganisation anzusetzen ist also auf Dauer gesehen der günstigste Ansatz, um der Entstehung von Burnout vorzubeugen. Damit wird die gesamte Belegschaft erreicht, und man muss nicht erst dann eingreifen, wenn bereits einzelne Mitarbeiter betroffen sind.

Arbeitsorganisation verbessern

Es gibt verschiedene Ansatzpunkte, um die Arbeit möglichst belastungsarm oder sogar gesundheitsförderlich zu gestalten. Eine gute Arbeitsorganisation beachtet folgende gesundheitsrelevante Aspekte der Arbeit:

Ansatzpunkte zur Verbesserung der Arbeitsbedingungen

Arbeitsbedingungen	Gesundheitsrelevante Aspekte
Qualität der Aufgaben	**Anforderungen:** ▪ Komplexität der Aufgaben ▪ Variabilität der Aufgaben ▪ Soziale und emotionale Anforderungen ▪ Notwendigkeit zur Kooperation **Ressourcen** ▪ Kontrolle über die eigenen Aufgaben ▪ Möglichkeiten zur Kooperation und Kommunikation
Hindernisse bei der Aufgabenerfüllung	**Intensität**: ▪ Zeitdruck ▪ Daueraufmerksamkeit **Arbeitsorganisatorische Probleme:** ▪ Qualität und Verfügbarkeit von Material und Werkzeug ▪ Qualität und Verfügbarkeit von Informationen und Unterlagen ▪ Unterbrechungen oder Ablenkungen **Unsicherheit**: ▪ Unklare Ziele oder Ziele, die zu Konflikten führen ▪ Schlecht vorhersehbare Arbeitsergebnisse ▪ Unklares Feedback
Soziale Bedingungen	▪ Konflikte und andere soziale Stressoren ▪ Soziale Unterstützung ▪ Kooperationszwänge
Organisationale Bedingungen	▪ Status und Anerkennung (z. B. Beschäftigung gemäß der Ausbildung) ▪ Unternehmenspolitik (z. B. Informationspolitik) ▪ Kontrolle und Einfluss (z. B. Entscheidungs- und Mitbestimmungsmöglichkeiten) ▪ Zukunftsaussichten (z. B. Aufstiegschancen, Arbeitsplatzsicherheit)

Tab. 4.3: Gesundheitsrelevante Aspekte der Arbeitsgestaltung (nach Fuchs, 2006)

Die Abläufe, Prozesse, Strukturen und Aufgaben müssen ganz klar, eindeutig und einfach sein. Dazu eignen sich Unternehmensstrukturen mit flachen Hierarchien, Teamstrukturen, einer Minimierung von Schnittstellen und klaren Entscheidungsbefugnissen. Die Abläufe müssen für alle Mitarbeiter verständlich sein. Es sollte also möglichst einfach und übersichtlich organisiert werden. Dafür sind sehr zentralistisch aufgebaute Organisationen nicht gut geeignet. Besser ist es, durch Dezentralisierung und Delegation einzelnen Abteilungen oder Mitarbeitergruppen die konkrete Organisation möglichst selbst zu überlassen. Wenn man den Mitarbeitern noch vollständige Informationen über alles, was mit ihrer Arbeitsaufgabe zusammenhängt, gibt, verschafft man ihnen motivierende Erfolgsmöglichkeiten.

TIPP

Nehmen Sie von Anfang an Rücksicht auf die psychische Gesundheit!
Wenn auf den Aspekt der psychischen Gesundheit schon bei der Einführung von Arbeitsprozessen geachtet wird, lässt sich dies mit viel geringerem Aufwand umsetzen, als wenn man im Nachhinein versucht, Prozesse und Abläufe zu verbessern!

Was ist gute Arbeit?

Unter dem Titel „Was ist gute Arbeit?“ wurde eine Studie durchgeführt mit dem Ziel, eine gesellschaftliche Debatte über die Qualität von Arbeit anzuregen (Fuchs, 2006). Die Befragten sollten die Aspekte benennen, die aus ihrer Sicht einen guten Arbeitsplatz ausmachen. Es ergaben sich mehrere Kernelemente guter Arbeit:

- ein festes und verlässliches Einkommen zu erhalten,
- unbefristet beschäftigt zu sein,
- die kreativen Fähigkeiten in die Arbeit einbringen und entwickeln zu können,
- den Sinn der Arbeit zu erkennen,
- Anerkennung zu erhalten,
- soziale Beziehungen zu entwickeln und
- Achtung und der Schutz Gesundheit.

Es besteht vorrangig ein großes Bedürfnis nach **Sicherheit**, sowohl was das Arbeitseinkommen betrifft als auch die Sicherheit des Arbeitsplatzes. In Zeiten einer Wirtschaftskrise ist dieses Ergebnis sicher nicht verwunderlich. So sind abhängig Beschäftigte auch mit keinem Bereich derart unzufrieden wie mit dem Verhältnis von Einkommen und Leistung.

Gerade diese subjektiv empfundene Angemessenheit von dem, was man im Betrieb leistet, und dem, was man dafür erhält, spielt eine große Rolle für die Zufriedenheit mit dem Arbeitsplatz und für die Gesundheit — besonders für das psychische

Wohlbefinden. Wird die Kluft zwischen Einsatz und Belohnung als zu groß empfunden, kann es zu einer „Gratifikationskrise" kommen (s. Abschn. 1.3), die das Risiko für die Entstehung von Burnout vergrößern kann.

An zweiter Stelle folgen Faktoren aus dem **psychosozialen Bereich**, wie Entwicklungsmöglichkeiten in einer sinnvollen und anerkannten Arbeit zu finden. Auch das Knüpfen von sozialen Beziehungen ist wichtig für gute Arbeit. Als letzter Themenkomplex wird der **Gesundheitsschutz** am Arbeitsplatz genannt.

Kraftquellen im Betrieb schaffen

Es gibt verschiedene Möglichkeiten, wie ein Unternehmen seinen Mitarbeitern Ressourcen zur besseren Bewältigung von Belastungen zur Verfügung stellen kann:

Kraftquellen für die bessere Bewältigung von Belastungen

Ressourcen aus der Organisation	Ressourcen aus der sozialen Umwelt
▪ Aufgabenvielfalt ▪ Vollständige Tätigkeitsstruktur ▪ Handlungs- und Tätigkeitsspielraum ▪ Qualifikationsmöglichkeiten ▪ Partizipationsmöglichkeiten ▪ Zeitliche Flexibilität ...	▪ Positives Arbeits- und Sozialklima ▪ Soziale Unterstützung durch – Vorgesetzte – Kollegen und Kolleginnen ...

Tab. 4.4: Organisationale und soziale Ressourcen

Soziale Ressourcen können z. B. bestehen in konkreter Hilfestellung bei der Lösung von Problemen oder bei der Bewältigung von Aufgaben. Aber auch emotionale Unterstützung ist wichtig: das Gefühl, geschätzt und als kompetent erachtet zu werden und ein wichtiges Teammitglied zu sein.

Gestaltung von Arbeitsaufgaben

Die eigentliche Arbeitsaufgabe stellt den wichtigsten Teil der Arbeitsbedingungen dar. Damit Arbeitsaufgaben gesundheitsförderlich sind, sollten sie folgende Anforderungen erfüllen:

- Ganzheitlichkeit
- Anforderungsvielfalt
- Möglichkeit des sozialen Kontakts

- Autonomie
- Lern- und Entwicklungsmöglichkeiten
- Sinnhaftigkeit

Wie Sie Aufgaben belastungsarm gestalten

Gestaltungsmerkmal	Angenommene Wirkung	Realisierung durch …
Vollständigkeit	Mitarbeiter erkennen Bedeutung und Stellenwert ihrer Tätigkeit. Mitarbeiter erhalten Rückmeldung über den eigenen Arbeitsfortschritt aus der Tätigkeit selbst.	… Aufgaben mit planenden, ausführenden und kontrollierenden Elementen und der Möglichkeit, Ergebnisse der eigenen Tätigkeit auf Übereinstimmung mit gestellten Anforderungen zu prüfen.
Anforderungsvielfalt	Unterschiedliche Fähigkeiten, Kenntnisse und Fertigkeiten können eingesetzt werden. Einseitige Beanspruchungen können vermieden werden.	… Aufgaben mit unterschiedlichen Anforderungen an Körperfunktionen und Sinnesorgane.
Möglichkeit der sozialen Interaktion	Schwierigkeiten können gemeinsam bewältigt werden. Gegenseitige Unterstützung hilft Belastungen besser ertragen.	… Aufgaben, deren Bewältigung Kooperation nahe legt oder voraussetzt.
Autonomie	Stärkt Selbstwertgefühl und Bereitschaft zur Übernahme von Verantwortung. Vermittelt die Erfahrung, nicht einfluss- und bedeutungslos zu sein.	… Aufgaben mit Dispositions- und Entscheidungsmöglichkeiten.
Lern- und Entwicklungsmöglichkeiten	Allgemeine geistige Flexibilität Berufliche Qualifikationen werden erhalten und weiter entwickelt.	… problemhaltige Aufgaben, zu deren Bewältigung vorhandene Qualifikationen eingesetzt und erweitert bzw. neue Qualifikationen angeeignet werden müssen.
Zeitelastizität und stressfreie Regulierbarkeit	Wirkt unangemessener Arbeitsverdichtung entgegen. Schafft Freiräume für stressfreies Nachdenken und selbst gewählte Interaktionen.	… Schaffen von Zeitpuffern bei der Festlegung von Vorgabezeiten.

Gestaltungs-merkmal	Angenommene Wirkung	Realisierung durch ...
Sinnhaftigkeit	An der Erstellung gesellschaftlich nützlicher Produkte beteiligt zu sein. Gibt Sicherheit der Übereinstimmung individueller und gesellschaftlicher Interessen.	... Produkte, deren gesellschaftlicher Nutzen nicht in Frage gestellt wird. ... Produkte und Produktionsprozesse, deren ökologische Unbedenklichkeit überprüft und sichergestellt werden kann.

Tab. 4.5: Aufgabengestaltung zur Reduzierung von Belastungen (Ulich & Wülser, 2005)

! WICHTIG

Auch die Rentabilität steigt!
Wissenschaftliche Studien haben gezeigt, dass diese Aufgabenmerkmale zur Erhöhung von Umsatz, Gewinn, Wertschöpfung und Eigenkapitalrentabilität führen, während gleichzeitig der Krankenstand und die Fluktuation sinken. Es lohnt sich also für Unternehmen nicht nur aus humanitären, sondern auch aus wirtschaftlichen Gründen, sich mit einer geeigneten Aufgabengestaltung zu beschäftigen!

Arbeitsorganisation und -verteilung durch die Vorgesetzten

Führungskräfte haben einen sehr großen Einfluss darauf, wie die Arbeit in ihrem Bereich verteilt und organisiert wird. Sie sollten auf folgende Punkte achten, wenn sie psychischen Belastungen vorbeugen wollen:

- Die Arbeit wird gerecht unter den Mitarbeitern verteilt, und zwar sowohl die beliebte als auch die unbeliebte.
- Sowohl Über- als auch Unterforderung werden vermieden.
- Die Beschäftigten haben die Freiheitsgrade, sich in gewissen Rahmen ihre Arbeit zeitlich einzuteilen und ihre Arbeit auf ihre Weise zu erledigen.
- Die Arbeitsaufgaben sind klar beschrieben und Arbeitsabläufe sind effektiv organisiert.
- Die Rollen am Arbeitsplatz sind klar definiert, insbesondere die hierarchischen Ebenen mit ihren jeweiligen Kompetenzen und Befugnissen sind klar.
- Belohnungen und Sanktionen werden vorhersehbar und gerecht verteilt.
- Die Beschäftigten kennen und verstehen die betrieblichen Abläufe.
- Arbeitszeiten so günstig wie möglich gestalten (Pausen, Arbeitszeiten, Schichtpläne)
- Informationsflut eindämmen (E-Mail)

Arbeitshindernisse und Überforderung vermeiden

Bei der Gestaltung der Arbeitsorganisation sollte auch auf das Vermeiden von **Arbeitshindernissen** und den Abbau von **Überforderung** geachtet werden. Überforderung kann entstehen durch Zeitdruck und ein hohes Arbeitstempo, durch qualitativ zu schwierige Arbeiten oder durch monotone Aufgaben. Hindernisse im Arbeitsablauf entstehen z. B. durch:

- mangelnde Informationen
- manuelle oder motorische Hindernisse (ungünstige Anordnung von Arbeitsmitteln und Geräten)
- unklare Anweisungen
- Unterbrechungen durch Personen, durch Funktionsstörungen von Geräten oder durch schlecht organisierte Prozesse.

Die Überwindung von Hindernissen im Arbeitsablauf kostet die Mitarbeiter nicht nur Zeit. Nach jeder Unterbrechung in einer Tätigkeit braucht der Mensch ca. 2 — 3 Min., um wieder den „roten Faden" zu finden und wieder konzentriert weiterarbeiten zu können.

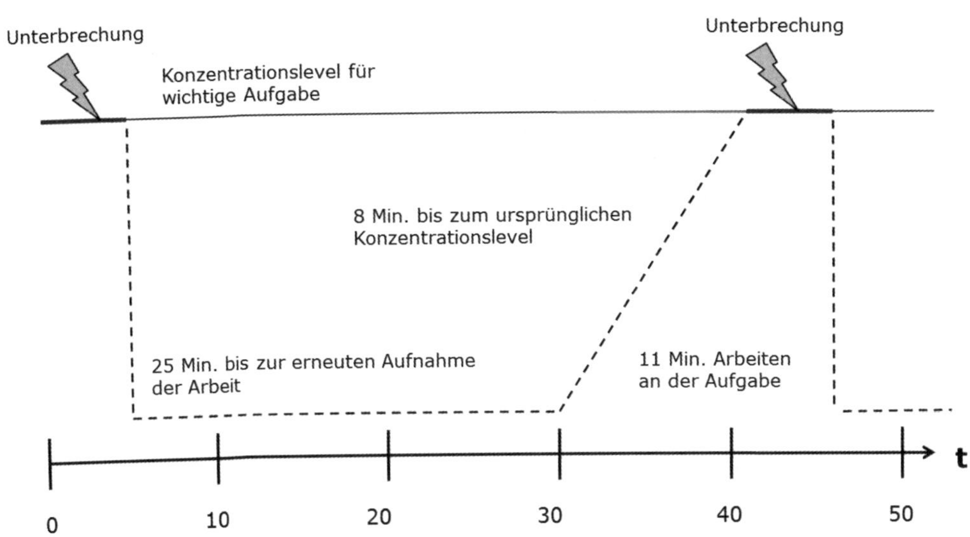

Abb. 4.5: Zeitverlust durch Unterbrechungen bei der Arbeit

Der dauernde Zusatzaufwand, der mit dem Überwinden von Unterbrechungen verbunden ist, beeinträchtigt die Gesundheit und das Wohlbefinden auf vielfältige Weise. Mitarbeiter, die dauernd unterbrochen und im Arbeitsablauf behindert werden, leiden deutlich häufiger unter psychosomatischen Beschwerden, Krankheiten und einem Gefühl von Belastung und Gereiztheit als diejenigen, die unbehindert ihre Aufgaben abarbeiten können. Bei diesen Beschäftigten ist auch die Zufriedenheit mit der Arbeit deutlich größer.

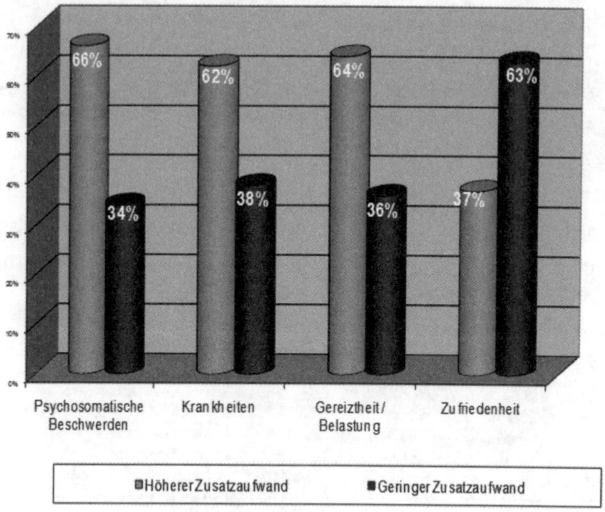

Abb. 4.6: Auswirkungen des Zusatzaufwands bei der Arbeit auf Wohlbefinden und Gesundheit

Spielräume schaffen

Je größer der **Gestaltungs- und Entscheidungsspielraum** bei der Arbeit ist, desto eher können auch hohe Belastungen ohne nachteilige Folgen ertragen werden! Damit diese Freiheitsgrade genützt werden können, muss allerdings auch die entsprechende Qualifikation der Mitarbeiter vorhanden sein oder noch geschaffen werden.

Auch Gruppenarbeit ist gut geeignet, um psychischen Belastungen entgegenzuwirken.

TIPPS zur Verbesserung der Arbeitsabläufe

- Ungünstige Arbeitsabläufe umgestalten (z. B. durch Tätigkeitserweiterung, Gewährung von zeitlichen Spielräumen, Jobrotation)
- Arbeitsaufgaben neu strukturieren, um Mitarbeiter zu entlasten (z. B. Fachkräfte von Verwaltungsaufgaben entlasten)
- Arbeitsumgebung günstig gestalten
- Geeignete Arbeitsmittel bereitstellen
- Entscheidungs- und Handlungsspielräume erweitern
- Mitarbeiter frühzeitig an Entscheidungen und Problemlösungen beteiligen
- Soziale Unterstützung ausbauen durch Förderung von Kommunikation und Kooperation
- Weiterbildung und Qualifikation
- Informationsfluss und Transparenz verbessern

4.6.1 Arbeitszeiten

Neben der eigentlichen Arbeitsaufgabe und der Organisation der Arbeit spielt auch die Gestaltung der Arbeitszeit eine wesentliche Rolle für die Gesundheit der Beschäftigten. Um Überlastung und Burnout zu verhindern, sollte genügend Zeit für Erholung, Familie, Freizeit und Kultur bleiben. Andererseits ist Unternehmen daran gelegen, die Mitarbeiter zu den betrieblich notwendigen Zeiten zur Verfügung zu haben. So ergibt sich hier durchaus ein Interessenkonflikt, der leider häufig auf Kosten der Belegschaft gelöst wird.

Dabei gibt es verschiedene Arbeitszeitmodelle, die für die Gesundheit der Beschäftigten durchaus günstiger sein können. Allerdings haben sie unterschiedliche Vor- und Nachteile — je nachdem, ob man die Sache aus der Perspektive der Mitarbeiter oder des Unternehmens betrachtet.

! **WICHTIG**

Dauerhafte unregelmäßige Arbeit ist schädlich!
Gelegentlich anzupacken und 12 Stunden oder mehr zu arbeiten, schädigt noch nicht gleich die Gesundheit. Wird lange oder unregelmäßige Arbeit allerdings zum Dauerzustand, können sowohl der Körper als auch die Psyche darunter leiden.

Zu lange Arbeitszeiten sind schädlich!

Wenn zu lange Arbeitszeiten auf Dauer gefordert werden, kann dies psychische Folgen haben:

- Mentale Erschöpfung
- Schlafstörungen
- Unfähigkeit zum Abschalten
- Stress
- Angstgefühle
- Burnout.

Gleichzeitig sind auch die Möglichkeiten zum Ausgleichen und Auftanken mangels freier Zeit stark eingeschränkt. Ein intaktes soziales Leben ist dann kaum noch möglich. So gerät nach und nach die gesamte Work-Life-Balance aus dem Gleichgewicht, was sich negativ auf die Gesundheit, auf die Leistungsfähigkeit und die Motivation auswirkt.

Es ist ein Irrtum zu glauben, dass langes Arbeiten auch effektives Arbeiten wäre. Je länger die Arbeit dauert, desto mehr steigt die Ermüdung, während Aufmerksamkeit und Leistung absinken. So steigt bereits nach der siebten Arbeitsstunde das Unfallrisiko stark an, in der zwölften Arbeitsstunde hat sich das Unfallrisiko gegenüber der normalen Arbeitszeit sogar verdoppelt.

Flexible Arbeitszeitgestaltung kann helfen

Flexible Arbeitszeitmodelle werden immer häufiger eingesetzt. Gerade weil die Gestaltung der Arbeitszeit einen so großen Einfluss auf die Gesundheit, das Wohlbefinden und die soziale Lebensgestaltung der Beschäftigten hat, müssen deren Interessen bei der Erstellung von Arbeitszeitmodellen und -plänen berücksichtigt werden. Selbstverständlich muss die Arbeitszeitgestaltung auch den Notwendigkeiten des Unternehmens gerecht werden. Mit innovativen und vor allem flexiblen Arbeitszeitmodellen können die Bedürfnisse beider Seiten einbezogen werden.

Arbeitszeitrecht

Die rechtliche Grundlage ist dabei das Arbeitszeitgesetz, dessen Ziel es ausdrücklich ist, die Voraussetzungen für flexible Arbeitszeiten zu verbessern. Die grundlegenden Regelungen des Arbeitszeitgesetzes sind:

- Die werktägliche Arbeitszeit soll im Regelfall acht Stunden betragen.
- Ausdehnungen auf bis zu 10 Stunden sind möglich, wenn innerhalb eines Zeitraums von bis zu sechs Monaten oder 24 Wochen im Tagesdurchschnitt acht Stunden und im Wochendurchschnitt 48 Stunden nicht überschritten werden.
- Wöchentlich ist eine Arbeitszeit von 60 Stunden erlaubt, wenn der vorgeschriebene Zeitausgleich erfolgt (vorausgesetzt, Tarifvertrag oder Betriebsvereinbarung legen nichts anderes fest).
- Bei Nachtarbeit dürfen acht Stunden nur überschritten werden, wenn die Verlängerung auf bis zu 10 Stunden pro Tag innerhalb eines Kalendermonats oder innerhalb von vier Wochen auf durchschnittlich acht Stunden ausgeglichen wird.
- Die Verteilung der werktäglichen Arbeitszeit ist nicht eingeschränkt.

Anpassung der Arbeitszeiten an Bedürfnisse von Betrieb und Mitarbeitern

Flexible Arbeitszeiten können ständig an den betrieblichen Bedarf und/oder an die Bedürfnisse der Mitarbeiter angepasst werden. Ob diese ständige Anpassung auch wirklich in die Tat umgesetzt wird, ist für die Definition flexibler Arbeitszeit nicht von Bedeutung, es geht vielmehr um die Möglichkeit zur freien Gestaltung. Wenn Mitarbeiter bei der Gestaltung ihrer Arbeitszeiten angemessen beteiligt werden, führt das zu mehr Arbeitszufriedenheit, Wohlbefinden, Leistungsfähigkeit und Produktivität.

Die **Vorteile** flexibler Arbeitszeiten

- Mehr Arbeitsplatzsicherheit: Unternehmen können auf Auftragsschwankungen besser reagieren und müssen bei verringerter Auftragslage nicht gleich Mitarbeiter entlassen.
- Mehr Wettbewerbsfähigkeit: Längere Betriebs- oder Maschinenlaufzeiten werden möglich.
- Höhere Arbeitsplatzattraktivität: Für qualifizierte Arbeitskräfte ist eine Zeitsouveränität sehr attraktiv, genauso wie weit reichende Autonomie und große Handlungsspielräume.
- Mehr Motivation: Beschäftigte, die eigenverantwortlich die Dauer und Verteilung ihrer Arbeitszeit mitbestimmen können, sind motivierter und produktiver.
- Mehr Lebensqualität: Die Work-Life-Balance bleibt ausgeglichen, weil bei der Arbeitszeitverteilung auch private und soziale Interessen berücksichtigt werden können. Damit steigen Lebensqualität und -zufriedenheit. Dies ist die Grundlage für psychische und körperliche Gesundheit.

Die **Nachteile** flexibler Arbeitszeiten

Es ist zwar bekannt, dass besonders Schicht- und Nachtarbeit gesundheitliche Störungen auch im psychovegetativen Bereich verursachen. Zu der Frage, inwieweit flexible Arbeitszeiten die Gesundheit beeinflussen, liegen jedoch noch kaum wissenschaftliche Erkenntnisse vor.

Schädlich sind immer Arbeitszeiten, die vom normalen sozialen Leben abweichen oder der eigenen biologischen Leistungskurve entgegenlaufen. Gerade bei der flexiblen Arbeitszeit ist auch die Gefahr gegeben, dass die Arbeit dann geleistet wird, wenn besonders viel zu tun ist — damit also auch der Arbeitsdruck in dieser Zeit besonders hoch ist. Es wird dann mehr geleistet und besonders intensiv gearbeitet, ohne dass dies mit einem erhöhten Freizeitausgleich wieder gutgemacht werden kann.

Flexible Arbeitszeiten können — wenn sie nicht an den Bedürfnissen der Beschäftigten orientiert sind — zu Schlafstörungen, Verdauungsproblemen und sozialem Außenseiterdasein führen.

Wichtige Elemente für die Work-Life-Balance der Beschäftigten sind die Dauer, Lage und Planbarkeit der Arbeitszeit. Wenn z. B. die flexible Arbeitszeit bedeutet, dass eine Krankenschwester immer wieder an ihrem freien Wochenende angerufen wird, um kurzfristig einzuspringen, beeinträchtigt das die Work-Life-Balance deutlich. Als sozial wertvolle Zeiten gelten die Abende und das Wochenende bzw. die Feiertage.

! **ACHTUNG**

Fehlende Planbarkeit erhöht das Burnout-Risiko!
Wenn Freizeit nicht wirklich planbar ist, wird sie damit entwertet! Eine inoffizielle dauernde Abrufbereitschaft kann deswegen zu einem höheren Burnout-Risiko beitragen, weil eine wirkliche Erholung und ein komplettes Abschalten nicht möglich sind. Auch ausgleichende Freizeitaktivitäten lassen sich nicht fest einplanen, hier fehlt ebenfalls der Erholungseffekt.

Besonders schädlich ist eine Unternehmenskultur, die von den Beschäftigten verlangt, jederzeit auch kurzfristig einzuspringen. So wird in manchen Betrieben verlangt, dass die Angestellten 24 Stunden am Tag telefonisch erreichbar sein müssen, um ggf. einspringen zu können. Auf der anderen Seite wird dies aber nicht als Bereitschaftsdienst anerkannt, also weder finanziell noch mit Freizeit ausgeglichen. Damit wird nicht nur der Erholungseffekt der „freien" Zeit zunichte gemacht, es wird auch noch die Unzufriedenheit der Beschäftigten geschürt, die solche Regelungen natürlich höchst ungerecht finden.

Nötige Regelungen für flexible Arbeitszeiten

Bei der Flexibilisierung der Arbeitszeit müssen also drei Aspekte geregelt werden:

- **Dauer der Arbeit**: Sie ist im jeweiligen Tarif- bzw. im individuellen Arbeitsvertrag vereinbart. Bei Teilzeitmodellen oder der Altersteilzeit kann die Arbeitszeitdauer flexibel gestaltet werden.
- **Lage der Arbeitszeit**: Sie wird bestimmt durch Beginn und Ende der Arbeitszeit. Sie kann pro Tag, Woche, Monat oder Jahr festgelegt werden. Mögliche Modelle: Gleitzeit, Funktionszeit, Jahresarbeitszeit, Vertrauensarbeitszeit.
- **Verteilung der Arbeitszeit**: Die Lage und Dauer bestimmen die Verteilung der Arbeitszeit. Die Verteilung kann gleichmäßig oder ungleichmäßig ausfallen, über Wochentage, Monate oder Jahre, so dass dann im Durchschnitt die vereinbarte wöchentliche Arbeitszeit erreicht wird.

Um flexible Arbeitszeiten einzuführen, braucht jeder Beschäftigte ein Arbeitszeitkonto. Auf diesem werden die täglichen Abweichungen zwischen vereinbarter und tatsächlich geleisteter Arbeitszeit festgehalten. So entstehen entweder Zeitguthaben oder Zeitschulden, die dann in einem bestimmten Zeitraum ausgeglichen werden müssen. Häufig werden Kurz- und Langzeitkonten (länger als ein Jahr Dauer) unterschieden.

! WICHTIG

Absicherung gegen Insolvenz!
Wichtig gerade bei Langzeit-Arbeitskonten ist die Absicherung gegen den Insolvenzfall des Unternehmens.

Es hat sich das Ampelmodell bewährt, das auch den Beschäftigten einen guten Überblick und eine gute Zeitflexibilität ermöglicht:

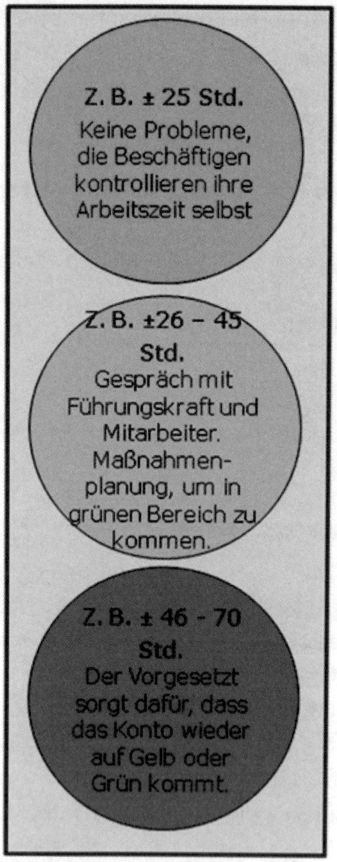

Abb. 4.7: Beispiel für ein „Ampelmodell" zur Übersicht über Langzeit-Arbeitskonten

Günstige Gestaltung von Schichtarbeit

Schichtarbeit birgt natürlich immer Gesundheitsgefahren in sich, weil der Mensch eigentlich Aktivität und Ruhe nach geregelten Rhythmen braucht. Insbesondere Nachtschichten sind eher ungünstig, weil die biologisch vorgegebenen Ruhezeiten dann nicht eingehalten werden können. Unser Tag- und Nachtrhythmus orientiert sich schließlich am Tageslicht. Wer schon einmal versucht hat, tagsüber Erholung und Schlaf zu finden, wenn draußen der Verkehr vorbeibrummt, Kinder rufen und Baulärm erklingt, weiß, dass Tag- und Nachtschlaf nicht vergleichbar sind. Außerdem ist die Arbeit nachts anstrengender als tagsüber.

Dieser Umstand lässt sich auch aus der physiologischen Arbeitsbeanspruchung durch die gleiche Tätigkeit, einmal bei Tage, einmal in der Nacht geleistet, ablesen:

In der Frühschicht	100 Prozent
In der Spätschicht	113 Prozent
In der Nachtschicht	156 Prozent!

(Techniker Krankenkasse, 2005)

Natürlich geht es in vielen Branchen ohne Schichtarbeit nicht. Um Überlastung und Burnout vorzubeugen, macht es Sinn, bei der Schichtplangestaltung arbeitswissenschaftliche Erkenntnisse zugrunde zu legen, die durchaus vorhanden sind. Leider ist es immer noch gang und gäbe, dass die vorgeschriebenen Ruhezeiten zwischen Spät- und Frühschicht — beispielsweise im Gesundheitswesen — nicht eingehalten werden.

! **WICHTIG**

Das beachtet ein guter Schichtplan

Die wichtigsten arbeitswissenschaftlichen Empfehlungen zur Gestaltung günstiger Schichtpläne sind:

- **Möglichst wenig Arbeitszeit nachts**
- **Sicherstellen, dass ausreichend Erholungszeit und Schlaf möglich sind**
- **Sicherstellen, dass ausreichend wertvolle soziale Freizeit bleibt (abends, Wochenende, Feiertage)**

Hilfreich ist es, wenn die Schichtarbeiter die Möglichkeit haben, ihre Arbeit entsprechend ihrem eigenen Biorhythmus über die Schicht hinweg einzuteilen. Wer schwierige Aufgaben in seinen wachen Phasen erledigen und einfache Tätigkeiten in die müden Zeiten legen kann, leidet weniger. Auch die eigene Einstellung zur Schichtarbeit spielt für die Mitarbeiter eine Rolle, ob diese Arbeitszeiten als Belastung empfunden werden.

TIPPS für ein ergonomisches Schichtsystem

- Möglichst nicht mehr als drei aufeinanderfolgende Nachtschichten
- Möglichst 24 Stunden Freizeit nach einer Nachtschichtphase
- Freizeitblock am Wochenende ist besser als einzelne freie Tage
- Mehr Freizeit für Mehrbelastung
- Vorwärts rotierende Schichtsysteme wählen

- Frühschichtstart nicht zu früh (nicht vor 6 Uhr)
- Nachtschichtende nicht zu spät
- Möglichst nicht mehr als 8 Arbeitsstunden am Tag
- Kurze Schichtdauer bei schwerer Arbeit
- Vorhersehbare und überschaubare Schichtpläne

(Techniker Krankenkasse, 2005)

„Versuchen Sie, eine positive Einstellung zur Schichtarbeit zu entwickeln. Untersuchungen zeigen: Wer sich bewusst für Schichtarbeit entscheidet, hat weniger Probleme mit der Gesundheit. Wer hingegen große innere Widerstände gegen Schichtarbeit aufbaut, dem fällt sie schwerer – und den belastet sie auch mehr!" (Techniker Krankenkasse, 2005)

Dienstpläne vorhersehbar gestalten

Gerade im Gesundheitswesen mit dem Personalmangel im pflegerischen und ärztlichen Bereich kommt es oft vor, dass Dienstpläne kurzfristig geändert werden: Es ist jemand krank geworden und nun werden schnell Kollegen angerufen, die dann ebenso schnell einspringen sollen. Wenn das nur gelegentlich passiert, stellt das sicherlich noch keine Überlastung dar. Gesundheitsgefährdend wird das kurzfristige Einspringen erst, wenn es zur Selbstverständlichkeit wird. Auch dann können Erholungszeiten nicht geplant werden, eine wirkliche Erholung kann auch in der Freizeit nicht stattfinden. Wenn klar ist, dass wegen Personalmangels oder längerer Krankheitszeiten Dienstpläne häufiger nicht eingehalten werden können, sollte nach anderen Lösungen gesucht werden. Burnout-Gefährdete sind hierbei gerade diejenigen, die immer bereitwillig aus ihrer Freizeit heraus zusätzliche Dienste übernehmen, weil sie sich schlecht abgrenzen und Nein sagen können und so dieses System der Unzulänglichkeit am Laufen halten.

BEISPIEL

Der „Springer-Pool"

Frau Wischnewski ist seit vielen Jahren in der Altenpflege tätig. Bei ihrem alten Arbeitgeber ist sie schon gar nicht mehr ans Telefon gegangen, wenn sie zu Hause einen Anruf vom Heim bekam. Meistens war die Vorgesetzte dran, die sie unter Druck setzte, jetzt sofort einzuspringen. Deswegen ist sie ganz erstaunt, wie gut das bei ihrem neuen Arbeitgeber läuft.

Wenn kurzfristig jemand ausfällt, wird auf den „Springer-Pool" zurückgegriffen, der extra für solche Fälle gebildet worden ist. Eine kleine Gruppe von Kolleginnen hat keinen ganz festen Arbeitsplatz im Heim, sondern geht immer auf die Station, auf der gerade Bedarf ist. Zu diesen Springern gehören auch einige Kolleginnen in der Elternzeit, die gelegentlich gerne wieder ein paar Dienste übernehmen, um in Übung zu bleiben. Falls auch der Springer-Pool nicht alle Ausfälle übernehmen kann, wird mit einer Zeitarbeitsfirma kooperiert. Die Heimleitung begründet diese Regelungen mit dem notwendigen Erholungsbedürfnis ihrer Mitarbeiter.

Gestaltung der Arbeitspausen

Gerade bei Burnout-Gefährdeten lässt sich oft beobachten, dass Pausen nicht genommen werden, sondern durchgearbeitet wird. Das ist nur auf den ersten Blick eine Effektivitäts-steigernde Maßnahme. Auf Dauer kommt es durch die Dauerbelastung und -konzentration zu Leistungseinbußen und häufigeren Fehlern.

TIPP

Schon kurze Pausen sorgen für Entspannung

Schon Kurzpausen von einigen Sekunden bis Minuten helfen, das Stress-Niveau zu senken und dadurch dauerhaft leistungsfähiger und fitter zu bleiben. Arbeitgeber sollten kurze Päuschen (eine Tasse Kaffee oder die berühmte Raucherpause zwischendurch) also nicht verbieten. Menschen sind keine Maschinen, die dauernd ohne Unterbrechung Leistung erbringen können. Wir brauchen einen abwechslungsreichen Rhythmus von Anspannung und Entspannung. Wo kurze Pausen nach Bedarf erlaubt sind, wird das Auftreten von Burnout unwahrscheinlicher.

Pausen innerhalb eines Arbeitstages können also deutlich zum Wohlbefinden beitragen: regelmäßige kurze Pausen können Ermüdung verhindern und die Produktivität steigern (Ulich & Wülser, Gesundheitsmanagement in Unternehmen, 2005). Wenn dann noch geeignete Räumlichkeiten eingerichtet werden, in denen die Pausen wirklich erholsam verbracht werden können, wird die positive Wirkung noch verstärkt.

TIPP

„Silent Room“

Die Einrichtung eines „Silent Room“, also eines speziell gestalteten, ruhigen Rückzugraums, kann die Arbeitsleistung und Belastbarkeit erhöhen und gleichzeitig Burnout und körperlichen Beschwerden vorbeugen. In einem abgeschlossenen und ruhigen Raum mit bequemen Liegemöglichkeiten ist eine tiefere Entspannung und Erholung möglich, so dass Beschäftigte ihrem Erholungsbedürfnis im Tagesverlauf besser nachkommen können.

Ressourcenanalyse

Auch wenn psychische Belastungen am Arbeitsplatz nicht immer vermeidbar sind, können Arbeitgeber jedoch viel dafür tun, damit die Beschäftigten psychische Fehlbelastungen vermeiden oder abbauen können. Dazu gehört einerseits die **Entwicklung der sozialen und beruflichen Fähigkeiten der Mitarbeiter**, andererseits die **Verbesserung der Arbeitsbedingungen**. Neben einer Feststellung der Belastungsfaktoren in einer Gefährdungsanalyse (s. Abschn. 2.2.3) ist auch eine Bestandsaufnahme der Ressourcen sinnvoll. Mit einer gezielten Förderung der Ressourcen lassen sich Belastungsfaktoren zumindest teilweise wieder ausgleichen.

Ziele der Ressourcenentwicklung

Handlungssicherheit in der Aufgabenbewältigung erhöhen, beispielsweise durch:

- klar definierte Aufgaben und Aufgabenziele
- Vermittlung notwendiger Kenntnisse und Informationen
- Handlungsspielräume (Zeitpuffer, Arbeitsstil)
- Unterstützung
- Gestaltung von Arbeitsmitteln und Umgebung

Sinnhaftigkeit der Arbeit vermitteln/verbessern, beispielsweise durch:

- Anspruchsvolle Aufgabengestaltung
- Kooperations- und Kommunikationsmöglichkeiten
- Erläuterung der Aufgabenziele
- Vermittlung der Unternehmensziele

Anerkennung und Erfolgserleben sicherstellen, beispielsweise durch:

- Realistische Leistungsziele
- Regelmäßige Rückmeldungen zum Leistungsverhalten
- Materielle und immaterielle Anreize

Interessen und Ziele der Mitarbeiter berücksichtigen, beispielsweise durch:

- Beteiligung der Mitarbeiter bei der Gestaltung von Aufgaben und Arbeitsumgebung
- Vermeidung gesundheitlicher Gefährdungen

- Berufliche Entwicklungschancen
- Angemessene, gerechte Entlohnung
- Vereinbarkeit von Beruf und Familie“

(Bundesanstalt für Arbeitsschutz und Arbeitsmedizin, 2006)

Ansatzpunkte für die Ressourcenentwicklung

Arbeit an sich ist ja nichts, was dem Menschen zwangsläufig schadet und zu Überlastung führen muss. Im Gegenteil: Der Arbeitsprozess birgt grundsätzlich Entwicklungspotentiale für die Mitarbeiter, und durch die Art der Arbeits- und Organisationsgestaltung können diese Potentiale gefördert werden. Keine Arbeit und keine Aufgabe zu haben, kann ebenfalls eine starke psychische Belastung sein (s. Abschn. 1.5). Am günstigsten ist es, die Ressourcen, die in der Arbeit stecken, gezielt zu fördern und weiter zu entwickeln. Dafür gibt es zahlreiche Ansatzpunkte auf allen Ebenen: auf der Ebene der Unternehmensführung, der Unternehmensorganisation, dem Führungsverhalten und der Gestaltung der Arbeit.

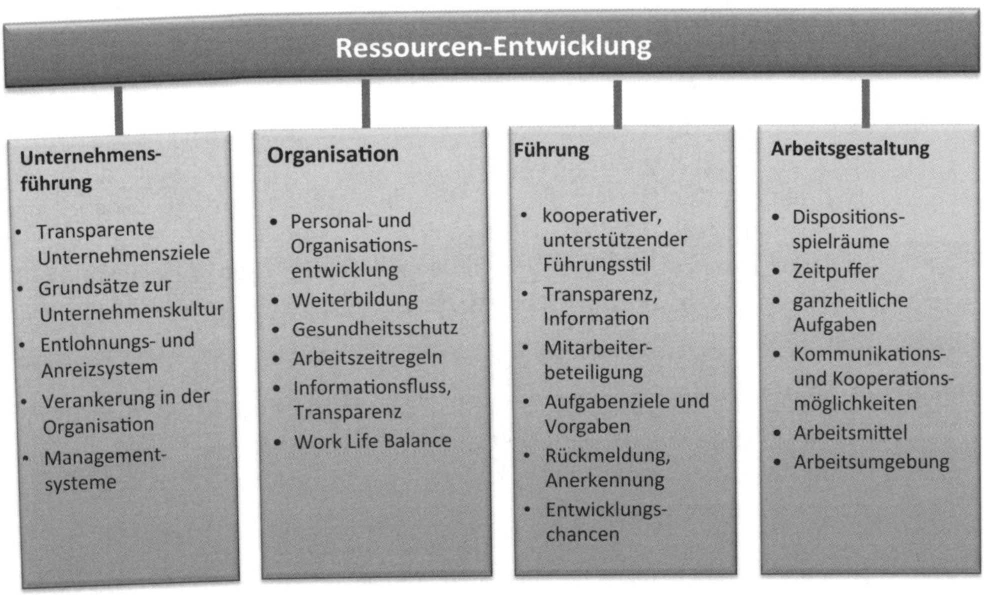

Abb. 4.8: Ansatzpunkte im Unternehmen zum Aufbau von Ressourcen für die Mitarbeiter

„Kraftspender" soziale Unterstützung

In der Studie „Was ist gute Arbeit?" wurde auch danach gefragt, welche verschiedenen Ressourcen bei der Arbeit sich die Mitarbeiter wünschen und welche ihnen tatsächlich zur Verfügung stehen. Auf der Wunschliste stehen psychosoziale Faktoren ganz oben: Soziale Unterstützung durch Kollegen und Vorgesetzte sowie positive Rückmeldungen über das Arbeitsergebnis sind die wichtigsten drei „Kraftspender" bei der Arbeit. Während 83 % der Beschäftigten viel Unterstützung durch ihre Kollegen bekommen, fühlen sich nur ca. die Hälfte auch von ihren Vorgesetzten unterstützt! Zur sozialen Unterstützung durch Vorgesetzte gehören:

- Beachtung und Wertschätzung
- Auf Zufriedenheit der Mitarbeiter achten
- Hilfe und Unterstützung bei Bedarf
- Gute Planung der Arbeit
- Gute Konfliktlösung
- Anerkennung
- Beachtung der Entwicklung der Mitarbeiter

4.7 Betriebliches Gesundheitsmanagement

Es ist noch längst keine Selbstverständlichkeit, dass Unternehmen ein systematisches und regelmäßiges Gesundheitsmanagement betreiben. Und auch die Firmen, die bereits gut funktionierende Strukturen und Abläufe für das Gesundheitsmanagement aufgebaut haben, sind oft noch sehr stark auf den Arbeits- und Unfallschutz bzw. auf körperliche Gefährdungen ausgerichtet. Dementsprechend werden als erstes dann z. B. Rückenschulen oder mobile Massagen als Maßnahmen eingeführt.

Psychische Belastungen und Stress gelten häufig immer noch als Tabuthemen. Insbesondere Unternehmensleitungen gestehen oft nur ungern ein, dass sie ihren Mitarbeitern Stress verursachen könnten und damit auch verantwortlich sind für mögliche Ausgleichs- oder Gegenmaßnahmen.

Gerade wegen der steigenden Belastungen und den ungebremsten Burnout-Raten sollten psychische Gefährdungen und Belastungen genauso feste Bestandteile und Themen des Betrieblichen Gesundheitsmanagements sein wie die körperlichen Belastungen.

Dies setzt voraus, dass regelmäßig Analysen über die psychischen Belastungen der Mitarbeiter durchgeführt werden. Außerdem muss die Bereitschaft vorhanden sein, auch sensible Themen wie die Unternehmenskultur, das Führungsverhalten sowie Arbeitsorganisation und -menge zu erkunden und ggf. Änderungsmaßnahmen zu ergreifen. Psychische Belastungen müssen genauso regelmäßig auf der Tagesordnung stehen wie die körperlichen! Einem Unternehmen stehen dafür zwei Wege offen, einerseits der Aufbau passenden Know-hows für dieses Thema innerhalb des Unternehmens, andererseits eine feste Zusammenarbeit mit externen Experten.

Modernes Gesundheitsmanagement beinhaltet eine hierarchie-übergreifende Unternehmensstrategie, um Krankheiten am Arbeitsplatz vorzubeugen, Gesundheit zu sichern und das Wohlbefinden der Mitarbeiter zu verbessern — hin zu höherer Motivation und Produktivität.

Ein systematisches Gesundheitsmanagement besteht aus folgenden Bausteinen, die zwingend einzuplanen sind:

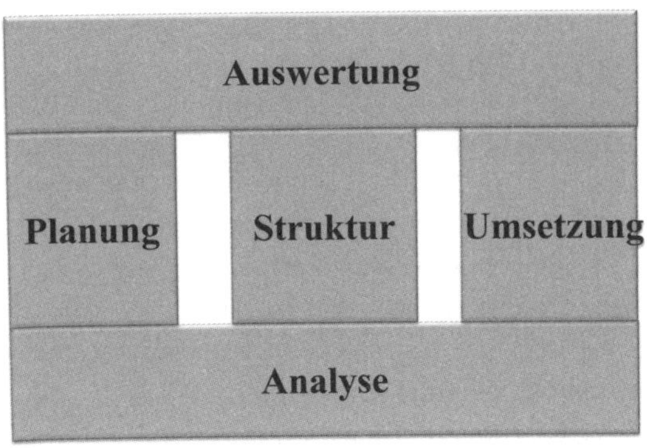

Abb. 4.9: Module eines Betrieblichen Gesundheitsmanagements

Analysephase

Leider starten immer noch sehr viele Betriebe Maßnahmen der Gesundheitsförderung, ohne genau zu wissen, ob ihre Mitarbeiter diese eigentlich auch brauchen. Deswegen ist eine Analyse der Belastungen und Ressourcen immer der erste Schritt bei der Einführung eines Gesundheitsmanagement.

Hierzu gehört die Erhebung von Daten, die die Grundlage für die Planung von Maßnahmen bilden. Für die Analysephase können folgende Instrumente eingesetzt werden:

- Betriebsinterne Daten, z. B. über Fehlzeiten, Fluktuation, Produktivität
- Auswertung von Daten der Krankenkassen
- Mitarbeiterbefragungen (Fragebögen)
- Gruppenverfahren, z. B. Gesundheitswerkstatt oder -zirkel.

Planungsphase

Erst wenn Daten über Schwachstellen und Belastungen vorliegen, können entsprechende passgenaue Konzepte und Maßnahmen entwickelt werden, abgestimmt auf den Bedarf, der sich aus der Analysephase ergeben hat. Es empfiehlt sich, die Maßnahmen ganz individuell auf die Situation im Betrieb und die Bedürfnisse der Mitarbeiter zuzuschneiden. Das gelingt am besten, wenn die Planung nicht nur in Experten-Gremien vorgenommen wird, sondern wenn sich die Mitarbeiter selbst beteiligen können.

Struktur

Ein professionell betriebenes Betriebliches Gesundheitsmanagement braucht auch eine interne Struktur. Es reicht nicht, damit jemanden aus der Personalabteilung zu beauftragen, das mal eben nebenbei mit zu betreuen. Es muss eine feste interne Struktur geben, die das Gesundheitsmanagement dauerhaft plant und steuert. Dazu gehört der Aufbau eines internen Steuerkreises, dem die Geschäftsführung, die Personalabteilung, der Betriebsrat, der Betriebsarzt, die Fachkraft für Arbeitssicherheit und ggf. externe Berater angehören sollten. Für das Gesundheitsmanagement müssen Verantwortliche benannt und ein Budget zur Verfügung gestellt werden.

Umsetzung

Nachdem der Bedarf erhoben, eine interne Struktur zur Steuerung des Gesundheitsmanagements etabliert und Maßnahmen geplant wurden, folgt die Umsetzungsphase. Mögliche Maßnahmen können auf ganz verschiedene Bereiche der Gesundheit abzielen, sie könnten z. B. in folgenden Aktivitäten bestehen:

- Führungskräfte-Training zur gesundheitsförderlichen Führung
- Organisations- und Prozessentwicklung
- Stress- und Zeitmanagement
- Burnout-Prävention und Resilienz
- Angebot gesunder Ernährung
- Förderung der Bewegung am Arbeitsplatz
- Günstiges Heben und Tragen usw.

In immer mehr Betrieben sind Unfall- und Arbeitsschutz sowie Ergonomie schon gut umgesetzt. Angesichts steigender psychischer Belastungen sollten auch Überforderung, Stress und Burnout gezielter angegangen werden.

Evaluation

Nach der anfänglichen Erhebung des Ist-Zustandes und der Entwicklung von Zielen für das betriebliche Gesundheitsmanagement muss in regelmäßigen Abständen überprüft werden, ob und in welchem Grade die Ziele mit den durchgeführten Maßnahmen erreicht wurden. Ggf. müssen Anpassungen bei den Maßnahmen durchgeführt werden. Wenn die Ziele erreicht wurden, sollte an der Erhaltung und Verbesserung des Zustandes gearbeitet werden. Für die Evaluation werden die gleichen Instrumente wie bei der Anfangserhebung eingesetzt, um Aussagen über die eingetretenen Veränderungen treffen zu können.

4.7.1 Employee-Assistance-Program – Externe Mitarbeiterberatung

Gerade in Zeiten steigender psychischer Belastungen kann es eine interessante und kostengünstige Maßnahme für Unternehmen sein, ein Employee Assistance Program (EAP) für die Mitarbeiter anzubieten. Damit ist eine externe Beratungsmöglichkeit für Mitarbeiter gemeint, die diese sowohl bei beruflichen, als auch bei privaten Problemen in Anspruch nehmen können. Die Finanzierung übernimmt der Arbeitgeber. In den USA ist es bereits seit langem weit verbreitet — dort bieten rund 90 Prozent der (größeren) Firmen ihren Mitarbeitern ein solches Programm an. Dahinter steht folgender Gedanke: Es ist sinnvoll, Probleme der Mitarbeiter, die deren Leistungsfähigkeit und Gesundheit beeinträchtigen können, frühzeitig anzugehen und zu lösen. Die Gespräche werden mit externen Experten entweder telefonisch oder in einem persönlichen Treffen geführt. Wichtig ist, dass die Experten nicht der Firma angehören und diese auch nicht erfährt, welcher Mitarbeiter mit welchem Problem die Beratung in Anspruch nimmt. Die Beratung kann völlig anonym erfolgen. Ein funktionierender Datenschutz ist hier existentiell wichtig. Damit genießen die EAP bei den Mitarbeitern auch größeres Vertrauen als z. B. interne Sozialberatungsstellen.

Verschiedene Untersuchungen haben gezeigt, dass mit einem EAP das Wohlbefinden und die Leistungsfähigkeit der Mitarbeiter gesteigert werden können. Dadurch, dass die Probleme frühzeitig angegangen werden, lassen sich Leistungsabfälle oder Krankschreibungen oft vermeiden. Damit sparen diese Programme sogar letztendlich Kosten: man geht davon aus, dass der Return on Investment bei ca. 1:5 liegt. Entsprechende Programme werden von Mitarbeitern am besten angenommen, wenn sie ihrer Firma im allgemeinen Vertrauen. In Zeiten der Krise oder des Misstrauens werden derartige Angebote nur zögerlich angenommen.

Es gibt verschiedene Firmen, die EAP für Unternehmen anbieten. Normalerweise werden Pauschalverträge vereinbart, die Bezahlung richtet sich nach der vorhandenen Mitarbeiteranzahl. Nach Erfahrungen der Anbieter liegt die tatsächliche Inanspruchnahme, also die Kontaktaufnahme eines Mitarbeiters mit den Beratern, im Durchschnitt bei 10 Prozent.

Positive Wirkungen von Mitarbeiterunterstützungs-Programmen

- **Verbesserte Rekrutierung und Mitarbeiterbindung**
- **Verringerung von Fehlzeiten**
- **Erhöhung der Produktivität**
- **Senkung des Unfallrisikos**

! ACHTUNG

Vorsicht vor schwarzen Schafen!

Wenn Sie ein Employee-Assistance-Program für Ihre Firma einführen wollen, achten Sie unbedingt auf die Qualifikation der eingesetzten Berater! Diese sollten möglichst Psychologinnen und Psychologen mit Fortbildungen in Beratung und Psychotherapie sein. Auch in dieser Branche gibt es schwarze Schafe: Da entpuppt sich die hilfreiche „Frau Doktor“ als Expertin für Biochemie und ist nicht — wie eigentlich angenommen — psychotherapeutisch fortgebildete Ärztin.

4.8 Geeignete Unternehmenskultur

„Die Unternehmenskultur umfasst die gelebten Werte und allgemeinen Orientierungen der Organisation, welche implizit oder in sichtbarer und schriftlich definierter Form existieren können. Partnerschaftliche Unternehmenskulturen zeichnen sich durch einen hohen Stellenwert mitarbeiter- und kundenorientierter Werte aus, ergänzt durch bewusste Orientierungen an Prinzipien sozialer Verantwortung.“ (Bertelsmann Stiftung, BKK-Bundesverband, 2006)

Die gelebte Unternehmenskultur bestimmt sowohl die gesamt Organisation, als auch das Handeln jedes einzelnen Beschäftigten. Neben den offiziellen Leitbildern und Regeln gibt es auch immer eine Fülle von informellen Regelungen. Wie gehen Kollegen miteinander um? Wie ist das Verhältnis zwischen Führungskräften und Mitarbeitern? Welches Verhalten gilt als angemessen und welches wird nicht akzeptiert? Wie kommuniziert man miteinander? Wie leistungsorientiert zeigt man sich?

4.8.1 Wie steht es um die Gesundheitskultur?

Da die Unternehmenskultur das Verhalten der Führungskräfte und der Mitarbeiter stark mitbestimmt, wirkt sie sich auch auf die psychosoziale Gesundheit aus. Ein Bestandteil der Unternehmenskultur ist dabei die praktizierte Gesundheitskultur. Die Gesundheitskultur bestimmt, inwieweit Gesundheit als Unternehmensziel festgelegt ist und wie die praktische Umsetzung dieser Ziele im Alltag gelebt wird. Ist die Gesundheit der Mitarbeiter überhaupt ein Thema oder wird stillschweigend davon ausgegangen, dass die Belegschaft einfach zu funktionieren hat? Dürfen Themen wie Überlastung und Burnout angesprochen werden oder gilt man damit als nicht leistungsfähig und landet auf dem Abstellgleis? Können Führungskräfte es sich erlauben, auch einmal krank zu sein oder gilt das als Zeichen von Schwäche? Lebt das Unternehmen eine Fürsorgekultur oder orientiert man sich eher am Shareholder-Value?

Eine ausgeprägte, ehrlich gemeinte und auch vom oberen Management unterstützte Gesundheitskultur trägt viel dazu bei, Gesundheitsthemen offen anzusprechen und gegen Missstände vorzugehen. Wenn Mitarbeiter erleben, dass die Unternehmensführung sich wirklich glaubwürdig um ihr Wohlbefinden sorgt, trägt das auch wesentlich zum Wohlbefinden und zur Arbeitszufriedenheit bei. Damit ist allein das Gefühl, dass die eigene Gesundheit dem Unternehmen nicht egal ist, für die Belegschaft bereits ein wichtiger Stresspuffer und dient so der Burnout-Prävention.

Damit betriebliches Gesundheitsmanagement erfolgreich ist, braucht es eine zugrundeliegende „Philosophie“, die im Unternehmen auch bekannt ist. Werden Bemühungen um mehr Gesundheit der Mitarbeiter von diesen nicht als passend zur Unternehmenskultur angesehen, finden sie häufig wenig Akzeptanz. Es herrscht dann eher Misstrauen, die Mitarbeiter befürchten, mit „kosmetischen Maßnahmen“ abgespeist zu werden, die von der Unternehmensleitung nicht wirklich ernst gemeint sind.

● TIPP

Die Gesundheitsförderung gehört in die Unternehmensleitlinien!
Die Gesundheitsförderung sollte in die Unternehmensleitlinien aufgenommen und Fortschritte in diesem Bereich sollten regelmäßig dem obersten Management berichtet werden.

Wenn Gesundheitsförderung als wichtiger Wert im Unternehmen verankert ist, muss dies aber auch im Arbeitsalltag praktisch spürbar sein und gelebt werden. Andernfalls könnte bei den Mitarbeitern der Eindruck von Augenwischerei entstehen, der dann wieder negative Folgen haben könnte.

! WICHTIG

Aktive Beteiligung der Führungsetage!
Besonders symbolträchtig und damit förderlich ist es, wenn die Unternehmensleitung die Gesundheitsförderung nicht nur verbal unterstützt, sondern sich aktiv beteiligt.

4.8.2 Gibt es eine gesundheitsförderliche Führungskultur?

Auch die Führungsgrundsätze eines Unternehmens sind ein Bestandteil der Unternehmenskultur. Dabei muss man sicherlich unterscheiden zwischen den Führungsleitlinien, die irgendwann einmal entwickelt wurden, und dem tatsächlich gelebten Führungsverhalten. Obwohl inzwischen in vielen Unternehmen partizipative oder kooperative Führungsstile bevorzugt werden, wird dies häufig im alltäglichen Führungsverhalten nicht eingelöst. Theoretischer Anspruch und tatsächliches Handeln können weit auseinanderklaffen.

Grundlagen für ein gesundheitsgerechtes Management

Angenommenes Menschenbild	Management-Empfehlung	Erwartungen
Menschen wollen zu sinnvollen Zielen beitragen, bei deren Formulierung sie mitgewirkt haben	Manager sollten verborgene Anlagen und Qualitäten der Mitarbeiter zur Prävention nutzen	Mitbestimmung, Selbstkontrolle und Selbstbestimmung führen zu gesundheitsgerechterem Verhalten
Die meisten Menschen können viel kreativere und verantwortungsvollere Aufgaben übernehmen, als es ihre gegenwärtige Aufgabe verlangt	Sie sollten eine Atmosphäre schaffen, in der die Mitarbeiter sich weitgehend repressionsfrei (und gesund) entfalten können	Repressionsfreie Atmosphäre verbessert die Kommunikationsfähigkeit
Die meisten Menschen fühlen sich besser und befreiter, wenn man ihnen mehr Selbstständigkeit zutraut.	Sie sollten die Fähigkeit zur Selbstbestimmung und Selbstkontrolle der Mitarbeiter fördern	Reduzierte Krankenstände führen zu Produktivitätssteigerungen

Tab. 4.6: Aspekte gesundheitsgerechten Managements (Stadler & Spieß, 2003)

Bestimmte Merkmale und Charakteristika eines Unternehmens können dazu dienen, die Gesundheit der Belegschaft zu erhalten und zu fördern oder aber sie eher zu schädigen. So lassen sich Unternehmen in „gesunde“ oder „ungesunde“ Organisationen einteilen.

Wie gesund ist Ihr Unternehmen?

Merkmale	Gesunde Organisationen	Ungesunde Organisationen
Ausmaß sozialer Ungleichheit	moderat	Hoch
Gemeinsame Werte, Regeln, Kultur	Groß	Gering
Wir-Gefühl, Commitment	Stark ausgeprägt	Gering ausgeprägt
Vertrauen in die Führung	Hoch	Gering
Beteiligung an Willens- und Entscheidungsbildung	Hoch	Gering
Gegenseitiges Vertrauen, Zusammenarbeit	Hoch	Gering

Merkmale	Gesunde Organisationen	Ungesunde Organisationen
Umfang sozialer Kontakte	Hoch	Gering
Stabilität von Teams	Hoch	Gering
Soziale Kompetenz	Stark ausgeprägt und verbreitet	Weniger stark verbreitet
Sinnstiftende Betätigung	Stark verbreitet	Weniger stark verbreitet

Tab. 4.7: Merkmale „gesunder“ und „ungesunder“ Organisationen (Bertelsmann Stiftung, 2004)

Entscheidende Faktoren für eine gesunde Unternehmenskultur sind die Qualität der Führung und die Qualität der Arbeits- und Organisationsgestaltung.

TIPP

„Great Place to Work“
Im Wettbewerb „Great Place to Work“ werden jedes Jahr Unternehmen gesucht und prämiert, die eine besonders gute Unternehmenskultur haben und in denen es Spaß macht, zu arbeiten. Folgende Kriterien werden zur Bewertung angelegt:

- **Glaubwürdigkeit:** offene Kommunikation, kompetente Organisation
- **Respekt:** Unterstützung der beruflichen Entwicklung, Anerkennung, Beteiligung bei Entscheidungen
- **Fairness:** Gerechtigkeit bei Vergütung und Anerkennung
- **Stolz:** auf persönliche Arbeit, auf das Team, auf das Produkt
- **Teamorientierung:** Freundliche Atmosphäre, Teamgeist, „man selbst“ sein

Unternehmen, die in vielen dieser Bereich gut abschneiden, sind nicht nur attraktive Arbeitgeber, sondern sie fördern auch das Wohlergehen und die Gesundheit ihrer Mitarbeiter!
Unter www.greatplacetowork.de finden Sie nähere Informationen zu diesem Wettbewerb. In den USA gibt es schon seit 1991 ein Great Place to Work Institute, in Deutschland gibt es ein solches Institut seit 2002.

4.8.3 Salutogenese – Schaffung gesundheitsfördernder Unternehmensstrukturen

Wenn es darum geht, gesundheitsförderliche Strukturen zu planen, lohnt es sich, den Ansatz der „Salutogenese“ zu verfolgen. Nach diesem von A. Antonovsky entwickelten Modell wird nicht gefragt: „Wie entsteht Krankheit?“, sondern es wird gefragt: „Wie entsteht Gesundheit?". Gesundheit und Krankheit werden in diesem Modell nicht als einander ausschließende und gegensätzliche Zustände verstanden, sondern als jeweilige Endpunkte eines Kontinuums. Die besondere Bedeutung hat das Salutogenese-Modell, weil hier das Hauptaugenmerk auf die Gesundheit und ihre Quellen gelegt wird.

„Unter dem Kohärenzsinn kann ein positives, aktives Selbstbild der Handlungs- und Bewältigungsfähigkeit verstanden werden, das einhergeht mit der Gewissheit, sich selbst und die eigenen Lebensbedingungen steuern und gestalten zu können." (Bundeszentrale für gesundheitliche Aufklärung, 1996)

Das erste Kernstück des Modells der Salutogenese sind die **„generalisierten Widerstandsressourcen"**. Diese beinhalten alle Fähigkeiten des Menschen, mit biologischen, psychischen und sozialen Belastungen konstruktiv zurechtzukommen. Zu den Widerstandsressourcen zählen z. B.:

- Ausreichend Immunpotentiale des Körpers gegen Stressoren
- Aktive Vermeidung von Stressoren
- Anpassung an oder aktive Veränderung von Lebensumständen, z. B. durch Intelligenz, geistige Flexibilität
- Materielle Ressourcen (Schutz, Ernährung, Wohnung usw.)
- Soziale Unterstützung
- Soziale Integration und aktive Teilnahme an Entscheidungsprozessen über das eigene Leben.

Das zweite wichtige Element dieses Modells ist der sogenannte „**Kohärenzsinn**", den man als ein beständiges Grundvertrauen beschreiben kann. Es geht darum, sich die Welt erklären zu können, weil man einen gewissen Zusammenhang und Zusammenhalt erkennen kann.

Bestandteile des Kohärenzsinns

- **Verstehbarkeit**: Innere und äußere Ereignisse sind strukturiert, vorhersagbar und erklärbar (das Gegenteil wären völlige Verwirrung und Chaos, weil die Dinge unerwartet und unerklärlich passieren)
- **Handhabbarkeit**: Der Mensch verfügt über Mittel, Fähigkeiten und Kraftquellen zur Bewältigung stressreicher Situationen
- **Sinnhaftigkeit**: Anforderungen aus der Umwelt werden als Herausforderungen gesehen, die es wert sind, sich ihnen zu stellen.

Das Modell der Salutogenese lässt sich auch gut auf die Arbeitswelt anwenden, schließlich können die Arbeit und die Arbeitsumwelt auch so gestaltet werden, dass sie die Gesundheit fördern. Es hat sich dabei gezeigt, dass Menschen dann einen guten Kohärenzsinn entwickeln, wenn die Belastungen vorhersehbar sind und eingeordnet werden können. Dazu müssen sie eingreifen und auf die Belastungen einwirken können. Außerdem soll die Möglichkeit bestehen, eigene und kollektive Ziele anzustreben und zu erreichen.

Ein Fragebogen zur Erfassung der Belastungen und Ressourcen wurde nach dem Salutogenese-Modell entwickelt: die „Salutogenetische Subjektive Arbeitsanalyse“, kurz SALSA. Zur Prävention von psychischen Belastungen und Störungen im Betrieb können Möglichkeiten gesucht werden, die allgemeinen Widerstandsressourcen der Mitarbeiter und ihr „Kohärenzgefühl“ zu stärken.

Beispiele für die Entwicklung eines guten Kohärenzsinns

Sicht des Mitarbeiters	Unternehmenskultur
Verstehbarkeit der Welt	gute Informationspolitik, Transparenz
Handhabbarkeit	Spielräume bei der Art und Reihenfolge der Ausführung von Aufgaben, Möglichkeiten zum Erproben neuer Arbeitsweisen
Sinnhaftigkeit des Lebens	den Wert der Produkte oder der Arbeit deutlich werden lassen

Tab. 4.8: Beispiele für die Entwicklung eines guten Kohärenzsinns

4.9 Maßnahmen für unterschiedliche Branchen und Unternehmen

Die Faktoren, die Beschäftigte am Arbeitsplatz generell psychisch belasten können, sind aus der Forschung bekannt. Es gibt jedoch bestimmte Arbeitsplätze und Branchen mit einem speziellen Belastungsspektrum. Diese Belastungsschwerpunkte sollten besonders beachtet und bearbeitet werden.

Belastungsschwerpunkte in verschiedenen Branchen

Belastungsfaktoren	Büro	Industrie	Gesundheits-wesen	Dienst-leistung	KMU
Vollständigkeit der Tätigkeit	x	x			
Tätigkeitsspielraum		x	x		
Kommunikation		x	x		
Emotionale Inanspruchnahme			x	x	
Unterbrechungen	x		x	x	
Nacht- und Schichtarbeit		x	x	x	
Soziale Beziehungen	x	x	x	x	x
Führungsverhalten	x	x	x	x	x
Äußere Belastungsfaktoren		x	x		

Tab. 4.9: Branchenspezifische Belastungsschwerpunkte

4.9.1 Büro und Verwaltung

Besondere Belastungen

Arbeiten im Büro und in der Verwaltung bestehen vorwiegend aus planerischen oder administrativen Tätigkeiten, die meist am Computer ausgeführt werden. Büroarbeit erfordert besonders hohe kognitive Leistungen, sie stellt zum Beispiel Anforderungen an die Merkfähigkeit, die Informationsverarbeitung und die Problemlösungsfähigkeiten. Arbeitsaufgaben müssen oft sehr exakt, aufmerksam und konzentriert bewältigt werden. So klagen viele Beschäftigte im Bürobereich über die komplexen Anforderungen.

Der dominierende Belastungsfaktor ist jedoch die Arbeitsplatzunsicherheit. Psychisch belastend wirken außerdem die hohe Arbeitsintensität, emotionale und widersprüchliche Anforderungen, arbeitsorganisatorische Probleme und das Führungsverhalten der Vorgesetzten.

Gerade durch den Einsatz neuer Techniken entsteht die zunehmende Tendenz des Arbeitens ohne Ende. Durch Notebook, Handy und Internet werden viele Arbeitsabläufe dezentralisiert, so dass das Arbeiten auch am Feierabend oder im Urlaub möglich wird. Die Beschäftigten müssen ihre Disziplin und ihre Konzentration an allen möglichen Orten und zu allen möglichen Zeiten bereitstellen. Klare Arbeitszeiten werden durch Telearbeit häufig nicht eingehalten, die Grenzen zwischen Arbeit und Freizeit lösen sich auf. Der Stress wird in den Privatbereich mit hineingetragen und arbeitsfreie Zeiten sind fast nicht mehr möglich.

Entlastungsmöglichkeiten

Um den psychischen Druck möglichst gering zu halten, sind die Sicherheit des Arbeitsplatzes, ein festes und verlässliches Einkommen und ein unbefristetes Arbeitsverhältnis vorrangig. Daneben soll die Arbeitsaufgabe sowohl Spaß machen als auch vielseitig und abwechslungsreich sein. Die Arbeit soll als sinnvoll empfunden werden.

Die Führungskräfte sollten ihre Mitarbeiter „als Mensch" behandeln und unterstützen. Auch die Kollegialität sollte gefördert werden. Positiv ist es auch, wenn die Mitarbeiter Einfluss auf die Arbeitsweise haben und eigene Fähigkeiten weiter entwickeln können.

Hilfreich für die Beschäftigten ist es, wenn für eine möglichst ruhige und angenehme Arbeitsumgebung gesorgt ist. So sollte insbesondere darauf geachtet werden, dass die Lärmbelastung gering gehalten wird, um die Konzentration nicht zu beeinträchtigen. Auch ein angenehmes Raumklima und frische Luft können die Arbeitsfähigkeit erhalten. Für Menschen, die viel am Computer arbeiten, sind außerdem einfach zu bedienende Programme wichtig, die keine unnötige Zusatzarbeit verursachen. Bei lang anhaltender geistiger Arbeit ist Abwechslung besonders wichtig, wobei die Möglichkeit zur körperlichen Bewegung einen guten Ausgleich schafft.

4.9.2 Industrie

Besondere Belastungen

In Industriebetrieben bestehen psychische Belastungen vorrangig im geringen Handlungs- und Entscheidungsspielraum, dem Arbeitstempo und häufig auch in ungünstigen äußeren Arbeitsbedingungen. Belastungen durch Schichtarbeit können eine große Rolle spielen. Hier helfen alle Maßnahmen, die zu mehr Entscheidungsspielraum und Abwechslungsmöglichkeit führen. Die Schichtpläne sollten mitarbeitergerecht gestaltet werden.

Auch in der Industrie werden Beschäftigte meist wegen ihrer guten Fachkompetenz in Führungspositionen befördert. Die Führungskräfteentwicklung, besonders die Entwicklung eines gesundheitsförderlichen Führungsverhaltens, ist dagegen oft noch nicht fest in den Unternehmen verankert. So leiden die Beschäftigten häufig unter einem wenig unterstützenden Verhalten ihrer Führungskräfte und unter einem ungünstigen Sozialklima.

Entlastungsmaßnahmen

Alle Maßnahmen, die darauf abzielen, die Belastungen zu verringern oder abzubauen, sind gut geeignet. So sollten immer mal wieder die Arbeitsmenge und das Arbeitstempo überprüft werden. Hilfreich sind auch alle Maßnahmen, die den Beschäftigten mehr Entscheidungsspielräume und Abwechslung bei der Arbeit bringen. Das kann z. B. die gelegentliche Beteiligung an Projektarbeit, Qualitätszirkeln o. ä. oder Gruppenarbeit sein. Es sollte auf eine möglichst günstige Gestaltung von Schichtarbeitsplänen geachtet werden.

Wichtig gerade bei geringer qualifizierten Teams ist die Arbeit in einem guten Sozialklima und bei einem gesundheitsgerechten Führungsverhalten. Häufig wird hier die Ausrede gebraucht, man gehe eben „rau, aber herzlich" miteinander um. Tatsächlich ist ein grober Umgangston immer verletzend, er sollte nicht geduldet werden. Die Führungskräfte können oft von einem Führungskräftetraining zum Thema Führung und Gesundheit profitieren.

4.9.3 Gesundheitswesen

Besondere Belastungen

Mitarbeiter im Gesundheitswesen erleben verschiedene psychische Belastungen, besonders aber unregelmäßige und ständig wechselnde Arbeitszeiten sind oft die Regel. Erholungszeiten und Freizeitaktivitäten werden dadurch sehr schlecht planbar. Durch den — oft auch körperlich — sehr engen Kontakt zu Patienten werden an die Beschäftigten sehr hohe emotionale Anforderungen gestellt. Häufig wird eine sehr hohe Arbeitsbelastung durch den gestiegenen Unterstützungsbedarf der Patienten und Pflegebedürftigen empfunden. Diese Situation wird verschärft durch eine ungenügende Organisation der Aufgabenverteilung und Arbeitsabläufe. Das liegt daran, dass im Gesundheitswesen die kommunikative und soziale Kompetenz der Führungskräfte oft nicht genug ausgebildet ist.

Entlastungsmaßnahmen

Um den psychischen Druck zu verringern, sollten im Gesundheitswesen Arbeitszeitpläne sorgfältig geplant werden. Die Führungskräfte sollten in den Bereichen Management, Kommunikation und soziale Kompetenz fortgebildet werden, um ihren Teams eine möglichst gut organisierte Arbeit zu ermöglichen. Da eine gute Zusammenarbeit einen guten Stresspuffer darstellt, sollten die kollegialen Beziehungen durch Maßnahmen zur Teamentwicklung gefördert werden. Die Mitarbeiter selber können durch Angebote von Supervision und Fortbildungen zum Stressmanagement profitieren.

4.9.4 Dienstleistung

Besondere Belastungen

Im Dienstleistungsbereich herrscht häufig ein besonders starker psychischer Druck. Die Beschäftigten haben viel Kundenkontakt und müssen ständig ansprechbar sein. Daher werden sie sehr häufig bei anderen Aufgaben unterbrochen. Außerdem werden sehr hohe Ansprüche an ihren Gefühlshaushalt gestellt, weil sie gleichbleibend freundlich und zugewandt bleiben müssen und keine negativen Gefühle zeigen dürfen.

Entlastungsmaßnahmen

Für Beschäftigte im Dienstleistungsbereich sind ausreichend Pausen und kurze Rückzugsmöglichkeiten besonders wichtig. Es sollte Wert auf die Teamentwicklung gelegt werden, damit die Mitarbeiter sich gegenseitig unterstützen können. Fortbildungen in Kommunikation und Stressbewältigung sowie Supervision und Coaching können den psychischen Druck gering halten.

TIPP

Leitfaden der VBG
Die Verwaltungsberufsgenossenschaft VBG hat einen Leitfaden für ein Arbeitsschutzmanagementsystem speziell für Dienstleistungsbetriebe herausgegeben. Die Broschüre „Mit System zum sicheren und gesunden Betrieb“ kann bei der VBG kostenlos bezogen werden.

4.9.5 Kleinere und mittlere Unternehmen

Besondere Belastungen

Gerade in kleineren und mittleren Betrieben ist es wichtig, dass die Belegschaft anwesend und motiviert ist. Fehlzeiten wirken sich hier besonders dramatisch aus: Kein Personal – keine Bearbeitung von Aufträgen! Nur anwesende und zufriedene Mitarbeiter sorgen auch für zufriedene Kunden.

Entlastungsmaßnahmen

Wie eine Befragung der Initiative Gesundheit und Arbeit (Bödecker & Hüsing, 2007) zeigte, finden Beschäftigte in kleinen Betrieben am häufigsten, dass ihre Arbeit ihnen Anerkennung bringt. So schöpfen z. B. 35 % der befragten Männer und fast 47 % der Frauen aus Kleinstunternehmen (höchstens 9 Beschäftigte) besondere Anerkennung aus ihrer Arbeit. Das gilt nur für 19 % der Männer bzw. 26 % der Frauen in Großunternehmen (über 250 Mitarbeiter). Beschäftigte in Kleinst- und Kleinunternehmen (bis 49 Mitarbeiter) sind auch in höherem Maße der Meinung, dass ihr Unternehmen sich um ihre Gesundheit kümmert und ihre Arbeit vielseitig und abwechslungsreich ist. Damit schätzen sie ihren Arbeitsplatz günstiger ein als Mitarbeiter in Großunternehmen und mittleren Unternehmen (50 bis 249 Beschäftigte).

In kleineren Unternehmen sind die Entscheidungsstrukturen einfacher und es gibt eine direktere Kommunikation untereinander. Oft bestehen familienähnliche soziale Beziehungen zwischen Unternehmen und Mitarbeitern. Solange alles gut läuft, können sich die Mitarbeiter in kleineren Betrieben anerkannt und unterstützt fühlen. Wenn aber Konflikte auftauchen, gibt es vielleicht keine schlichtende Instanz mehr und der betroffene Mitarbeiter kann nicht im Team „untertauchen“. Ein ungünstiger Führungsstil oder ein schlechtes Betriebsklima hängen häufig allein an einem Vorgesetzten, z. B. dem Inhaber. Korrigierende Einflüsse gibt es dann eventuell nicht.

Kleinere Unternehmen nehmen seltener externe Unterstützung in Anspruch, weil sie Angst vor den Kosten haben. Dennoch sollten sie kalkulieren, welche Kosten ihnen möglicherweise durch Krankentage, schlechtes Betriebsklima und unzufriedene Mitarbeiter entstehen. Falls daraus schlechtere Produkte oder Dienstleistungen resultieren, können unzufriedene Kunden schnell zu Mindereinnahmen führen. Kosten für die Betriebliche Gesundheitsförderung müssen also nicht unbedingt nur negativ zu Buche schlagen.

TIPP

Hier wird Ihnen geholfen!
Unterstützung – sowohl finanzieller Art als auch in Form von Informationen – gibt es bei den zuständigen Krankenkassen, Berufsgenossenschaften und Handels- oder Handwerkskammern. Auch das Forum Kleine und Mittlere Unternehmen im Deutschen Netzwerk für Betriebliche Gesundheitsförderung hält passende Informationen bereit (http://www.dnbgf.de/index.php?id=12).

4.10 Fallstricke und Stolpersteine

Es gibt eine Reihe von Hindernissen, die den Erfolg eines Projekts zum Abbau psychischer Belastungen vereiteln können. Dazu gehört vor allem der **Widerstand** einzelner Personen. Besonders fatal ist dies, wenn die Unternehmensleitung nicht überzeugt werden kann, die Projekte und Maßnahmen der Betrieblichen Gesundheitsförderung zu unterstützen und mitzutragen.

Häufig besteht auch die Befürchtung, dass ein Unternehmen mit dem Anpacken des Themas zugibt, den Mitarbeitern psychischen Druck zu verursachen. Wenn dies erst einmal öffentlich eingestanden würde, könnten Mitarbeiter oder Betriebs- oder Personalrat vielleicht eine Verringerung der Arbeitslast oder eine Erhöhung der Entlohnung verlangen. Um sich gar nicht erst in eine vermeintliche **Schwächeposition** zu begeben, wird die „Vogel-Strauß-Taktik“ verfolgt und das Thema totgeschwiegen.

Wenn ein hartnäckiger Betriebsarzt oder eine engagierte Sozialabteilung dann dennoch ein entsprechendes Projekt ins Leben rufen, verfügen sie häufig nur über **unzureichende Ressourcen**. Wenn ihre Maßnahmen deswegen nicht die erhofften Erfolge haben, beweist das scheinbar die Sinnlosigkeit, sich mit diesem Thema zu beschäftigen.

Die Erfahrung zeigt allerdings, dass Mitarbeiter sehr dankbar sind, wenn auch psychische Belastungen offen angesprochen werden können und es entsprechende Maßnahmen von Seiten der Unternehmensleitung gibt. Entgegen den Befürchtungen sind die Mitarbeiter auch meist gar nicht **maßlos in ihren Wünschen und Erwartungen**, sondern haben im Gegenteil ein sehr gutes Gespür dafür, was betrieblich an Verbesserungen wirklich machbar ist. So sind es gar nicht immer die besonders teuren und aufwändigen Maßnahmen, die die besten Effekte bringen, sondern z. B. Projekte wie die Einführung von verbindlichen Führungsleitlinien.

Werden mögliche Stolpersteine und Schwierigkeiten von vornherein bedacht, lassen sich rechtzeitig entsprechende Lösungsmöglichkeiten finden. Es ist auch sinnvoll, sich im Vorwege bereits Gedanken darüber zu machen, mit welchen Argumenten z. B. die Unternehmensleitung und die Führungskräfte davon überzeugt werden können, Projekte zur Verminderung psychischer Belastung mit Engagement zu unterstützen.

Argumentationshilfen gegen Hindernisse und Einwände

Hindernisse	Lösungen und Argumente
Ein wichtiger Experte oder Entscheidungsträger bleibt ablehnend	Argumentieren Sie sachlich, ziehen Sie einen neutralen Experten hinzu, erwirken Sie zunächst lediglich die Zustimmung zur Ist-Analyse in einem betrieblichen Gesundheitsbericht
Zweifel hinsichtlich des Datenschutzes	Erklären Sie die Vorkehrungen zum Datenschutz im Einzelnen und garantieren Sie den Datenschutz schriftlich
Angst vor hohen (Folge-)Kosten	Zitieren Sie Beispiele, die zeigen, wie oft mit geringem Aufwand gute Erfolge erzielt werden können
Furcht vor Störungen des Arbeitsablaufs	Verabreden Sie eine schrittweise und angepasste Umstellung, z. B. in Projektform
Sorge um Folgen für die Arbeitsplatzsicherheit	Bekräftigen Sie die Mitbestimmungsrechte des Betriebs- bzw. Personalrats
Angst vor Misserfolgen	Beginnen Sie mit kleinen, aber kurzfristig erfolgversprechenden Aktionen
Kein definiertes Budget oder (zu) begrenzte finanzielle Ressourcen	Nutzen Sie kostenlose Gesundheitsförderungsmaterialien und -dienstleistungen, z. B. staatlichen Einrichtungen oder Krankenkassen

Unzureichend qualifiziertes Personal für Gesundheitsförderungsprojekte	Bilden Sie vorhandenes Personal weiter (aus der Personalabteilung oder dem betrieblichen Arbeitsschutz) oder nutzen Sie qualifizierte Dienstleistungsangebote, z. B. KursleiterInnen oder ProjektmanagerInnen
Mangelnde formelle und informelle Kommunikation und Kooperation	Beginnen Sie mit einem konsensfähigen und überschaubaren Projekt
Mangelndes Interesse des Managements	Loben Sie einen Wettbewerb aus und beziehen Sie hochrangige Unternehmensvertreter in die Jury zur Auswahl der Preisträger ein

Tab. 4.10: Umgang mit Hindernissen bei Projekten zur Burnout-Prävention (Demmer H. , 1992)

Allerdings ist das Durchführen von Maßnahmen zur Betrieblichen Gesundheitsförderung nur ein Teil der Aufgabe, möchte man auch einen wirklichen Erfolg durch eine Verbesserung der Gesundheit der Beschäftigten erzielen. Die professionelle und korrekte Auswertung dieser Maßnahmen und Programme ist ebenso wichtig. Nur wenn auch die fehlerfrei erfolgt, lohnen sich diese tatsächlich. Deshalb soll hier zum Abschluss des Kapitels noch einmal zusammengefasst werden, welche Fehler bei der Auswertung unterlaufen und damit das Ergebnis unterminieren können. Vermeiden Sie diese Fehler, steht dem Erfolg der von Ihnen durchgeführten Maßnahmen nichts mehr im Weg.

Mögliche Fehler bei der Auswertung von Maßnahmen und Programmen

- Programme werden bereits nach zu kurzer Zeitdauer evaluiert, obwohl sie dann noch gar keine Wirkung entfaltet haben können.
- Programme werden erst nach sehr langer Zeit evaluiert, so dass sich nicht mehr genau prüfen lässt, welcher Effekt wirklich der Maßnahme zuzuschreiben ist und welcher durch andere Einflüsse zustande gekommen ist.
- Es wird nicht untersucht, auf welche Weise Verhaltensänderungen zustande gekommen sind.
- Keine Berücksichtigung der betrieblichen Situation während des Projekts, z. B. Strukturwandel, Personalpolitik, Krisen etc.
- Es werden nur einzelne Programmteile oder nur bestimmte Teilnehmergruppen ausgewertet (nur Abteilung A, nur jüngere Mitarbeiter, nur Bürobereiche usw.).

5 Biegen statt brechen – Förderung der Resilienz

Wenn es darum geht, psychische Belastungen und deren Folgen zu verringern, wird oft zu Stressmanagement geraten. Dabei geht es darum, die alltäglichen Belastungen besser zu organisieren, seine eigenen Einstellungen zur Arbeit zu überprüfen und genügend Erholung einzuplanen. Diese Ansätze greifen aber zu kurz in einer Leistungsgesellschaft, in der alle immer Höchstleistungen erbringen sollen, in einer Lebens- und Arbeitswelt, die sich dauern wandelt.

In einer Gesellschaft, in der der Druck immer mehr zunimmt, ist es interessant und vorteilhaft, von Menschen und Unternehmen zu lernen, die gut mit Krisen und Dauerstress fertig werden. In diesem Zusammenhang wird in letzter Zeit immer intensiver das Thema der „Resilienz" diskutiert, also der Widerstandsfähigkeit gegenüber Stress und Krisen. Ursprünglich wurde das Resilienzkonzept nur auf einzelne Personen angewandt. Es ist aber auch lohnend zu betrachten, inwieweit auch ganze Organisationen — also auch Unternehmen — die Eigenschaft der Resilienz besitzen und wie sich diese vielleicht sogar gezielt entwickeln lässt.

5.1 Wie Menschen widerstandsfähiger werden

Nicht nur dramatische Katastrophen und persönliche Tragödien verlangen dem Menschen viel Widerstandskraft ab, auch der ganz gewöhnliche Alltagsstress muss immer wieder bewältigt werden: dauernde Umstrukturierungen in der Firma, Kurzarbeit, die Angst vor dem Verlust des Arbeitsplatzes, finanzielle Sorgen. Dass diese Dauerbelastungen im Moment besorgniserregende Konsequenzen haben, zeigen aktuelle Studien und die Gesundheitsberichte der Krankenkassen. Jeder dritte Mitarbeiter leidet stark unter Hektik, Zeit- und Termindruck. Jeder Vierte erlebt das Arbeitstempo und den Leistungsdruck als sehr belastend.

Was ist Resilienz?

Die Fähigkeit, widerstandsfähig gegenüber äußeren Belastungen und Krisensituationen zu sein, wird in der Psychologie als Resilienz bezeichnet. Der Begriff stammt ursprünglich aus der Physik (ähnlich wie auch der Begriff „Stress") und bezeichnet die Fähigkeit eines Werkstoffes, sich verformen zu lassen und dennoch in die ursprüngliche Form zurückzufinden. So ist z. B. Schaumstoff sehr resilient, feuchter Lehm ist es nicht. Der resiliente Mensch gleicht also einem Stehaufmännchen, das sich immer wieder aufrichtet, auch wenn es umgestoßen wird. Damit ist der Begriff Resilienz auch weiter gefasst als der Begriff Stress.

! **WICHTIG**

Definition von Resilienz

Die Fähigkeit, widerstandsfähig gegenüber äußeren Belastungen und Krisensituationen zu sein und sie ohne anhaltende Beeinträchtigung durchzustehen, wird in der Psychologie als „Resilienz" bezeichnet. Resilienz ist die Fähigkeit, sich angesichts andauernder Belastungen, Widrigkeiten, Traumata oder Tragödien anzupassen und zu erholen.

Was zeichnet resiliente Menschen aus?

Die Eigenschaft Resilienz ist wahrscheinlich zu einem Teil genetisch mitbestimmt, lässt sich aber auch erlernen und gezielt trainieren. Viele Menschen verfügen bereits über eine breite Palette von Fähigkeiten und Eigenschaften, die zusammen die Resilienz ausmachen. Trotzdem gibt es nicht nur einen Weg, um die eigene Resilienz weiter zu entwickeln. Eine ganze Bandbreite von Verhaltensweisen, Gedanken und Aktivitäten steht für die eigene Widerstandsfähigkeit zur Verfügung, und jeder kann seine eigene Strategie entwickeln, je nachdem, wo bereits besondere Stärken liegen. Es sollte aber darauf geachtet werden, möglichst jeden Bereich der Resilienz zu stärken. In unterschiedlichen Situationen können ganz unterschiedliche Bewältigungsstrategien gefragt sein. Da sind diejenigen im Vorteil, die auf eine Fülle von verschiedenen Verhaltensweisen und Einstellungen zurückgreifen können. Daher ist das Training von Resilienz auch in Firmen sinnvoll, und zwar sowohl für die Mitarbeiter als auch für die Führungskräfte.

Anfänge der Resilienzforschung

Die Wissenschaftlerin Emmy Werner forschte in den 1950er Jahren auf Hawaii. Sie untersuchte die Entwicklung von Kindern in sehr schwierigen Familienverhältnissen — Armut, Krankheit, Vernachlässigung beherrschten diese Familien. Dennoch gelang ca. einem Drittel dieser Kinder eine sehr positive Entwicklung. Sie verfügten über Schutzfaktoren, um die negativen Auswirkungen ihrer Umgebung abzuwehren und auszugleichen. Inzwischen haben zahlreiche Studien an Kindern und Jugendlichen wichtige Resilienzfaktoren gefunden: Halt in festen emotionalen Beziehungen, Übernahme von Verantwortung und die Fähigkeit, offen auf andere zuzugehen. (Scharnhorst, 2010)

Zur Resilienz gehören z. B. folgende Fähigkeiten oder Handlungsweisen:

- **Einsicht suchen**: Suchfragen stellen und ehrliche Antworten geben
- **Unabhängigkeit**: das Recht auf sichere Grenzen zwischen sich und anderen
- **Beziehungen**: enge und erfüllende Beziehungen suchen und aufrechterhalten
- **Initiative**: Probleme aktiv anpacken
- **Kreativität**: Frustration oder Schmerz künstlerisch ausdrücken
- **Humor**: das Komische im Tragischen finden, über sich selbst lachen
- **Moral**: Wissen, was gut und schlecht ist, der Wille, für diesen Glauben auch Risiken einzugehen.

Resilienzmodell von Al Siebert

Der amerikanische Psychologe Al Siebert beschäftigte sich über Jahrzehnte mit dem Konzept der Resilienz, wobei er dabei einen strikt gesundheitsförderlichen Ansatz verfolgte. Es ging ihm also nicht um die Prävention von psychischen Störungen oder die Bewältigung von Traumata, sondern um den Aufbau von Kompetenzen, Denk- und Verhaltensweisen, die den Menschen auch unter Druck gesund erhalten.

Er entwickelte ein aufbauendes Modell mit fünf Ebenen der Resilienz. Die **erste Stufe** bildet die **optimale körperliche und psychische Gesundheit**. Um diese zu fördern und zu erhalten, braucht man einen gesunden Lebensstil und einen günstigen Umgang mit Stress. Die **zweite Stufe** besteht in gut **ausgeprägten Problemlösefähigkeiten**. Dazu gehören die Fähigkeiten, problematische Situationen schnell zu verstehen und diese rasch aktiv anpacken und bewältigen zu können.

Auf der **dritten Stufe** der Resilienz geht es darum, die „**inneren Torhüter**" (inner Gatekeepers) zu entwickeln, die in einem starken **Selbstvertrauen**, einem gesunden **Selbstwertgefühl** und einem positiven **Selbstkonzept** bestehen. Dazu gehören auch drei Schlüsseleinstellungen: das Gefühl der Selbstwirksamkeit, das Bekenntnis zu etwas, was als wichtig empfunden wird, und das Empfinden, dass Veränderungen eine aufregende Herausforderung bedeuten. Um die dritte Stufe der Resilienz zu fördern, sollten Unternehmen ihren Mitarbeitern große Freiheits- und Entscheidungsspielräume eröffnen. Auf der **vierten Stufe** der Resilienzentwicklung plädiert Siebert für die Förderung von **Lernfähigkeit und -bereitschaft**, Neugier und Experimentierfreude.

Die ersten vier Stufen sind die Voraussetzung für die **fünfte Entwicklungsstufe**, das „**Hans-im-Glück-Prinzip**" („Serendipity"), auf der Menschen in der Lage sind, aus Krisen sogar gestärkt hervorzugehen. Menschen oder Organisationen auf dieser Stufe können Krisen und Rückschläge nützen, um sich weiterzuentwickeln und die Situation zum Positiven zu wenden (Siebert, 2010).

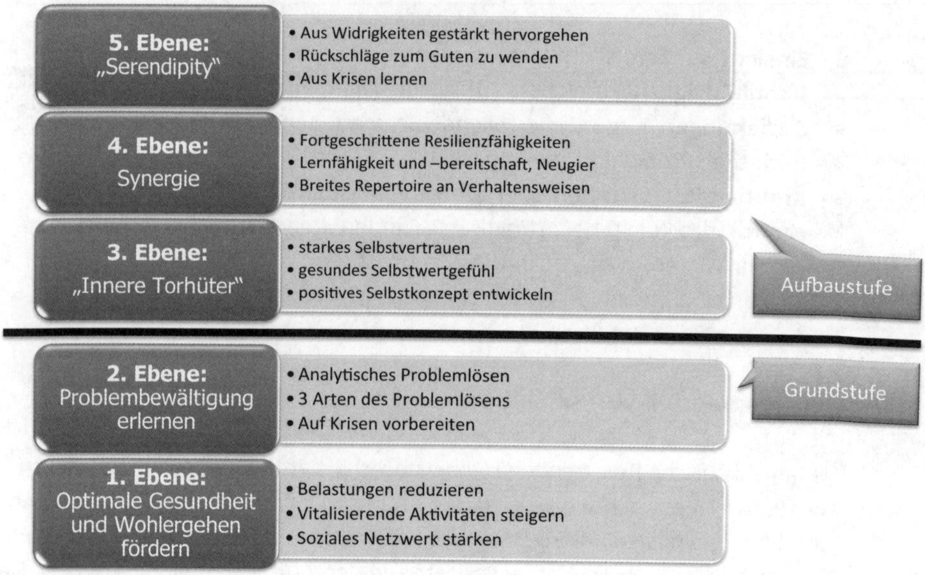

Abb. 5.1: Die 5 Ebenen der Resilienz nach Siebert

5.2 Resiliente Unternehmen

In den USA wird der Resilienzbegriff auch auf Teams, Organisationen und ganze Unternehmen angewandt. Ein System ist resilient, wenn es seine Funktionen angesichts äußeren oder inneren Wandels aufrecht erhält oder wenn es sie im Notfall auf erträgliche und allmähliche Weise einschränkt, sagen B. Allenby und J. Fink von der Arizona State University. In den USA ist dabei die Umsetzung der Resilienzforschung in praktische Projekte viel weiter fortgeschritten als in Deutschland, entsprechende Programme haben dort inzwischen etwa Eingang in Management-Trainings gefunden. So bietet z. B. die Firma GlaxoSmithKline für Mitarbeiter der Management-Ebene Resilienz-Trainings an.

BEISPIEL

Angewandtes Resilienz-Training

Questar, ein amerikanisches Energieversorgungsunternehmen, bietet seinen Angestellten Trainings für den Aufbau persönlicher Resilienz an. Als Grund für dieses Angebot nennt die Firma: „Wenn in der Vergangenheit jemand eine

Störung in seinem Leben hatte — eine Scheidung, einen Krankheitsfall in der Familie — haben wir den Mitarbeiter für mehrere Monate verloren. Das Resilienz-Training hilft ihnen, schneller wieder auf die Füße zu kommen und stärker zu werden. Dadurch wurden die Produktivität gesteigert und die Fehlzeiten gesenkt. Wir haben Menschen, die uns sagen, es hat ihr Leben verändert.“

Angesichts der im Rahmen der Globalisierung andauernden Veränderungen im Wirtschaftsleben ist das Thema Resilienz auch für die Wirtschaft hoch interessant geworden. Wie werden Unternehmen mit ständigen Umstrukturierungen, Entlassungswellen oder finanziellen Engpässen fertig? Verfügen die Betriebe über ein hohes Maß an Resilienz, wird es ihnen nach einer Krise rascher gelingen, in eine stabile Situation zurück zu finden. Das Institut des Zukunftsforschers Matthias Horx sagt voraus, dass Resilienz einer der Zukunftstrends der nächsten Jahre sein wird. Vor einiger Zeit hat auch der renommierte Harvard Business Review dem Thema ein Buch gewidmet (Harvard Business Review, 2003). Darin werden verschiedene **Eigenschaften resilienter Organisationen** beschrieben:

- Sie haben Mitarbeiter, Teams und Führungskräfte, die fähig sind, die **Realität** zu **akzeptieren** und **anzupacken**. Das Überleben der Organisation wird **trainiert**, schon bevor es kritisch wird.
- Sie sind als Organisation fähig, Bedeutung im Leben zu finden. Das **Wertesystem** resilienter Organisationen dient als Halt in schwierigen Situationen.
- Sie sind fähig zu **improvisieren** und **alle Ressourcen** zur Problembewältigung **einzusetzen**.

Führung und Resilienzförderung

Für die Stärkung der Resilienz in Teams und Organisationen haben die Führungskräfte eine besondere Schlüsselrolle. Optimal kann eine Organisation auf Krisen reagieren, wenn deren einzelne Mitarbeiter, sämtliche Teams und die Führungskräfte über die Komponenten der Resilienz verfügen. „Mitfühlendes Führen“ kann das Bewältigen von schwierigen Zeiten bei Individuen und auch bei ganzen Organisationen fördern. Damit ist gemeint, nicht nur die organisatorische Seite der kritischen Situation anzupacken, sondern auch darauf einzugehen, was dies emotional bei den Beteiligten auslösen kann. Das heißt, dass auch die Führungskräfte selber in schwierigen Zeiten ihre Gefühle zeigen sollten. Die Fähigkeit der Führungskräfte, eine emotionale und mitfühlende Reaktion auf Krisen im Unternehmen sich und anderen Beteiligten zu erlauben, wirkt sich unmittelbar auf die Fähigkeit eines Unternehmens aus, eine hohe Leistungsfähigkeit beizubehalten. Unternehmen, die sich deutlich sichtbar um Ihre Mitarbeiter kümmern, haben zudem eine bessere Mitarbeiterbindung.

Wichtig sind in diesen Situationen auch öffentliche Stellungnahmen, die die Betroffenheit der Mitarbeiter mindern und die Menschen zum Handeln anregen. Dazu gehört insbesondere, dass die Führungskräfte bei Krisen anwesend sind und ihre Teilnahme zumindest mit symbolischen Gesten zeigen. Als hilfreich hat sich dies in den Firmen erwiesen, die unmittelbar vom Attentat des 11. September 2001 in New York betroffen waren. Die Aufgabe der Führungskräfte ist es dann vornehmlich, einen Kontext für Aktionen zu schaffen. Ansonsten ist die Reaktion auf plötzlich eintretende Krisen in Unternehmen häufig eine hilflose Untätigkeit. Sowohl für die Organisation als auch für jeden Einzelnen ist hier Aktivität aber viel hilfreicher und nützlicher.

! WICHTIG

Notwendige Eigenschaften für das Führen in Krisen

- **Menschliche Stärke, emotionale Intelligenz, Integrität**
- **Fähigkeit zur Empathie und Zuwendung**
- **Mut zum Zeigen eigener emotionaler Reaktionen**
- **Mut zum Eingreifen und Handeln, anwesend sein, angewandte Kreativität**
- **Lernfähigkeit aus Krisen**

Diese Eigenschaften sind natürlich auch sehr hilfreich, wenn in einem Team ein Burnout-Fall auftritt. Schließlich stellt ein schwerer Krankheitsfall — wahrscheinlich auch ausgelöst durch die Arbeitsbedingungen — für das Team des Betroffenen ebenfalls eine Krise dar. Die Mitarbeiter sorgen sich um die Burnout-Betroffenen und entwickeln zudem häufig Ängste, demnächst vielleicht ebenfalls einen Burnout zu erleiden.

Förderung der Resilienz

Die amerikanische Psychologenvereinigung APA hat sich des Themas Resilienz anlässlich der kollektiven Traumatisierung der amerikanischen Bevölkerung durch den 11. September 2001 angenommen. Für die bessere Bewältigung von krisenhaften Situationen und die Entwicklung der individuellen Resilienz empfiehlt der Verband in der Broschüre „Road to Resilience“ folgende 10 Schritte:

1. Soziale Kontakte aufbauen
2. Krisen nicht als unüberwindliches Problem betrachten
3. Akzeptieren, dass Veränderungen ein Teil des Lebens sind
4. Sich auf die eigenen Ziele zubewegen
5. Aktiv Entscheidungen treffen

6. Auf Wachstumschancen achten
7. Ein positives Selbstbild aufbauen
8. Perspektive bewahren
9. Optimistisch bleiben
10. Für sich selbst sorgen.

Einige dieser Schritte lassen sich auch in Unternehmen umsetzen bzw. gezielt fördern. Wichtig ist dabei ein Top-Down-Ansatz, der den Resilienzaufbau als wichtiges Unternehmensziel fördert. Für die Umsetzung auf die Ebene des alltäglichen Arbeitshandelns spielen dann die Führungskräfte eine wesentliche Rolle.

Die wichtigsten Eigenschaften und Verhaltensweisen resilienter Unternehmen sind:

- Für die Existenz des Unternehmens relevante **Warnsignale** sind bekannt und werden systematisch beobachtet und ausgewertet.
- Es gibt klare **Werte** im Unternehmen, die allen bekannt sind und auch wirklich gelebt werden.
- **Gesundheit** und **Wohlbefinden** der Belegschaft sind im Unternehmen wichtig und werden gezielt gefördert.
- Es gibt für die größten Risiken, die das Unternehmen treffen könnten, ausgearbeitete **Krisenpläne**.
- Auch im Krisenfall wird offen, transparent und vor allem direkt **kommuniziert**. Dadurch wird Vertrauen möglich.
- **Problemlösefähigkeiten** werden gefördert und geübt, alle am Problem Beteiligten werden auch einbezogen. Es geht nicht darum, Schuldige zu suchen, sondern Lösungen zu finden.
- **Soziale Netzwerke** – sowohl formelle als auch informelle – werden bewusst hergestellt und gepflegt. So kann im Krisenfall auf Wissen und Verständnis vieler Mitarbeiter, aber auch von Kunden und Lieferanten zurückgegriffen werden.
- Fähigkeit zur **Wandlung und Improvisation**: Neue Situationen erfordern neue Handlungsweisen. Wer nur Dienst nach Vorschrift kann, ist in unerwarteten Situationen hilflos und handlungsunfähig.
- Häufig sind Krisen auch gleichzeitig **Chancen**, denn sie zwingen dazu, eingetretene Wege zu verlassen und neue zu erkunden. Nur wer mutig nach vorne sehen kann, ist in der Lage, loslassen und Neues beginnen zu können.

Unternehmen können sowohl sich als gesamte Organisation als auch ihre Führungskräfte und Mitarbeiter auf Krisen vorbereiten und damit ihre Resilienz stärken. Das Grundprinzip ist dabei, mögliche Gefahren rechtzeitig zu erkennen und dafür Handlungspläne zu entwickeln. Dazu gehört auch, die Resilienz der Beschäftigten im Unternehmen zu verbessern.

! **WICHTIG**

Wichtige Module für Trainings und Beratung zur Resilienzförderung

- Erkennen möglicher Krisenherde (im Arbeits- und Privatleben)
- Reflektieren der eigenen Ängste und evtl. vorhandenen Vermeidungsstrategien bei Krisen
- Überprüfung der Wahrscheinlichkeit und der Wirkung der möglichen Krisen
- Präventive Maßnahmen zur Vermeidung von Krisen planen
- Entwerfen von Notfallplänen für mögliche Krisen
- Suchen von Ressourcen für die Bewältigung von Krisen
- Ausbau des sozialen Unterstützungsnetzwerks planen
- Problemlösefähigkeiten trainieren
- Humor und Optimismus entwickeln

Vorteile resilienter Unternehmen und deren Mitarbeiter

- Unternehmen mit sehr resilienten Angestellten haben einen Vorteil vor ihren weniger resilienten Wettbewerbern.
- Während eines Down-Sizing-Prozesses haben resiliente Mitarbeiter mit einer breiten Palette von Fähigkeiten die besseren Chancen, ihren Arbeitsplatz zu behalten.
- Wenn sich mehrere Personen um eine Arbeitsstelle bewerben, hat eine resiliente Person die besten Chancen, angestellt zu werden.
- Wenn die alten beruflichen Fähigkeiten nicht mehr gebraucht werden, können resiliente Menschen schnell lernen, neue Einkommensmöglichkeiten zu finden.
- Resiliente Personen sind am besten in der Lage, schwierige Situationen zu einem guten Ende zu bringen.
- Resiliente Menschen haben eine geringere Wahrscheinlichkeit, in schwierigen Zeiten krank zu werden.

Das Resilienzkonzept bietet viele Möglichkeiten, einzelne Mitarbeiter und das ganze Unternehmen besser auf das Umgehen mit Krisen und Dauerbelastungen vorzubereiten. Damit ist es auch sehr gut geeignet für eine sehr früh einsetzende Burnout-Prävention und für die Förderung der Gesundheit und des Wohlergehens aller Beschäftigten. So wird sicherlich das Interesse am Thema Resilienz in den nächsten Jahren noch stark zunehmen, und es kann sich sogar als Wettbewerbsvorteil erweisen, wenn man sich schon frühzeitig damit auseinandersetzt. Es ist also aus vielfältigen Gründen sinnvoll für Unternehmen, sich mit dem Konzept Resilienz intensiv zu befassen und zu prüfen, auf welche Art und Weise es im eigenen Betrieb umgesetzt werden kann.

6 Anhang: Checklisten, Leitfäden und Betriebsvereinbarungen

6.1 Checklisten für Burnout-Symptome und -Warnsignale

6.1.1 Maslach-Burnout-Inventar (MBI)

- Ich fühle mich von meiner Arbeit ausgelaugt.
- Am Ende eines Arbeitstages fühle ich mich erledigt.
- Ich fühle mich müde, wenn ich morgens aufstehe und wieder einen Arbeitstag vor mir habe.
- Es gelingt mir gut, mich in meine Patienten/Klienten hineinzuversetzen.
- Ich glaube, ich behandle einige Patienten/Klienten, als ob sie unpersönliche „Objekte" wären.
- Den ganzen Tag mit Leuten zu arbeiten, ist wirklich eine Strapaze für mich.
- Den Umgang mit Problemen meiner Patienten/Klienten habe ich sehr gut im Griff.
- Durch meine Arbeit fühle ich mich ausgebrannt.
- Ich glaube, dass ich das Leben anderer Leute durch meine Arbeit positiv beeinflusse.
- Seit ich diese Arbeit mache, bin ich gleichgültiger gegenüber Leuten geworden.
- Ich befürchte, dass diese Arbeit mich emotional verhärtet.
- Ich fühle mich voller Tatkraft.
- Meine Arbeit frustriert mich.
- Ich glaube, ich strenge mich bei meiner Arbeit zu sehr an.
- Bei manchen Patienten/Klienten interessiert es mich eigentlich nicht wirklich, was aus/mit ihnen wird.
- Mit Menschen in der direkten Auseinandersetzung arbeiten zu müssen, belastet mich sehr.
- Es fällt mir leicht, eine entspannte Atmosphäre mit meinen Patienten/Klienten herzustellen.
- Ich fühle mich angeregt, wenn ich intensiv mit meinen Patienten/Klienten gearbeitet habe.
- Ich habe viele wertvolle Dinge in meiner derzeitigen Arbeit erreicht.

- Ich glaube, ich bin mit meinem Latein am Ende.
- In der Arbeit gehe ich mit emotionalen Problemen sehr ruhig und ausgeglichen um.
- Ich spüre, dass die Patienten/Klienten mich für einige ihrer Probleme verantwortliche machen.
- Ich fühle mich meinen Patienten/Klienten in vieler Hinsicht ähnlich.
- Von den Problemen meiner Patienten/Klienten bin ich persönlich berührt.
- Ich fühle mich unbehaglich bei dem Gedanken daran, wie ich einige meiner Patienten/Klienten behandelt habe.

(Kaschka, Korczak, & Broich, 2011)

6.1.2 Checkliste „Auffälligkeiten bei Mitarbeitern“

Veränderungen im Leistungs- und Sozialverhalten
Ungewohnte Leistungsschwankungen
Mehr Fehler
Langsameres Arbeiten
Zunehmende Unpünktlichkeit
Ungewohnt hektisches Verhalten
Mehr Fehlzeiten
Ungewohnter sozialer Rückzug
Übersteigertes Misstrauen
Ungewohnte Disziplinlosigkeit
Übersteigertes Redebedürfnis
Übersteigertes Waschbedürfnis
Veränderungen im Denken
Zunehmende Konzentrationsstörungen
Wirkt häufiger geistig abwesend
Äußerungen wirken unlogisch
Ungewohntes Vergessen von Aufträgen
Schweift ungewohnt häufig im Gespräch ab

Veränderungen im Fühlen
Ungewohnte Erregbarkeit
Schreckhaftigkeit
Aggressivität
Ungewohnt starre Mimik, weniger Lachen
Äußern von Lebensüberdruss
Äußern von Minderwertigkeitsgefühlen oder Versagensängsten
Veränderungen im körperlichen Bereich
Verwahrlosung
Gebeugte Haltung
Zittern
Ungewohnt steife, unbeweglich wirkende Körperhaltung
Schweißausbrüche
Berichte über Schlafstörungen oder fehlendes Schlafbedürfnis

(Matyssek, Gesundes Team — gesunde Bilanz, 2003)

6.1.3 Boreout: Der Quick-Check für Führungskräfte

Frage	Ja	Nein
Können Sie ausschließen, dass die Teamgröße in Ihrem Unternehmen auch ein Statussymbol darstellt?		
Wird die Übereinstimmung eines Stellenprofils mit dem Profil des Mitarbeiters regelmäßig (oder nach Veränderungen, wie z. B. einer Weiterbildung) überprüft?		
Kennen Sie die wirkliche Arbeitsauslastung Ihrer Mitarbeiter?		
Delegieren Sie einen Teil Ihrer Arbeit? Werden die Mitarbeiter mit einbezogen, wenn man nach Verbesserungen sucht (z. B. mit einem Innovationsmanagement?)		
Werden Beförderungen (vor allem) aufgrund der potenziellen Führungsfähigkeit ausgesprochen?		
Halten Sie die Versprechen, die Sie über Stelleninserat und Vorstellungsgespräch machen, auch ein?		
Sind die Tätigkeiten der Mitarbeitenden messbar (z. B. über Tasklisten)?		

Frage	Ja	Nein
Können Mitarbeiter in anderen Bereichen aushelfen, wenn sie zwischendurch weniger ausgelastet sind?		
Führen Sie Ihre Mitarbeiter individuell?		

Auswertung:

8 bis 10 Ja: Sehr gut, keine Gefahr für Boreout

5 bis 7 Ja: Achtung, überprüfen Sie die Punkte, wo ein Nein steht. Es besteht die Gefahr des Boreouts.

Weniger als 5 Ja: Wetten, dass mindestens 10 Prozent Ihrer Mitarbeiter an einem Boreout leiden?

(Nach: Rothlin & Werder, Die Boreout-Falle, 2009)

6.2 Checklisten zum Führungsverhalten

6.2.1 Selbstcheck gesundheitsförderlicher Führungsstil

Sind Sie ein gesundheitsfördernder Chef? Oder gibt es noch Bereiche in Ihrem alltäglichen Führungsverhalten, die sich verbessern ließen? Mit diesem Selbstcheck erfahren Sie einerseits, worauf es bei einer gesundheitsförderlichen Führung wirklich ankommt, andererseits können Sie sich gleich einmal selbst auf den Prüfstand begeben.

Bei jedem der folgenden Sätze können Sie eine von vier Antwortmöglichkeiten wählen:

3	Stimmt ganz und gar
2	Stimmt ziemlich
1	Stimmt eher nicht
0	stimmt absolut nicht

Führen Sie gesundheitsförderlich?

Frage	3	2	1	0
Handlungsspielraum				
Ich übertrage meinen Mitarbeitern verantwortungsvolle Aufgaben und versuche, ihren Handlungsspielraum zu erweitern.				
Ich habe nur selten ein ungutes Gefühl, wenn ich eine Aufgabe delegiert habe (= ich denke nur selten darüber nach, ob der Mitarbeiter das wohl richtig macht).				
Ich beteilige meine Mitarbeiter an Entscheidungsprozessen.				
Interesse am Wohlbefinden der Mitarbeiter				
Ich erkenne immer genau, wann einer meiner Mitarbeiter überlastet ist (z. B. weiß ich, wer auf Stress mit einem roten Kopf reagiert/wer eher kalkweiß wird).				
Ich beobachte meine Mitarbeiter wohlwollend.				
Ich achte ganz bewusst auf sicherheitsgerechtes Arbeiten meiner Mitarbeiter.				
Ich bemühe mich, Belastungen meiner Mitarbeiter im gesunden Maß zu halten.				
Sichtbarkeit				
Ich bemühe mich, für meine Mitarbeiter immer ein offenes Ohr zu haben, z. B. indem ich oft (mind. 1 x/Woche) durch die Abteilung gehe (walking around).				
Ich suche häufig (mind. 1 x/Monat) das Gespräch mit jedem Mitarbeiter – nicht nur in Beurteilungsgesprächen/Mitarbeiterjahresgesprächen.				
Informationspolitik und Partnerschaftlichkeit				
Ich bemühe mich, alle Informationen über Unternehmen und Abteilung rasch weiterzugeben und damit „Wissensgefälle" zu vermeiden.				
Meine Mitarbeiter wissen ganz genau, „was sie tun" und wie ich das finde: Ich gebe mindestens einmal im Monat Feedback.				
Die Meinung meiner Mitarbeiter ist mir wichtig.				
Feedback funktioniert bei uns gegenseitig, d. h. a) Meine Mitarbeiter trauen sich auch, mich zu kritisieren b) Meine Mitarbeiter trauen sich auch, mich zu loben.				
Umgangston				
Ich begrüße meine Mitarbeiter morgens freundlich.				
Ich spreche nicht ironisch oder herablassend mit meinen Mitarbeitern.				
Bitte und Danke sind bei uns selbstverständlich. Schreien kommt nicht vor.				

Frage	3	2	1	0
Umgang mit Fehlzeiten				
Ich interessiere mich für die Anwesenheitsquote in meiner Abteilung.				
Ich nehme persönlich Kontakt zu Mitarbeitern in längerer Krankheit (ca. ab 10 Tagen) auf.				
Ich heiße grundsätzlich jeden Mitarbeiter nach jeder Abwesenheit vom Arbeitsplatz (also auch nach Urlaub, Fortbildung etc.) Willkommen.				
Anerkennung und Wertschätzung				
Ich kenne die größte Stärke jedes meiner direkten Mitarbeiter (bis max. 30 MA)				
Ich lobe wesentlich öfter, als ich kritisiere.				
Ich habe keine Lieblinge, die ich bevorzugt behandle.				
Soziale Unterstützung				
Ich bemühe mich, für meine Mitarbeiter da zu sein, ihnen den Rücken zu stärken.				
Meine Mitarbeiter wissen, dass ich ihnen nicht in den Rücken falle und sie auch bei einer Panne nicht im Regen stehen lasse.				
Ich bemühe mich, auch für belastete — und damit leistungsreduzierte — Mitarbeiter (z. B. Depressive) menschen- und unternehmensfreundliche Lösungen zu finden.				
Gesunder Umgang mit sich selbst				
Ich achte trotz aller Belastungen auf meine Gesundheit und schütze mich vor Überforderung.				
Ich nehme meine Vorbildfunktion auch in puncto Gesundheit ernst (z. B. durch Sporttreiben, Hobbies zum Abschalten, Urlaub ohne Aktenmitnahme …).				
Bemühen um eine gesunde Unternehmenskultur/Care Culture				
Ich achte darauf, das Betriebsklima möglichst positiv mitzugestalten.				
Ich habe mich in der Vergangenheit wiederholt für mehr Gesundheit im Unternehmen eingesetzt und hierzu konkrete Verbesserungsvorschläge gemacht.				
Gesamtpunktzahl:				

Tab. 6.1: Selbstcheck Führungsverhalten unter Stress (Matyssek, Gesundes Team – gesunde Bilanz, 2003)

Auswertung

Unter 30 Punkten: Sie wissen es vermutlich selbst: Es gibt da noch ziemlich große Baustellen, also – positiv ausgedrückt – recht viele Möglichkeiten, bei denen Sie ansetzen können, wenn Sie der eigenen Gesundheit und der Ihrer Mitarbeiter etwas Gutes tun wollen.

31 bis 60 Punkte: Sie sind bereits auf dem rechten Weg, aber die Gesundheitswertigkeit Ihres Führungsverhaltens ist noch ausbaufähig: Sie können noch mehr dafür tun, ein Chef zu werden, für den man gerne (und dabei gut!) arbeitet. Bleiben Sie dran – es lohnt sich!

Über 60 Punkte: Bravo! Ihre Mitarbeiter dürfen sich freuen und belohnen sie vermutlich mit einer hohen Anwesenheitsquote. Sie führen schon heute sehr mitarbeiterorientiert und haben den (gesunden!) Ehrgeiz, dieses Führungsverhalten noch weiter zu optimieren.

(Matyssek, Gesundes Team – gesunde Bilanz, 2003)

6.2.2 Selbstcheck: „Führungsverhalten unter Stress"

Mit Hilfe des folgenden Fragebogens können Sie Ihr eigenes Führungsverhalten unter Stress überprüfen. Auf sich selbst und seine Mitarbeiter acht zu geben – das ist gar nicht so leicht, wenn uns gerade der Termindruck im Nacken sitzt, die Zahlen nicht stimmen und wir vielleicht auch noch privaten Stress haben.

Deshalb Hand aufs Herz:

Wenn Sie selbst im Stress sind

Wie führen Sie unter Stress?

□	… delegieren Sie dann eher weniger	oder	□	eher mehr, um sich selbst zu entlasten?
□	… verzichten Sie dann auf Ihre kleinen Ausgleichsübungen (Recken, Dehnen zwischendurch	oder	□	denken Sie dann daran, dass es in solchen Momenten umso wichtiger ist, Verspannungen vorzubeugen?

□ … wird Ihre Mimik dann schon einmal starr, fest und unbeweglich	oder	□ haben Sie dann öfter ein Lächeln auf den Lippen?
□ … leidet dann der Umgangston schon einmal	oder	□ bleiben Sie auch dann höflich und freundlich?
□ … denken Sie dann „Gute Arbeit ist selbstverständlich, dafür werden meine Mitarbeiter ja bezahlt!“	oder	□ ist Ihnen immer bewusst, dass positives Feedback gerade in stressigen Zeiten die nötige Sicherheit für gute Leistungen gibt?
□ … ist Ihnen dann egal, was Sie essen	oder	□ achten Sie dann erst recht auf eine gesunde Ernährung?
□ … sind Ihnen dann Sicherheitsvorschriften schon einmal egal	oder	□ folgen Sie auch dann dem Prinzip „Sicherheit hat Vorrang“?
□ … neigen Sie dann schon mal dazu, wichtige Vorgänge, die Sie bereits delegiert haben, wieder an sich zu reißen	oder	□ haben Sie dennoch das Vertrauen, das Ihre Mitarbeiter ihren Job schon gut machen werden?
□ … arbeiten Sie dann zu 100 Prozent aufgaben- und sachorientiert	oder	□ achten Sie weiterhin auf das Wohlbefinden Ihrer Mitarbeiter?
□ … versuchen Sie dann abends, einfach nur zu vergessen und abzuschalten	oder	□ gönnen Sie sich (und manchmal auch Ihrem Team) etwas Gutes?

Tab. 6.2: Selbstcheck: Führung unter Stress (Nach: Matyssek, Gesundes Team – gesunde Bilanz, 2003) Leitfäden zur Gesprächsführung

6.2.3 Selbstklärung vor dem Gespräch

Was weiß ich über meine Mitarbeiter?

Name: ……………………………………………………………………………………

Geburtstag: ……………………………………………………………………………

- Was weiß ich von der **beruflichen Situation** des Mitarbeiters? Gibt es hier besondere Belastungen, z. B. hohen Arbeitsanfall oder neue Aufgaben? Kenne ich die Kraftquellen des Mitarbeiters?
- Was weiß ich von der **privaten Situation** des Mitarbeiters? Gibt es gerade besondere positive oder negative Vorkommnisse?
- Wie stehe ich **persönlich** zu dem Mitarbeiter? Weiß ich, was ich von ihm oder ihr möchte? Weiß er oder sie, was ich erwarte?

- Was weiß ich von der **Beziehung** des Mitarbeiters **zu den Kollegen**? Gibt es unterstützende Kollegen oder Konflikte mit anderen?
- Ist mir in letzter Zeit etwas aufgefallen, was auf eine **Belastung** des Mitarbeiters hinweisen könnte? (S. Checkliste in Abschnitt 6.1.2)

(s. auch Matyssek, Gesundes Team – gesunde Bilanz, 2003)

Vor dem Gespräch

Selbstklärung: Vor dem Gespräch klären, wie man selbst zum Mitarbeiter und zur zu besprechenden Angelegenheit steht.

Sachebene: Wie sehe ich den Sachverhalt? Welche Punkte will ich ansprechen?

Beziehungsebene: Wie stehe ich zur Mitarbeiterin oder zum Mitarbeiter? Wie ist unsere Beziehung zueinander?

Appellebene: Welche Ziele verfolge ich im Gespräch? Was erwarte ich vom Gegenüber?

Selbstoffenbarungsebene: Was sind meine Gedanken und Gefühle in Bezug auf das Gesprächsthema? Was will ich davon mitteilen?

Rahmenklärung: Vorab klären, in welchem Rahmen das Gespräch am günstigsten stattfinden kann.

- Wo soll das Gespräch stattfinden?
- Wann findet das Gespräch statt?
- Wie viel Zeit steht zur Verfügung?
- Sind Störungen ausgeschlossen?
- Ist die Mitarbeiterin oder der Mitarbeiter ausreichend informiert über Gesprächsanlass, Ort und Dauer des Gesprächs?
- Sind die Sitzverhältnisse fair?
- Sollte noch jemand an dem Gespräch teilnehmen?

Verabredung zum Gespräch: Um einen Gesprächstermin bitten, der beiden passt. Das Thema ankündigen, ohne schon in das Gespräch einzusteigen.

(angelehnt an: Schulz von Thun, Ruppel, & Roswitha, 2011)

6.2.4 Leitfaden für Gespräche mit auffälligen Mitarbeitern

Im Gespräch

Begrüßung, Einleitung: Begrüßen Sie Ihren Gesprächspartner freundlich. Gerade bei einem heiklen Thema sollten Sie aber schnell das eigentliche Thema ansprechen, ohne allzu lange Zeit mit „Geplänkel" oder Smalltalk zu verbringen. Der Anlass und das Ziel des Gesprächs müssen genannt werden.

Atmosphäre schaffen: Dafür sorgen, dass sich der Gesprächspartner wohlfühlen kann und keine Störungen stattfinden.

Klärung des Gesprächsanlasses und der Standpunkte: Wenn die Führungskraft zum Gespräch eingeladen hat, muss sie auch als erstes ihre Sicht der Dinge schildern. Dabei ist ein offenes und ehrliches Ansprechen besser, als um den heißen Brei herumzureden oder nur Andeutungen zu machen. Es geht noch nicht um Lösungsfindung, sondern um das Austauschen von Sichtweisen auf die Angelegenheit.

Sicht des Mitarbeiters: Genügend Zeit geben, damit auch die Mitarbeiterin oder der Mitarbeiter ihre oder seine Sicht der Dinge schildern kann. Hier sollte Interesse und Aufmerksamkeit gezeigt werden, um die andere Seite wirklich verstehen zu können.

Klärung der Hintergründe: In dieser Phase geht es darum herauszufinden, was dem Thema vielleicht eigentlich zugrunde liegt. **Bei Gesprächen wegen des Verdachts auf das Vorliegen eines Burnouts ist dies die wichtigste Gesprächsphase**! In einer guten Beziehung und einer guten Gesprächsatmosphäre können die tatsächlichen Hintergründe angesprochen werden.

Gemeinsame Lösungssuche: Erst wenn die jeweiligen Ansichten und Bedürfnisse klar sind, sollte gemeinsam nach Lösungen gesucht werden. Als erstes wird die oder der Betroffene nach seinen Lösungsideen gefragt. Erst dann nimmt die oder der Vorgesetzte Stellung.

Vereinbarungen treffen: Das Gespräch sollte mit ganz konkreten Vereinbarungen enden, denen beide zustimmen können. Einigen Sie sich auf das weitere Vorgehen und vereinbaren Sie auch den weiteren zeitlichen Ablauf.

Ggf. das **Gespräch reflektieren**: Sinnvoll bei heiklen Gesprächen, die auf beiden Seiten zu Verunsicherung führen können, ist eine kurze Reflektion über das geführte Gespräch. „Die Führungskraft spricht an, was sie selbst denkt und fühlt, und erkundigt sich nach dem Eindruck des anderen.“ (Schulz von Thun, Ruppel, & Roswitha, 2011)

6.3 Schritte für erfolgreiches Problemlösen

1. Alle vom Problem Betroffenen zusammenholen
2. Genaue Beschreibung des Problems
3. Ggf. Analyse der Ursachen für das Problem
4. Beschreibung der Ziele
5. Gemeinsames Suchen von Lösungsmöglichkeiten
6. Bewerten von Lösungsmöglichkeiten
7. Aufstellung eines genauen schriftlichen Handlungsplans (Wer macht was wann und wie?)
8. Durchführung der Maßnahmen
9. Überprüfung des Erfolgs und ggf. Anpassung des Handlungsplans

6.4 Betriebsvereinbarungen zum Thema psychische Belastungen

Sinnvoll ist es, den Umgang mit psychischen Belastungen und die Gefährdungsanalyse dieser Belastungen in einer Betriebsvereinbarung zwischen Unternehmensleitung und Betriebs- oder Personalrat festzulegen. Natürlich sollte jedes Unternehmen eine individuelle Vereinbarung festschreiben, die auf die speziellen Bedingungen und Ziele eingeht. Es gibt jedoch Erfahrungen damit, welche Bereiche geregelt werden und wie solche Vereinbarungen aussehen sollten.

Sie finden hier deswegen einige Anregungen über die zu regelnden Fragen mit Beispielen aus Betriebsvereinbarungen verschiedenster Branchen, etwa aus dem Öffentlichen Dienst, der Industrie, dem Dienstleistungsgewerbe, dem Bereich Gesundheit und Soziales, der Bildung und der Kirchen sowie aus dem Unterhaltungs-, Kultur- und Sportsektor. Weitere Beispiele können Sie einer Datenbank der Hans Böckler Stiftung entnehmen: Hans Böckler Stiftung, Datenbank Betriebsvereinbarungen, 2011.

1. Regelungsinhalte

1.1. Zielsetzung, Präambel

Nur gesunde und leistungsfähige Mitarbeiter können den Anforderungen, die jeden Tag aufs Neue an sie gestellt werden, gerecht werden. Aufgabenmehrungen, wachsender Leistungsdruck und steigende Qualitätsansprüche können sich negativ auf das Wohlbefinden und die Arbeitsqualität auswirken. Die Gesundheit der Mitarbeiter zu erhalten und diese zu fördern, wird daher in Zukunft immer wichtiger werden, um die Leistungsfähigkeit und Leistungsbereitschaft dauerhaft zu erhalten. (HBS-Datenbank-Nr: 010301/306)

1.1.1 Krankheiten vermeiden, Fehlzeiten reduzieren, Arbeitsplatz erhalten

Durch die Beurteilung der Arbeitsbedingungen sollen mögliche Unfall- und Gesundheitsgefährdungen der Beschäftigten am Arbeitsplatz bzw. mit der Arbeit verbundene Unfall- und Gesundheitsgefährdungen bei der Tätigkeit erkannt und geeignete Maßnahmen zur Beseitigung oder Verminderung der Gefährdungen ergriffen werden. Die Betriebsparteien streben eine humane Arbeitsgestaltung an, um die Arbeitsfähigkeit der Beschäftigten, soweit sie betrieblich beeinflussbar ist, über den gesamten Zeitraum ihrer Erwerbstätigkeit zu ermöglichen. Eine Verbesserung von Sicherheit, Arbeitshygiene und Gesundheitsschutz der Beschäftigten am Arbeitsplatz stellen Zielsetzungen dar, die rein wirtschaftlichen Überlegungen nicht untergeordnet werden dürfen. (HBS-Datenbank-Nr: 060700/271)

1.2. Geltungsbereich

1.2.1 Persönlicher Geltungsbereich

Diese Gesamtbetriebsvereinbarung gilt für alle Arbeitnehmer/innen [...], soweit sie nicht leitende Angestellte im Sinne von § 5 Abs. 3 BetrVG sind. (HBS-Datenbank-Nr: 060700/260)

1.2.2 Räumlicher/Sachlicher Geltungsbereich

[...] gilt räumlich für die Arbeitsstätten [...],

persönlich für alle Beschäftigten [...] in den Standorten [...] mit Ausnahme der leitenden Angestellten gem. § 5 Abs. 3 BetrVG, sachlich für die Beurteilung der Arbeitsbedingungen, der Arbeitsplätze und der Arbeitsumgebung. (HBS-Datenbank-Nr: 060700/271)

1.3. Anlass, Aktualisierung und Umfang der Gefährdungsbeurteilung

1.3.1 Berücksichtigung physikalisch-technischer und psychischer Anlässe

Die Gefährdungs- und Belastungsbeurteilung erstreckt sich insbesondere auf

- die Arbeitsstätte (einschließlich aller Arbeits-, Lager-, Aufenthalts- und Sanitärräume sowie der Verkehrs- und Rettungswege) und den Arbeitsplatz (z. B. Raumbedarf, Abmessungen),
- die Arbeitsmittel (z. B. Maschinen, Geräte, Anlagen, Werkzeuge) und Arbeitsstoffe,
- die Arbeitsverfahren, Arbeitsabläufe und Arbeitsorganisation (z. B. Software, Arbeitseinteilung, Arbeitszeit, Pausen, Verantwortung, Führung, Arbeitsmenge, Zeitdruck, Handhabbar-, Verstehbar- und Sinnhaftigkeit, Monotonie, Kommunikation sowie Mitarbeiterinnen-Kundenbeziehung),
- die Arbeitsumgebungsbedingungen (z. B. Klima, Beleuchtung, Lärm, Staub, Schmutz),
- die Qualifikation im Hinblick auf die zu erfüllenden Arbeitsaufgaben sowie die Unterweisung der Arbeitnehmer im Hinblick auf mögliche Gefährdungen der Sicherheit und Gesundheit. (HBS-Datenbank-Nr: 060700/271)

1.4. Umgang mit psychischen Fehlbeanspruchungen

1.4.1 Ansprechpersonen

Zu den Aufgaben des Analyseteams zählen insbesondere

- die Steuerung und Durchführung der einzelnen Schritte der Gefährdungsbeurteilung,
- die kontinuierliche Begehungen der Arbeitsstätten/Arbeitsplätze und die Befragung der Mitarbeiter zu psychischen Belastungen entsprechend der Anlagen 1 und 2 dieser BV,
- die Bewertung der Ergebnisse der Begehungen und der Befragungen,
- die Behandlung von Vorschlägen der Mitarbeiter/innen,
- Erstellen von Vorschlägen über die zu treffenden Maßnahmen bei festgestellten Gefährdungen und die zeitliche Umsetzung der Maßnahmen

- die Wirksamkeitskontrolle (§ 3(1) ArbSchG).
- Ferner hat das Analyseteam alle Ergebnisse der Geschäftsleitung, dem Betriebsrat mitzuteilen. (HBS-Datenbank-Nr: 060700/206)

1.5. Erhebung psychischer Belastungen und Fehlbeanspruchungen

1.5.1 Instrumente

Zur Gefährdungsbeurteilung sind folgende Methoden/Verfahren anzuwenden:

Betriebsbegehungen, Mitarbeiterbefragungen, sicherheitstechnische Überprüfungen von Arbeitsmitteln und spezielle Ereignis-, Sicherheits- oder Risikoanalysen.

Welche Methoden/Verfahren für den zu beurteilenden Arbeitsbereich gewählt werden, wird bestimmt durch das zu erwartende Gefährdungspotential, die angewendeten Arbeitsverfahren und Arbeitsmittel, die vorhandenen Vorinformationen und Erfahrungen sowie die personellen und organisatorischen Voraussetzungen im Betrieb.

Anzuwenden sind die Gefährdungskataloge der Berufsgenossenschaft, d. h. die je nach Arbeitsbereich relevanten Gefährdungsfaktoren und ihre kennzeichnenden Merkmale, die gesicherten arbeitswissenschaftlichen Erkenntnisse, Unfallverhütungsvorschriften der Berufsgenossenschaft und arbeitswissenschaftlichen Erkenntnisse. (HBS-Datenbank-Nr: 060700/204)

1.5.2 Auswertung

Für eine Umfrage in einem Bereich/Abteilung muss die Abteilung aus mindestens 5 Mitarbeitern bestehen. Sollten in einem Bereich/einer Abteilung weniger als 5 Mitarbeiter beschäftigt sein, müssen Abteilungen zusammen befragt und ausgewertet werden. Die Bereiche werden einvernehmlich zwischen den Betriebsparteien festgelegt. (HBS-Datenbank-Nr: 060700/204)

Spätestens 3 Monate nach der sukzessiv erfolgenden Erhebung und Auswertung des Fragebogens „Psychische Belastung" sind die Unterlagen und Ergebnisse dem Analyseteam vorzulegen und in dieser mit einem Arbeitspsychologen zu beraten. Dieser weist auf das Vorhandensein sowie Möglichkeiten zur Behebung psychischer Fehlbelastungen hin. (HBS-Datenbank-Nr: 060700/206)

1.6. Maßnahmen und Wirksamkeitskontrolle

1.6.1 Entwicklung von Maßnahmen

Falls das Ergebnis dieser ersten Analyse eine Feinanalyse erfordert, kann eine Arbeitssituationsanalyse, ein Gesundheitsworkshop oder ähnliche Zirkelarbeit genutzt werden, um einzelne Gefährdungen differenzierter zu betrachten. Auch ist denkbar, bewährte Fragebögen (z. B. BAAM, KFZA) einzusetzen (s. Abschlussbericht Gesundheitsprojekt). Diese vertiefenden Feinanalysen erfordern die Unterstützung durch Fachleute wie z. B. die Fachkräfte für Arbeitssicherheit und die Betriebsärzt/innen. Die Entscheidung darüber, ob eine Feinanalyse erforderlich ist, erfolgt im zuständigen ArGUs. (HBS-Datenbank-Nr: 060700/259)

1.6.2 Wirksamkeitskontrolle

Bei den erforderlichen Maßnahmen sind unter Berücksichtigung des Gefährdungsrisikos Prioritäten, Umsetzungsfristen sowie Zuständigkeiten festzulegen. Darüber hinaus ist sicherzustellen, dass eine Wirkungskontrolle stattfindet. Details dazu müssen ebenfalls im zuständigen ArGUs festgelegt werden. (HBS-Datenbank-Nr: 060700/259)

1.6.3 Unterweisungen

Der Arbeitgeber stellt sicher, dass die in dieser Betriebsvereinbarung genannten Normen von den Beschäftigten eingesehen werden können.

Die Durchführung der Unterweisung ist so zu dokumentieren, dass die Gegenstände der Unterweisung, die Teilnehmer, die Durchführenden, die ggf. den Teilnehmer ausgehändigten Unterweisungsunterlagen sowie Zeitpunkt und Dauer der Unterweisung nachvollziehbar sind. Die Unterweisungsinhalte berücksichtigen die gesicherten arbeitswissenschaftlichen Erkenntnisse über die menschengerechte Gestaltung der Arbeit. Die Unterweisung erfolgt während der Arbeitszeit. (HBS-Datenbank-Nr: 060700/204

1.6.4 Qualifizierung von Führungskräften

Für die Führungskräfte wird unter Beteiligung des Gesamtbetriebsrats ein Konzept der Kompetenzentwicklung im Arbeits- und Gesundheitsschutz erarbeitet und in die Praxis umgesetzt mit dem Ziel, Führungskräfte in die Lage zu versetzen:

- psychische Belastungen bei sich selbst und ihren Mitarbeiter/innen zu erkennen und Lösungswege zur Vermeidung von Fehlbeanspruchungen aufzuzeigen,
- Beschäftigte für Fragen des Gesundheitsschutzes zu sensibilisieren, sie zu aktivieren und in Maßnahmen einzubeziehen,
- Grundsätze der menschengerechten Gestaltung der Arbeit zu kennen und für die eigene Führungsarbeit zu nutzen (vgl. Ziffer 8),
- Informationsquellen zum Arbeitsschutz aufzufinden und zu nutzen. (HBS-Datenbank-Nr: 060700/260)

Ergänzender Baustein ,'psychische Gesundheit" im bestehenden Schulungsprogramm Führungsverhalten

Gesprächsführung

Konfliktlösungsstrategien

Psychohygiene am Arbeitsplatz

Psychische Auffälligkeiten erkennen

Fallbesprechungen und Fragestellungen (HBS-Datenbank-Nr: 010301/306)

1.6.5 Gesunderhaltung von Führungskräften und besonders belasteten Schichtarbeitenden

Das Unternehmen sieht im Rahmen der zur Verfügung stehenden Kontingente vor, dass diese Mitarbeiter möglichst innerhalb der ersten 2 Jahre nach Übernahme der Führungsaufgabe bzw. Schichtarbeit zur Teilnahme am Gesundheitstraining eingeteilt werden; eine Wiederholung ist ca. 10 Jahre später vorgesehen. Teilnahmevoraussetzung für Kuren ist, dass der Mitarbeiter das 50. Lebensjahr (bei 3-Schichtern das 45. Lebensjahr) vollendet hat und nach dem Kuraufenthalt noch mindestens 12 Monate aktiv im Unternehmen tätig ist. Die Kur ist einmalig. (HBS-Datenbank-Nr: 060700/233)

1.7. Dokumentation

1.7.1 Inhalte, Aufbewahrung

Die Gefährdungsbeurteilung muss dokumentiert werden. Die Dokumentation entsteht parallel zu den verschiedenen Phasen der Gefährdungsbeurteilung und enthält folgende Abschnitte:

- Festlegung von Schutzzielen (Soll-Zustand),
- Beschreibung etwaiger Abweichungen von den Schutzzielen (Ist-Zustand),
- Festlegung des erforderlichen Handlungsbedarfs (Maßnahmen),
- Benennung der Orte der Maßnahmen,
- Festlegung der Reihenfolge der Maßnahmen (Priorität 1 bis 3),
- Benennung der verantwortlichen Person für die Umsetzung der Maßnahmen,
- Datum der Umsetzung (Realisierungstermin),
- Datum der Überprüfung der Umsetzung (Wirkungsüberprüfungstermin). (HBS-Datenbank-Nr: 060700/204)

Die Dokumentation wird fortgeschrieben, ohne alte Daten zu überschreiben/zu löschen. Der Betriebsrat erhält eine Ausgabe der erstellten Dokumentation.

Die Dokumentationen sind von dem Unternehmen aufzubewahren. Bei Ausscheiden der/des Beschäftigten oder danach sind ihr/ihm alle auf ihren/seinen Arbeitsplatz bezogenen Dokumentationen auf Verlangen in Kopie auszuhändigen. Unfälle werden ausgewertet und den jeweiligen Dokumentationen der verschiedenen Arbeitsbereiche zugeordnet. Die Inhalte der Dokumentation werden in die Unterweisung der Beschäftigten einbezogen. (HBS-Datenbank-Nr: 060700/206)

1.8. Fortsetzung der Erhebung psychischer Belastungen und Fehlbeanspruchungen

1.8.1 Zeitliche Rahmenbedingungen, Intervalle

Alle Arbeitsplätze im Betrieb — ausgenommen die Arbeitsplätze der leitenden Angestellten — gemäß Anlage 1 werden in der Regel einmal pro Kalenderjahr einer Beurteilung der Arbeitsbedingungen unterzogen. Die Beurteilung erfolgt je nach Art der Tätigkeit. Bei gleichartigen Arbeitsbedingungen ist die Beurteilung eines Arbeitsplatzes oder einer Tätigkeit ausreichend.

Außerhalb des jährlichen Überprüfungsrhythmus erfolgt eine Beurteilung der Arbeitsbedingungen aus besonderem Anlass in folgenden Fällen:

- Einrichtung neuer Arbeitsplätze oder deren wesentliche Veränderung
- Auftreten eines Arbeitsunfalls
- Nach Anerkennung einer Berufskrankheit eines Beschäftigten. (HBS-Datenbank-Nr: 060700/158)

2. Mitbestimmung des Betriebs- bzw. Personalrates

2.1. Mitbestimmung und Initiativrechte

2.1.1. Konkretisierungen

Die Termine der Begehungen von Bereichen und Abteilungen zur Durchführung von Gefährdungsbeurteilungen werden mit dem Betriebsrat abgestimmt, um dessen Teilnahme zu ermöglichen. Ferner wird dem Betriebsrat die jeweils aktuelle Dokumentation vorgelegt bzw. elektronisch zugänglich gemacht. (HBS-Datenbank-Nr: 060700/204)

2.1.2. Informationen über Maßnahmen und Wirksamkeitskontrollen

Die aus der jeweiligen Beurteilung abzuleitenden konkreten Maßnahmen des Arbeits- und Gesundheitsschutzes, der Zeitraum und die Verantwortlichen für die Umsetzung der Maßnahmen sowie Art und Weise, Zeitpunkt und die Verantwortlichen zur Durchführung der Wirksamkeitskontrolle der Maßnahmen werden ggf. in einer gesondert abzuschließenden Betriebsvereinbarung gem. § 87 Abs. 1 Nr. 7 BetrVG vereinbart. Es besteht Einigkeit, dass in jedem Einzelfall gesondert das Bestehen des Mitbestimmungsrechts des Betriebsrats bezogen auf die jeweilige Maßnahme zu prüfen ist.

Die Arbeitgeberin stellt die Überwachung der Durchführung der festgelegten Maßnahmen und der Wirksamkeitskontrolle sicher. Der Betriebsrat wird jährlich einmal oder auf Anforderung schriftlich über die Ergebnisse der Maßnahmen und der Wirksamkeitskontrolle informiert. (HBS-Datenbank-Nr: 060700/271)

2.1.3. Umgang mit Konflikten

[...] beiden Betriebsparteien [wird] ein Vetorecht eingeräumt, das innerhalb von 5 Arbeitstagen nach Beschluss des Steuerungskreises auszuüben ist, um wirksam zu werden. Die Betriebsparteien stimmen darin überein, dass das Vetorecht nur in besonderen Ausnahmefällen genutzt werden soll. Kommt es in einer Angelegenheit zu keiner Mehrheit im Steuerungskreis oder wird gegen eine Entscheidung ein Veto eingelegt, so wird die Angelegenheit von den Betriebsparteien gemeinsam entschieden. In der Folge kann von jeder der Parteien die Einigungsstelle zur Klärung angerufen werden, soweit eine Einigung zwischen den Betriebsparteien nicht zustanden gekommen ist. (HBS-Datenbank-Nr: 060700/260)

3. Beteiligung der Beschäftigten

3.1. Akzeptanz und Mitwirkung, Information

3.1.1 Vorschläge einbringen

Die Ausgestaltung der Gefährdungsbeurteilung zielt auf eine hohe Akzeptanz und Mitwirkung durch die Beschäftigten ab. Der Durchführung der Gefährdungsbeurteilung geht daher eine Informations- bzw. Kommunikationskampagne voraus, die detailliert Ziel und Zweck der Gefährdungsbeurteilung darstellt und ausreichend informiert über das Verfahren und die Durchführung selbst. Dabei wird sichergestellt, dass jede/r Mitarbeiter/in und jede Führungskraft erreicht wird. (HBS-Datenbank-Nr: 060700/260)

Die Beschäftigten sind berechtigt, Vorschläge zu allen Fragen der Sicherheit und des Gesundheitsschutzes bei der Arbeit zu machen (§ 17 Arbeitsschutzgesetz). Die Mitwirkung der Beschäftigten ist eine wesentliche Voraussetzung, um Gefährdungen zu erkennen und realistisch zu beurteilen sowie um effektive Schutzmaßnahmen festlegen zu können, die von den Beschäftigten akzeptiert und unterstützt werden. Dazu sind die Beschäftigten

- vor Beginn der Beurteilung über das Ziel und den Nutzen zu informieren,
- in die Ermittlungen über die tatsächliche Ausführung der Arbeit, die gefährlichen Arbeitssituationen und Betriebszustände einzubeziehen,
- über Sicherheitsmängel, gesundheitliche Beschwerden und subjektiv empfundene Belastungen zu befragen,
- bei der Umgestaltung der Arbeitsplätze bzw. bei der Auswahl der Arbeitsmittel, der Arbeitsstoffe, der persönlichen Schutzausrüstungen und bei der Durchführung von Schutzmaßnahmen zu beteiligen. (HBS-Datenbank-Nr: 060700/204)

Die Beschäftigten werden insbesondere (Erforderlichkeit und Umfang der Information)

- auf bestehende Gefährdungen aufmerksam gemacht und darauf hingewiesen, dass sie für ihre Sicherheit und Gesundheit bei der Arbeit Sorge zu tragen haben (§ 15 ArbSchG). Die Einhaltung von Arbeitsschutzvorschriften durch den AN bleibt davon unberührt.
- vor Durchführung der Gefährdungs- und Belastungsbeurteilung über das Ziel und den Nutzen sowie über die Vorgehensweise und die angewandten Verfahren informiert (§ 7 BV),

- in die Ermittlung der möglichen Gefährdungen (z. B. durch Mitarbeiterbefragung) einbezogen und haben Gelegenheit zur Meldung von Gefahren (§ 16 ArbSchG),
- über die Ergebnisse der Gefährdungs- und Belastungsbeurteilung informiert und haben Gelegenheit zur Stellungnahme (§ 7 BV),
- bei der Entwicklung geeigneter Schutzmaßnahmen einbezogen und haben Gelegenheit, Vorschläge für ihren Arbeitsplatz bzw. Tätigkeitsbereich zu machen (§ 17 ArbSchG). (HBS-Datenbank-Nr: 060700/271)

(Hans Böckler Stiftung, 2011)

6.5 Durchführung einer Gefährdungsanalyse

6.5.1 Methoden zur Erhebung von Belastungen

Verfahren zur Beurteilung psychischer Belastungen lassen sich grob in **zwei Gruppen** teilen:

- Verfahren zur Erhebung der **objektiven Ursachen** psychischer Belastungen, meist auf der Basis systematischer Beobachtungen oder Beobachtungsinterviews;
- Verfahren zur Erhebung von **subjektiver Beanspruchung** und deren Folgen, meist als schriftliche Befragung.

Fragebögen: Vor- und Nachteile

Vorteile	Nachteile
Zahlreiche Fragebögen vorhanden Wenig Zeitbedarf für die Erhebung Schnelle Auswertung Schnelles Vorliegen von Ergebnissen Geringe Kosten	Oft Durchführung und Auswertung durch Experten nötig Zusammenhänge zwischen Beanspruchungen und den ursächlichen Faktoren sind nicht immer klar herauszufinden Oft geringe Rücklaufquote mit entsprechend geringer Aussagekraft der Ergebnisse

Tab. 6.3: Vor- und Nachteile von schriftlichen Mitarbeiterbefragungen

Gruppenverfahren wie z. B. Gesundheitszirkel eignen sich sehr gut, um sowohl spezifische Belastungen am Arbeitsplatz herauszufinden als auch um sofort Lösungen mit den Betroffenen zu entwickeln. Es gibt verschiedene Varianten der Gruppen: mit oder ohne Führungskräfte, einmalige oder mehrmalige Treffen, kurze (ca. 1,5 Std.) oder ganztägige Sitzungen. Die Gruppenverfahren sollten immer extern moderiert werden.

Beim **Beobachtungsinterview** wird die Beobachtung der Arbeitstätigkeiten mit ergänzenden Fragen in Interviewform gekoppelt. Vorteile dieser Verfahren sind die flexible Vorgehensweise des Beobachters sowie die Möglichkeit, sowohl die objektiven Ursachen psychischer Belastungen als auch das individuelle Empfinden der Beanspruchung zu erfassen. Als Nachteil ergibt sich ein deutlich höherer zeitlicher und finanzieller Aufwand, da diese komplexen Verfahren auf jeden Fall von externen Beratern durchgeführt werden müssen.

Sinnvoll kann eine Kombination verschiedener Methoden sein, z. B. die Kombination von Fragebögen mit Interview- und Beobachtungsmethoden.

Unterschiedlichkeiten der Analyseinstrumente

Zielsetzung und Tiefe der Ergebnisse:
Quantitative oder qualitative Analyse, subjektive oder objektive Daten, Erhebung von Belastungen und/oder Ressourcen, Erhebung von Verbesserungsvorschlägen und Lösungsmöglichkeiten, oberflächliches Screening oder vertiefte Analyse

Form der Analyse:
Mündlich, schriftlich, elektronisch

Teilnehmer:
Nur einzelne Abteilungen oder abteilungsübergreifend, spezielle Mitarbeitergruppen oder alle Mitarbeiter, Gruppenverfahren mit oder ohne Führungskräfte

Durchführung:
Interne Durchführung oder externe Experten
Unterstützung durch Krankenkassen, Berufsgenossenschaften oder Dienstleister
Zeitaufwand, Kosten

Ggf. Anzahl, Dauer und Inhalt der Sitzungen:
Alle oder nur bestimmte Themen, Breite und Tiefe der Bearbeitung der Themen
Eine oder mehrere Sitzungen
Dauer der Sitzungen

Ergebnissicherung und Präsentation:
Statistische Auswertung qualitativ oder quantitativ
Vergleichswerte von anderen Unternehmen vorhanden
Präsentation öffentlich oder als schriftlicher Bericht
Gruppenteilnehmer oder externe Moderation beteiligt an Präsentation

6.5.2 Checkliste: Ablauf einer Gefährdungsanalyse

Checkliste Ablauf Gefährdungsanalyse

Projektschritt	erledigt
Rahmenbedingungen	
Gibt es eine Betriebsvereinbarung zur Gefährdungsanalyse?	
Wird die Gefährdungsanalyse von der Unternehmensleitung/Geschäftsführung unterstützt?	
Gibt es ein ausreichendes Budget für die Durchführung der Gefährdungsanalyse und evtl. nötiger Maßnahmen?	
Projektteam	
Gibt es ein Projektteam oder eine Person, die die Verantwortung für die Durchführung der Gefährdungsanalyse hat?	
Gibt es einen Steuerungskreis?	
Ist der Betriebs- oder Personalrat eingebunden?	
Ist der Betriebsarzt oder die Betriebsärztin eingebunden?	
Sind andere interne Experten eingebunden?	
Sind externe Experten eingebunden, z. B. Krankenkasse oder Berufsgenossenschaft, eine Unternehmensberatung?	
Gibt es einen Informationsplan und Informationswege zur Kommunikation untereinander und zur Information der Mitarbeiter?	
Gibt es einen Projektplan mit Zeitangaben?	
Sind präzise und realistische Ziele für die Durchführung der Gefährdungsanalyse vorhanden und sind diese allen Beteiligten bekannt?	
Vorbereitung der Gefährdungsanalyse	
Ist geklärt, welche Belastungsfaktoren und Ressourcen erhoben werden sollen?	

Projektschritt	erledigt
Ist ein geeignetes Instrument ausgewählt worden (Fragebogen, Gruppenverfahren, Beobachtungsverfahren)?	
Ist ein Pilotprojekt in einer Abteilung geplant?	
Ist geklärt, ob die Gefährdungsanalyse intern oder extern durchgeführt wird? Falls extern: Ist ein Experte verpflichtet worden?	
Sind die Mitarbeiter ausreichend über die Durchführung der Gefährdungsanalyse und die folgenden Schritte informiert?	
Durchführung der Gefährdungsanalyse	
Sind die Fragebögen ausreichend vorhanden?	
Ist geklärt, wie die Fragebögen an die Mitarbeiter verteilt und wieder eingesammelt werden sollen (Papierversion, elektronisch)?	
Sind die Mitarbeiter zur Teilnahme an den Gruppenverfahren bereit?	
Gibt es eine externe Moderation für die Gruppenverfahren?	
Gibt es einen Zeitplan und Räumlichkeiten für die Gruppenverfahren?	
Ist eine Dokumentation der Ergebnisse, die dem Datenschutz genügt, sichergestellt?	
Auswertung der Ergebnisse	
Sind alle Ergebnisse aus Mitarbeiterbefragungen, Gruppenverfahren oder Beobachtungsverfahren vorhanden?	
Gibt es weitere interne (z. B. Arbeitsunfähigkeitsdaten) oder externe (z. B. Gesundheitsbericht einer Krankenkasse) Daten, die in die Auswertung einbezogen werden sollten?	
Wurden die Ergebnisse sachgerecht und dem Datenschutz genügend ausgewertet?	
Wurden ein Bericht und eine Präsentation für den Steuerungskreis, die Unternehmensleitung und die Mitarbeiter erstellt?	
Wurden Steuerungskreis, Unternehmensleitung und Mitarbeiter über die Ergebnisse der Gefährdungsanalyse informiert (z. B. in einer Mitarbeiterversammlung)?	
Maßnahmenplanung und -umsetzung	
Wurden aus den Ergebnissen der Gefährdungsanalyse passende Maßnahmen abgeleitet?	
Wurden für diese Maßnahmen geeignete Mittel oder Anbieter gefunden?	

Projektschritt	erledigt
Sind die Mitarbeiter über die Maßnahmen ausreichend informiert?	
Dokumentation	
Ist festgelegt, wer verantwortlich ist für die Dokumentation?	
Sind alle Unterlagen dokumentiert (Planungen, eingesetzte Methoden, Ergebnisse der Gefährdungsanalyse, Ableitung der Maßnahmen, Betriebsvereinbarungen), so dass beim nächsten Mal alle Informationen über die Durchführung der Analyse vorliegen?	
Auswertung	
Ist festgelegt, wann und wie die durchgeführten Maßnahmen auf ihre Effekte hin überprüft werden?	
Ist festgelegt, wer über die Fortführung oder Abänderung von Maßnahmen entscheidet?	
Nachhaltigkeit	
Ist festgelegt, wie die Durchführung der Gefährdungsanalyse psychischer Belastungen vom einmaligen Projekt in den Regelbetrieb überführt wird?	

Tab. 6.4: Schritte zur Durchführung einer Gefährdungsanalyse psychischer Belastungen

6.6 Betriebsvereinbarungen zum Betrieblichen Eingliederungsmanagement – Gestaltungsraster

Auch Betriebsvereinbarungen (BV) zum Betrieblichen Eingliederungsmanagement (BEM) sollten nicht nur zwischen allen Beteiligten, also den Führungskräften, dem Personalrat und den Beschäftigen, festgelegt, sondern auch unter allen verbreitet werden. Anregungen zur Erstellung einer solchen Betriebsvereinbarung finden Sie hier. Wie auch schon bei der „Betriebsvereinbarung zum Thema psychische Belastungen" (s. Abschnitt 6.5) handelt es sich hierbei um eine Kompilation von Bestimmungen aus den verschiedensten Branchen, um Ihnen einen umfassenden Überblick über die bestehenden Möglichkeiten zu vermitteln.

1. Zielsetzungen

1.1 Arbeitsunfähigkeit überwinden/vorbeugen, Arbeitsplatz sichern

Darauf aufbauend sollen Ziele des BEM definiert werden. Solche Ziele können sein:

- die Unterstützung des Genesungsprozesses,
- die Überwindung krankheitsbedingter Einschränkungen,
- die Hilfe und Unterstützung im Arbeitsbereich. (HBS-Datenbank-Nr: 010301/259)

1.2 Arbeitsfähigkeit erhalten

Ziel dieser Dienstvereinbarung ist die Umsetzung der gesetzlichen Auflage des § 84 Abs. 2 SGB IX in möglichst effektiver und sinnvoller Weise. Das BEM verfolgt kurz-, mittel- und langfristige Zielsetzungen: [...]

- Erhaltung und Förderung der Gesundheit bzw. der Arbeits- und Beschäftigungsfähigkeit
- Vermeidung von Behinderung, inklusive chronischer Erkrankungen und möglicher Folgeerkrankungen sowie vorzeitiger Verrentung wegen Erwerbsminderung. (HBS-Datenbank-Nr: 010301/248)

1.3 Unterstützung geben, nicht disziplinieren

- Mitarbeitergespräche im Rahmen des BEM sind keine Krankenrückkehrgespräche. Sie dienen nicht der Disziplinierung der Mitarbeiterinnen und Mitarbeiter, sondern der Hilfe und Unterstützung im Zusammenhang mit einer sinnvoll geplanten und realisierten Beschäftigungssicherung und -förderung. (HBS-Datenbank-Nr: 010301/273)

1.4 Kosten senken, Motivation steigern

Gemäß § 84 SGB IX Abs. 2 wird ein betriebliches Eingliederungsmanagement eingeführt, um die Arbeitsfähigkeit zu erhalten, zu verbessern und wiederherzustellen, die Arbeitszufriedenheit und -motivation zu steigern sowie die betrieblich beeinflussbaren Fehlzeiten und Krankheitskosten zu reduzieren. (HBS-Datenbank-Nr: 010301/212)

1.5 Benachteiligungen vermeiden, Gleichbehandlung sichern

Ziele der Dienstvereinbarung sind: [...]

- die Gleichbehandlung der nach § 84 (2) SGB IX Betroffenen in allen Ämtern/Betrieben sicherzustellen. (HBS-Datenbank-Nr: 010301/236)

1.6 BEM als Teil betrieblicher Gesundheitspolitik

Durch das betriebliche Eingliederungs- und Integrationsmanagement sollen individuelle und vernetzte Maßnahmen der betrieblichen Prävention, Gesundheitsförderung und des Gesundheitsmanagements zur Minimierung arbeitsbezogener Gesundheitsrisiken und zur Erhaltung der Beschäftigungsfähigkeit für gesundheitlich beeinträchtigte Mitarbeiter sowie der Integration von Mitarbeitern mit Behinderungen gesichert werden. (HBS-Datenbank-Nr: 010301/158)

1.7 Management schaffen

Voraussetzung für den Erfolg entsprechender Maßnahmen ist zum einen ein hohes Maß an Sensibilität bei den Verantwortlichen, insbesondere gegenüber den Betroffenen, zum anderen eine nachvollziehbare und zuverlässige Struktur des Vorgehens. (HBS-Datenbank-Nr: 010301/211)

2. Geltungsbereich

2.1 Räumlicher Bereich

Die Betriebsvereinbarung gilt für die Beschäftigten [...] sowie alle derzeitigen und zukünftigen mit ihr verbundenen Gesellschaften. (HBS-Datenbank-Nr: 010301/260)

2.2 Sachlicher Bereich

Der persönliche Geltungsbereich dieser BV erfasst grundsätzlich alle Mitarbeitenden im Sinne des § 5 BetrVG. (HBS-Datenbank-Nr: 010301/188)

Die Dienstvereinbarung findet keine Anwendung bei Bagatellerkrankungen oder absehbar folgenlos ausheilenden Erkrankungen sowie Suchterkrankungen. (HBS-Datenbank-Nr: 010301/195)

2.3 Persönlicher Bereich

Die Vereinbarung findet auf alle Beschäftigten Anwendung, die innerhalb der letzten 12 Monate länger als 6 Wochen — 42 Tage — ununterbrochen oder wiederholt arbeitsunfähig waren. (HBS-Datenbank-Nr: 010301/246)

3. Personenkreis ermitteln (Frühwarnsystem)

3.1 Ermittlung der Arbeitsfähigkeitszeiten durch Personalabteilung

Die Personalabteilung ermittelt einmal monatlich jene krankheitsbedingten Fehlzeiten einer/s Mitarbeiterin/s, die sich im Verlauf der zurückliegenden zwölf Monate („rollierendes Verfahren") zusammengenommen auf wenigstens sechs Wochen beliefen. (HBS-Datenbank-Nr: 010301/226)

3.2 Ermittlung EDV-gestützt oder händisch

Mit Hilfe des betrieblichen Personalinformationssystems werden jeweils zum ersten eines Vierteljahres routinemäßig die Daten zu den krankheitsbedingten Fehlzeiten ausgewertet. Zuständig sind die Mitarbeiter der Personalabteilung. (HBS-Datenbank-Nr: 010301/195F)

3.3 Zeitraum bestimmen, individuelle Bilanzierung, Fristen bestimmen

Prävention erfordert Information. Deshalb stellt die Personalabteilung dem Integrationsteam mindestens 1 x im Quartal eine gesamtbehördliche anonymisierte Krankenstatistik zur Verfügung. (HBS-Datenbank-Nr: 060700/117)

3.4 Fristverkürzung ermöglichen (AN), regeln (Betrieb)

Ein erkrankter Mitarbeiter kann sich zu jedem Zeitpunkt persönlich um ein BEM bemühen. Der Wunsch des Mitarbeiters kann z. B. bestehen, wenn absehbar ist, dass die Voraussetzungen für ein BEM erfüllt sind und es sinnvoll ist, sehr zeitnah Maßnahmen einzuleiten. (HBS-Datenbank-Nr: 010301/265)

3.5 Information über Personenkreis an Leitung, Interessevertretungen, Vorgesetzte

Die Führungskraft und der Personalrat werden von der Fachgruppe Personaldienste informiert, wenn eine Beschäftigte innerhalb der letzten zwölf Kalendermonate länger als sechs Wochen ununterbrochen oder wiederholt arbeitsunfähig krank war bzw. ist. (HBS-Datenbank-Nr: 010301/199)

4. Datenschutz

4.1 Aufklärung über Ziele des BEM, Aufklärung über Art und Umfang erforderlicher, erhobener und verwendeter Daten

Die BEM-Berater dürfen im Rahmen des betrieblichen Eingliederungsmanagements ausschließlich Daten über die Gesundheit des Arbeitnehmers, soweit sie von ihm benötigt werden, um seiner Pflicht zur präventiven Gesundheitsvorsorge Genüge zu tun, erheben, nutzen und verarbeiten. (HBS-Datenbank-Nr: 010301/243)

4.2 Daten, die der Betrieb sammeln und dokumentieren darf

Das Integrationsteam einigt sich auf die von der Statistik zu erfassenden Kriterien. Die in der Statistik erfassten Daten dürfen weder personenbezogen noch personenbeziehbar sein. (HBS-Datenbank-Nr: 010301/213)

4.3 Weitergehende Daten nur freiwillig durch Betroffene

Die Angaben des Beschäftigten sind freiwillig und werden aus Gründen des Daten- und Persönlichkeitsschutzes streng vertraulich behandelt. Der Betroffene bestimmt, wem welche Angaben zum Gesundheitszustand oder persönlichen Lebensumständen offenbart werden. (HBS-Datenbank-Nr: 010301/210)

4.4 Kein Fragerecht nach Krankheitsdiagnosen oder Entwicklung der AU

Es dürfen keine Krankheitsdiagnosen oder Angaben zur voraussichtlichen Entwicklung der Arbeitsunfähigkeit erhoben werden. Der Gesprächsinhalt muss vertraulich behandelt werden. (HBS-Datenbank-Nr: 010301/212)

4.5 Regelung, wer welche Daten erheben/erhalten darf

Die Weitergabe jedweder Daten, die im Rahmen des BEM gewonnen werden, ist grundsätzlich — auch innerhalb des BEM-Teams — nur mit schriftlicher Einwilligung des/der Arbeitnehmers/-in zulässig. Der Einwilligung hat eine Aufklärung über Art der weitergegeben Daten sowie Sinn und Zweck der Datenweitergabe vorauszugehen. (HBS-Datenbank-Nr: 060700/138)

4.6 Verpflichtung der Beteiligten zum Datenschutz

Die BEM-Beteiligten werden über die für sie wichtigen Datenschutzbestimmungen informiert und zu deren Einhaltung verpflichtet. Eine Weitergabe personenbezogener Daten an Dritte kann nur mit Zustimmung des Mitarbeiters erfolgen. Vorausgehend sind der Sinn und Zweck der Datenweitergabe zu erläutern. (HBS-Datenbank-Nr: 010301/190)

4.7 Schweigepflichtentbindung regeln

Wenn Ärzte angehört und eventuelle gesundheitliche Informationen erörtert werden sollen, dürfen die Ärzte ihnen bekannt gewordene gesundheitliche Informationen erst weitergeben, wenn die Betroffenen sie schriftlich von der Schweigepflicht entbunden haben. Bevor eine Unterschrift geleistet wird, sind der Personalrat einzuschalten sowie die Schwerbehindertenvertretung bei Bedarf. Die erhobenen Daten dürfen ausschließlich für die in der Vereinbarung benannten Ziele des BEM verwandt werden. Zu anderen Zwecken ist ihre Verwendung untersagt. (HBS-Datenbank-Nr: 010301/246)

4.8 Datenschutzschulungen für Beteiligte

Die BEM-Berater erhalten eine Datenschutzschulung, um über die wichtigen Datenschutzbestimmungen informiert und zu deren Einhaltung verpflichtet zu werden. (HBS-Datenbank-Nr: 010301/243)

4.9 Externe Beratung für Datenschutz

Bei Fragen zum umfassenden Datenschutz kann externer Rat hinzugezogen werden. (HBS-Datenbank-Nr: 010301/244)

4.10 Keine Datennutzung für andere Zwecke (Leistungs-Verhaltungskontrolle; arbeitsrechtliche Konsequenzen)

Ebenso ist die Verwendung der von der Arbeitgeberin im Rahmen des betrieblichen Eingliederungsmanagements erlangten Daten zur Vorbereitung und zum Ausspruch einer krankheitsbedingten Kündigung unzulässig. Hiervon unberührt bleibt die Befugnis, solche Daten zur Vorbereitung und zum Ausspruch einer krankheitsbedingten Kündigung zu verwenden, die ihr auch ohne das betriebliche Eingliederungsmanagement im Einzelfall zur Verfügung gestanden hätten, beispielsweise Angaben über Zeiten krankheitsbedingter Arbeitsunfähigkeit, Lohnfortzahlungskosten oder ausfallbedingte Betriebsablaufstörungen. (HBS-Datenbank-Nr: 010301/166)

5. Selbstbestimmung sichern

5.1 Aufklärung über Freiwilligkeit des BEM

Die Durchführung des betrieblichen Eingliederungsmanagements dient der Beschäftigungssicherung und -förderung. Es handelt sich um ein freiwilliges Verfahren und bedarf der Zustimmung durch die betroffene Person. Der Mitarbeiter ist auf die Freiwilligkeit der Teilnahme am Eingliederungsmanagement hinzuweisen. (HBS-Datenbank-Nr: 010301/190)

5.2 Zustimmung Erstgespräch

Der Betroffene entscheidet, ob und mit welchem Mitglied des Integrationsteams er persönlich Kontakt aufnimmt. Unabhängig vom Erhalt des Anschreibens an den Beschäftigten kann jeder Beschäftigte Kontakt zum Integrationsteam aufnehmen. (HBS-Datenbank-Nr: 010301/210)

5.3 Angebot Erstgespräch durch Person, die Schweigepflicht gegenüber Leitung hat

Die Betroffenen haben das Recht,

- die Durchführung des betrieblichen Eingliederungsmanagements im Vorfeld abzulehnen und auch später abzubrechen,
- den/die vorgeschlagene/n Gesprächsführer/in abzulehnen,
- sich zum betrieblichen Eingliederungsmanagement Unterstützung hinzuzuziehen (s. insb. Anlage 1: Beratungsstellen). (HBS-Datenbank-Nr: 010301/236)

5.4 Zustimmung oder Ablehnung BEM

Lehnt die oder der betroffene Beschäftigte eine Teilnahme am BEM ab, so wird sie oder er erneut angeschrieben. Lehnt die oder der betroffene Beschäftigte danach endgültig das Angebot zu einem Gespräch ab, wird dies in der Krankenakte dokumentiert. (HBS-Datenbank-Nr: 010301/241)

5.5 Zustimmung/Ablehnung für den gesamten Prozess sicherstellen

Die/Der betroffene Beschäftigte hat das Recht, einzelne Mitglieder des Integrationsteams von der Teilnahme am Präventionsgespräch auszuschließen und eine weitere Person ihres/seines Vertrauens hinzuzuziehen. Dies berührt nicht die Verpflichtung des Arbeitgebers/Dienstherren, die Beschäftigtenvertretungen über das Angebot, das Ergebnis und gegebenenfalls über verabredete Maßnahmen zu informieren. (HBS-Datenbank-Nr: 060700/165)

5.6 Nachteilsverbot bei BEM-Ablehnung

Eine Weigerung des betroffenen Beschäftigten, der Durchführung eines betrieblichen Eingliederungsmanagements zuzustimmen, darf nicht zu seinen Lasten gewertet werden. Insbesondere ist es unzulässig, hieraus arbeitsrechtliche Konsequenzen zu ziehen. (HBS-Datenbank-Nr: 010301/216)

6. Dokumentation

6.1 Formales BEM-Verfahren dokumentieren (Personalakte)

In die Personalakte darf nur aufgenommen werden, dass ein BEM angeboten wurde, ob es durchgeführt wurde oder ob die Voraussetzungen für ein BEM nicht vorlagen. Die vom Präventionsteam im Rahmen des BEM erhobenen Daten werden 24 Monate nach Abschluss der Präventionsmaßnahme vernichtet, es sei denn, die betroffene Person wünscht eine längere Aufbewahrungsfrist. (HBS-Datenbank-Nr: 010301/192)

6.2 Inhaltliches BEM-Verfahren dokumentieren (Sachakte)

Die Dokumentation über das BEM wird der betroffenen Mitarbeiterin oder dem betroffenen Mitarbeiter in Kopie ausgehändigt. Alle Vorgänge, die diese Angelegenheit betreffen, werden in einem verschlossenen Umschlag zur Personalakte genommen. (HBS-Datenbank-Nr: 010301/238)

6.3 Verantwortlichen für Dokumentation benennen

Der Ansprechpartner dokumentiert den Inhalt aller Gespräche in Absprache mit den betroffenen MitarbeiterInnen. Diese Unterlagen dürfen nur mit Zustimmung des/der Betroffenen an andere Beteiligte weitergeleitet werden. (HBS-Datenbank-Nr: 010301/295)

6.4 Zugangsrechte regeln

Alle mitarbeiterbezogenen Unterlagen zum betrieblichen Eingliederungsverfahren werden auf einen vor unbefugtem Zugriff geschützten Datenbereich soweit möglich verschlüsselt abgespeichert. Zugriff auf diese Daten haben die Mitglieder des Integrationsteams und die zuständigen Berater [...]. (HBS-Datenbank-Nr: 010301/280)

6.5 Aufbewahrungsfristen für Personal- und Sachakte

Die erhobenen BEM-Daten werden für einen Zeitraum von 10 Jahren archiviert. Sie werden bei Ausscheiden der betroffenen Mitarbeiterinnen oder Mitarbeiter vorher gelöscht. (HBS-Datenbank-Nr: 010301/272)

6.6 Vernichtungsregeln

Für die Tilgung der im Rahmen des Eingliederungsmanagements vorgesehenen Vermerke in der Personalakte gilt ein Zeitraum von 3 Jahren. Die Sachakte ist spätestens dann zu vernichten. (HBS-Datenbank-Nr: 010301/235)

7. Eingliederungsteam und sonstige Akteure benennen

7.1 Integrationsteam bilden

Zum Erreichen der Ziele aus dieser Vereinbarung ist an der [...]-Universität das Integrationsteam zuständig. Dieses besteht aus:

- einer/einem Beauftragten der Dienststelle mit Entscheidungsbefugnis
- jeweils einer/einem Beauftragten der Personalräte
- der Schwerbehindertenvertretung
- dem Betriebsarzt/der Betriebsärztin
- einer/einem Beauftragten des Sozialdienstes. (HBS-Datenbank-Nr: 010301/245)

7.2 Erweitertes Integrationsteam besetzen

Bei Bedarf kann das Integrationsteam um eine Vertreterin/einen Vertreter aus dem Bereich des Internen Service in beratender Funktion erweitert werden. Vom Integrationsteam können mit Zustimmung des/der betroffenen Beschäftigten bei Bedarf zusätzlich beratend der Betriebsärztliche Dienst/Ärztliche Dienst und/oder Psychologische Dienst, der technische Berater, ein/-e Beschäftigte/-r der örtlichen Servicestellen, die Fachkraft für Arbeitssicherheit und/oder ein/-e Vertreter/-in des Integrationsfachamtes/Integrationsfachdienstes, sowie weitere geeignete Personen hinzugezogen werden. Sie sind möglichst frühzeitig in das Verfahren und die Maßnahmenerörterung mit einzubeziehen. (HBS-Datenbank-Nr: 010301/211)

7.3 Zustimmung/Ablehnung der Besetzung des Integrationsteams regeln

In begründeten Einzelfällen kann der/die Betroffene den Austausch einzelner Mitglieder des Integrationsteams und deren Ersatz durch ein stellvertretendes Mitglied verlangen. Dabei muss die paritätische Besetzung zwischen Vertretern von Arbeitgeber/Dienstherrn und Personalvertretung gewährleistet bleiben. Die Entscheidung über den Austausch trifft das Integrationsteam. (HBS-Datenbank-Nr: 010301/211)

8. Gestaltung der Aufgaben, Kompetenzen und Ressourcen

8.1 Aufgabengestaltung

Das Integrationsteam ist das Steuerungsgremium für das einzelfallbezogene betriebliche Eingliederungsmanagement. Das Integrationsteam erörtert auf der o. g. Grundlage verschiedene Möglichkeiten und entscheidet, ob im Rahmen des Eingliederungsmanagements einzelfallbezogene Maßnahmen notwendig sind. Für die Durchführung des BEM im Rahmen dieser Betriebsvereinbarung ist der Bereich Personal zuständig. Soll ein Eingliederungsmanagement durchgeführt werden, so ist die/der Vorgesetzte in geeigneter Weise einzubeziehen.

Das Integrationsteam kann Arbeitsplatzanalysen sowie Arbeitsplatzbegehungen zum Zweck der ganzheitlichen Gefährdungsbeurteilung veranlassen sowie selbst durchführen. Das Integrationsteam wertet die gewonnenen Daten aus und ist verantwortlich für die darauf aufbauende Maßnahmenentwicklung und deren Umsetzung. (HBS-Datenbank-Nr: 010301/260)

8.2 Akteure hinzuziehen, auch externe

Ferner obliegt dem Integrationsteam in Zusammenarbeit mit den gemäß § 7 hinzuzuziehenden Akteuren sowie sonstigen außerbetrieblichen Stellen und Diensten, einen Katalog für präventive Maßnahmen sowie ein Konzept zur betriebsnahen Rehabilitation einschließlich Regelungen zur stufenweisen Wiedereingliederung zu entwickeln. (HBS-Datenbank-Nr: 010301/252)

8.3 Entscheidungsbefugnisse regeln

Der Lenkungskreis hat das Recht, der für den betreffenden Mitarbeiter zuständigen Führungskraft Maßnahmen des Betrieblichen Eingliederungsmanagements vorzuschlagen. Ein Abweichen von Vorschlägen des Lenkungskreises ist durch die zuständige Führungskraft schriftlich zu begründen. Falls der Lenkungskreis der Begründung mehrheitlich nicht zustimmt, entscheidet der Geschäftsführer Personal und Soziales gemeinsam mit dem Leiter des Lenkungskreises und der Führungskraft der nächsthöheren Hierarchieebene über das weitere Vorgehen. Die Rechte des Betriebsrats im Bezug auf daraus resultierende personelle Einzelmaßnahmen bleiben davon unberührt. (HBS-Datenbank-Nr: 010301/190)

8.4 Wirksamkeitskontrolle

Das Integrationsteam trifft die Entscheidungen über allgemeine oder individuelle Maßnahmen des betrieblichen Eingliederungsmanagements. Es steuert die internen und externen Prozesse und ist verantwortlich für die Durchführung der Maßnahmen einschließlich Qualitätssicherung bis hin zur Nachsorge. (HBS-Datenbank-Nr: 010301/252)

8.5 Qualifizierung

Vorgesetzte und die Beteiligten des Betrieblichen Eingliederungsmanagements müssen für den Umgang mit den Mitarbeitern, die längere Zeit erkrankt waren, sensibilisiert werden. Weiter werden neueste Kenntnisse über gesundheitsförderliche Arbeitsbedingungen und das Gesundheits- und Eingliederungsmanagement vermittelt. Dazu bietet die Universität bzw. [...] Fortbildungsmaßnahmen im Rahmen der Personalentwicklung an. (HBS-Datenbank-Nr: 010301/242)

8.6 Ausstattung mit Zeit und Geld

Die Finanzierung der Maßnahmen wird über Eigen- und Fremdmittel sichergestellt. Diese Mittel werden über eine eigene Kostenstelle „Betriebliches Eingliederungsmanagement" ausgewiesen.

Eigenmittel werden in der Höhe von 20.000 €/Jahr zur Verfügung gestellt und können nicht in das Folgejahr überragen werden. Bis zu einem Betrag von 2000 € kann das Integrationsteam eigenständig verfügen. Darüber hinausgehende Beträge erfordern ein gesondertes Antragsverfahren und die Genehmigung durch den Vorstand. (HBS-Datenbank-Nr: 010301/212)

9. Allgemeine betriebliche Informationen

9.1 Allgemeine Information, Belegschaftsversammlung

Die Belegschaft wird durch die Geschäftsführung darüber informiert, dass ein betriebliches Eingliederungsmanagement eingeführt wurde, welche Ziele hiermit verfolgt werden, wer der zuständige Ansprechpartner im Unternehmen ist und wie die Verfahrensordnung ausgestattet ist. (HBS-Datenbank-Nr: 010301/258)

9.2 Information über BV/DV

Diese Dienstvereinbarung wird allen Beschäftigten ausgehändigt und im Intranet veröffentlicht. (HBS-Datenbank-Nr: 010301/195)

9.3 Bericht des Integrationsteams

Das Integrationsteam erstellt jährlich einen Bericht über seine Arbeit. Die Bekanntgabe dieses Berichts erfolgt durch Aushang und auf elektronischem Wege. (HBS-Datenbank-Nr: 010301/195)

9.4 Schriftliche Information mit Einladung zum Gespräch

Das BEM-Integrationsteam übersendet den Mitarbeiter/innen, deren krankheitsbedingte Fehlzeiten sich im Verlauf der zurückliegenden zwölf Monate auf wenigstens sechs Wochen beliefen, das Merkblatt „Erstinformation Betriebliches Eingliederungsmanagement" (…), welches den ausdrücklichen Hinweis auf die Möglichkeit einer persönlichen Beratung mit den Mitgliedern oder einem einzelnen Mitglied des Integrationsteams beinhaltet. (HBS-Datenbank-Nr: 010301/226)

9.5 Kontaktaufnahme (schriftlich, mündlich)

Im Zuge der ersten Kontaktaufnahme (schriftlich) wird die betroffene Person über die Zielsetzungen sowie über die dazu erforderliche Datenerhebung und den weiteren möglichen Verlauf des Verfahrens aufgeklärt. (HBS-Datenbank-Nr: 010301/212)

9.6 Unverbindliches Erstgespräch

Erstes Informationsgespräch

In dem ersten Informationsgespräch wird der/die Arbeitnehmer/-in durch seinen/ihren persönlichen Ansprechpartner im BEM-Team und ggf. ergänzend durch den/die BEM-Koordinator/in über das BEM, die damit verbundenen Ziele und die verschiedenen Möglichkeiten des weiteren Vorgehens informiert. In diesem Gespräch wird der/die Arbeitnehmer/-in aufgeklärt und informiert

- über die Daten, die der Ansprechpartner erhalten hat;
- über die verschiedenen Schritte des BEM und darüber, dass jeder Schritt nur mit seiner ausdrücklichen Zustimmung erfolgt;
- über die Art der voraussichtlich im jeweiligen Schritt zu besprechenden Daten und welchen Akteuren sie zugänglich gemacht werden;
- darüber, in welchem Umfang die Beteiligung des BEM-Teams in den jeweiligen Stufen des BEM seiner Zustimmung unterliegt;
- darüber, welche Ärzte des/der Arbeitnehmers/-in evtl. in das Verfahren eingebunden werden sollen;
- darüber, dass es dem/der Arbeitnehmer/-in zusteht, zunächst ein Arztgespräch zu führen und seine/ihre Zustimmung zum BEM vom Ergebnis dieses Arztgespräches abhängig zu machen;
- über das weitere Vorgehen, wenn er/sie kein BEM wünscht, insbesondere darüber, dass keine unmittelbaren arbeitsrechtlichen Konsequenzen drohen;
- über die Möglichkeit und mögliche Nachteile einer Schweigepflichtentbindung behandelnder Ärzte sowie die Grenzen einer solchen Schweigepflichtentbindung. (HBS-Datenbank-Nr: 060700/138)

9.7 Umfang, Form, Zeitpunkt, Ort der Informationsangebote festlegen

Der Personalservice informiert den Mitarbeiter mittels eines Formbriefes über die Möglichkeiten des Eingliederungsmanagements und erfragt seine Zustimmung. (HBS-Datenbank-Nr: 010301/214)

10. Verfahren bis zur BEM-Entscheidung

10.1 Verfahrensabläufe allgemein

Im Rahmen dieser schriftlichen Kontaktaufnahme werden sie gebeten, per Formblatt mitzuteilen, ob sie das Angebot des Betrieblichen Eingliederungsmanagements annehmen und ein Erstgespräch mit dem BEM-Ansprechpartner führen möchten. Stimmen Mitarbeiter/innen einem Erstkontakt zu, werden die Betroffenen zunächst von diesem ausführlich über das BEM informiert. Im Anschluss daran besteht die Möglichkeit, mit dem BEM-Ansprechpartner arbeitsplatzbedingte (oder sonstige) Ursachen der Arbeitsunfähigkeit zu besprechen und erste Lösungsansätze zu überlegen. Am Ende des Erstgespräches entscheidet der/die betroffene Mitarbeiter/in, ob und in welcher Form das BEM weitergeführt werden soll. (HBS-Datenbank-Nr: 010301/227)

10.2 BEM-Einleitung: Zweifel prüfen

Wenn aus Gründen der Pietät ein BEM zum vorgesehenen Zeitpunkt unangemessen ist, erfolgt die Durchführung des BEM zu einem späteren Zeitpunkt. (HBS-Datenbank-Nr: 010301/216)

10.3 Verfahren bei Ablehnung

Lehnt die/der Betroffene eine Teilnahme am betrieblichen Eingliederungsmanagement ab, so wird sie/er für die Dauer eines Jahres nicht wieder angeschrieben. Erfolgt während der Frist keine Rückmeldung, wird dies als Ablehnung gewertet. Die Zustimmungs- oder die Ablehnungserklärung wird zur Personalakte genommen. Auf Wunsch der/des Betroffenen kann eine Angabe von Gründen erfolgen. Auf dem Vordruck für die Zustimmungserklärung wird das Beendigungsdatum ohne weitere Erläuterung eingetragen. (HBS-Datenbank-Nr: 010301/213)

11. Fallbearbeitung

11.1 Situationsanalyse, Fallbesprechung

Die Parteien der Dienstvereinbarung sind sich darüber einig, dass das betriebliche Eingliederungsmanagement in ein Gesamtkonzept zum betrieblichen Arbeits- und Gesundheitsschutz einzubinden ist. Eine geeignete Maßnahme ist die Ermittlung, Beurteilung und Dokumentation der für die Beschäftigten mit ihrer Arbeit verbundenen Gefährdungen (§ 5 Arbeitsschutzgesetz). Hierzu wird für jeden Beschäftigten eine Arbeitsplatzanalyse, ggf. in Verbindung mit einer Arbeitsplatzbegehung, durchgeführt. (HBS-Datenbank-Nr: 010301/245)

11.2 Maßnahmen ermitteln, festlegen

Es geht insbesondere darum, gemeinsam mit der Beschäftigten, der Personalvertretung und ggf. der Schwerbehindertenvertretung eine Rehabilitations- und/oder Präventionsplanung vorzunehmen und einen Hilfeplan für die individuelle Maßnahmengestaltung zu erstellen. Die Maßnahmen werden gemeinsam erarbeitet und orientieren sich an der vorliegenden Aufstellung (Anlage 2). Sie müssen realistisch und im vereinbarten Rahmen tatsächlich zu erreichen sein. Es wird konkret vereinbart, wer was bis wann beizutragen hat. Die Maßnahmen sind klar und verständlich zu formulieren. Ein Termin für das Anschlussgespräch ist ggf. festzulegen. (HBS-Datenbank-Nr: 010301/199)

Als Maßnahmen kommen insbesondere in Betracht:

- Arbeitsplatz- und Arbeitsablaufanalysen,
- Ärztliche Untersuchungen des Betroffenen,
- Prüfung alternativer Einsatzmöglichkeiten,
- Maßnahmen der Gesundheitsförderung,
- Maßnahmen der beruflichen Qualifizierung sowie
- Maßnahmen der betriebsnahen Rehabilitation einschließlich Maßnahmen der stufenweisen Wiedereingliederung während bestehender Arbeitsunfähigkeit. (HBS-Datenbank-Nr: 010301/258)

11.3 Umsetzung der Maßnahmen

Spätestens wenn feststeht, welche Maßnahme in Betracht kommt, sind Betriebsrat und Arbeitgeber sowie im Falle schwerbehinderter Arbeitnehmer mit deren Einwilligung die Schwerbehindertenvertretung und wenn erforderlich der unmittelbare Vorgesetzte des betroffenen Arbeitnehmers zu beteiligen. Es ist dann auf eine gemeinsame Vereinbarung aller (Arbeitgeber, Schwerbehindertenvertretung, Betriebsrat, Arbeitnehmer) bezüglich der Umsetzung der Maßnahme hinzuwirken. Ziel ist eine Eingliederungsvereinbarung zwischen allen Beteiligten. (HBS-Datenbank-Nr: 010301/271)

11.4 Kooperation mit Experten

Spielen die Arbeitsbedingungen (z. B. die Ausstattung des Arbeitsplatzes, die Arbeitsumgebung, die Einhaltung der Arbeitsschutzvorschriften, ergonomische Verhältnisse) bzw. arbeitsmedizinische Gesichtspunkte eine Rolle, empfiehlt es sich, im Einvernehmen mit der Beschäftigten zur Klärung die Fachkraft für Arbeitssicherheit bzw. den arbeitsmedizinischen Dienst über die Fachgruppe Personaldienste einzuschalten. (HBS-Datenbank-Nr: 010301/199)

11.5 Ablauf allgemein

Ein oder mehrere Mitglieder des Integrationsteams oder eine vom Integrationsteam beauftragte Person koordiniert und steuert die einzelfallbezogenen Maßnahmen und dokumentiert den Prozessverlauf. Nach folgendem Verfahren ist vorzugehen:

Schritt 1: Prüfen, ob die/der Beschäftigte seine arbeitsvertraglichen Verpflichtungen weiter im bisherigen Arbeitsbereich erfüllen kann, ggf. sind notwendige Veränderungen zu prüfen.

Schritt 2: Prüfen, ob die/der Beschäftigte mit einer modifizierten Tätigkeit in ihrem/seinem bisherigen Arbeitsbereich eingesetzt werden kann, dies in enger Zusammenarbeit mit der oder dem jeweiligen Vorgesetzten des derzeitigen Arbeitsbereiches.

Schritt 3: Prüfen, ob die/der Beschäftigte in einem anderen Arbeitsbereich innerhalb der Dienststelle oder auch in anderen Teilen der Landesverwaltung eingesetzt werden kann.

Schritt 4: Prüfen weiterer Maßnahmen (Renteneintritt, Rehamaßnahme etc.).

Abschließend ist durch das Integrationsteam die gesamte Maßnahme zu dokumentieren und zu evaluieren mit dem Ziel der Ergebnissicherung, Erfolgskontrolle und eventueller Verbesserungsvorschläge. (HBS-Datenbank-Nr: 010301/245)

12. Beendigung des BEM

12.1 Kriterien für erfolgreiches, nicht erfolgreiches BEM aufstellen

Beendigung des Verfahrens zum Betrieblichen Eingliederungsmanagement

Das Betriebliche Eingliederungsmanagement gilt als abgeschlossen,

- wenn die krankheitsbedingten Fehlzeiten innerhalb von 12 Monaten nach Umsetzung der von den Hilfe leistenden Stellen vorgesehenen Maßnahmen unter die 6-Wochen-Grenze gesunken sind,
- alle angebotenen Maßnahmen zur Beseitigung der Gründe für die Arbeitsunfähigkeit erfolglos geblieben sind oder
- bei Beendigung des aktiven Beschäftigungsverhältnisses. (HBS-Datenbank-Nr: 010301/282)

12.2 Bewertung mit Beschäftigten durchführen

Nach Beendigung der Versuchsphase wird in einem Reflexionsgespräch geklärt, ob das Verfahren gelungen ist und ggf. beendet werden kann oder nachgebessert werden muss. (HBS-Datenbank-Nr: 010301/249)

12.3 Beendigung des BEM feststellen

Sind Maßnahmen zur Eingliederung nicht möglich, ist das Betriebliche Eingliederungsmanagement hiermit abgeschlossen. (HBS-Datenbank-Nr: 010301/211)

13. Konsequenzen von BEM-Verfahren

13.1 Missbrauchs- und Nachteilsverbote festschreiben

Da es sich um ein ergebnisoffenes Verfahren handelt, gibt es keine Konsequenzen oder Sanktionen bei Nichterreichung der genannten Ziele. (HBS-Datenbank-Nr: 010301/244)

13.2 Erkenntnisse, Erfahrungen systematisch für Prävention und Gesundheitsförderung nutzen

Aufgabe des Integrationsteams ist es auch, aus den beim BEM gewonnenen Erkenntnissen allgemeine Maßnahmen zur Vorbeugung von erneuter Arbeitsunfähigkeit zu entwickeln und dem Arbeitgeber vorzuschlagen. Das Präventionsverfahren und die Ergebnisse sind daher im Integrationsteam zu evaluieren. Die Ergebnisse der Evaluation sollen in das gesamte Qualitäts- und Personalmanagement einfließen. (HBS-Datenbank-Nr: 010301/210)

14. Wirksamkeitskontrolle

14.1 Verfahren für Bewertung des Einzelfalls festlegen

Wenn die geplanten Maßnahmen umgesetzt sind, wird ein Termin vom Integrationsteam mit der/dem Betroffenen vereinbart, an dem ein Reflexionsgespräch stattfinden soll. Dort wird geklärt, ob das Verfahren erfolgreich war oder ob etwas verbessert werden muss. Wenn weitere Veränderungen notwendig sind, wird ein neuer Termin für ein weiteres Reflexionsgespräch vereinbart (spätestens nach 6 Monaten). (HBS-Datenbank-Nr: 010301/244)

14.2 Kriterien für Erfolg/Misserfolg festlegen

Das Integrationsteam beurteilt den Erfolg der eingeleiteten Maßnahmen. Es legt dafür am Einzelfall orientierte Kriterien und einen Zeitraum fest. Unabhängig von den Einzelfallberatungen trifft sich das Integrationsteam mindestens halbjährlich zur Erörterung und Überprüfung der in dieser Vereinbarung genannten Ziele und Aufgaben. (HBS-Datenbank-Nr: 010301/260)

14.3 Wirksamkeit BV/DV prüfen

Nach Inkrafttreten werden die Ziele und Regelungen dieser Dienstvereinbarung jährlich hinsichtlich ihrer Wirkung in der Praxis überprüft und den Unterzeichnenden Bericht erstattet. Über den Inhalt des Berichts und evtl. Handlungsnotwendigkeiten wird einmal jährlich zwischen den Parteien der Dienstvereinbarung beraten. (HBS-Datenbank-Nr: 010301/236)

15. Mitbestimmung der Interessenvertretung

15.1 Informationen über Personenkreis/Frühwarnsystem

Durch den Arbeitgeber/Dienstherrn wird überwacht, wenn bei Beschäftigten Zeiten der Arbeitsunfähigkeit dazu führen, dass die Grenze des § 1 Abs. 1 überschritten wird. Im Falle des Überschreitens der Grenze des § 1 Abs. 1 erhalten Personalrat und Gleichstellungsbeauftragte eine aktuelle Liste der Betroffenen. Sind schwerbehinderte und gleichgestellte Beschäftige betroffen, wird die Schwerbehindertenvertretung hierüber informiert. Sie werden unverzüglich über Zustimmung oder Ablehnung informiert und in Kenntnis gesetzt, wenn die Kontaktaufnahme mit dem/der betroffenen Beschäftigten nicht gelingt. (HBS-Datenbank-Nr: 010301/211)

15.2 Mitwirkung am BEM-Verfahren, soweit Beschäftigte zustimmen

Wenn der Arbeitnehmer mit weiteren Schritten einverstanden ist, hat die Ansprechperson den Arbeitnehmer zu befragen, ob er mit der vom Gesetz vorgesehenen Hinzuziehung von Schwerbehindertenvertretungen und Betriebsrat zur Besprechung des weiteren Vorgehens einverstanden ist. Falls der Arbeitnehmer sich damit einverstanden erklärt, werden die genannten Vertretungen zu einem gemeinsamen Gespräch eingeladen. Falls sich der Arbeitnehmer nicht damit einverstanden erklärt, kann die Analysephase des BEM (Klärung, welche Maßnahme(n) erforderlich ist/sind) ohne die entsprechenden Vertretungen erfolgen. (HBS-Datenbank-Nr: 010301/271)

15.3 Mitwirkung am BEM-Einzelfall

Mitarbeitervertretung und ggf. Schwerbehindertenvertretung sind von Anfang an mit einzubeziehen. (HBS-Datenbank-Nr: 010301/249)

15.4 Mitgestaltung/Mitbestimmung bei der Managementgestaltung

Arbeitgeber und Betriebsrat einigen sich über die Besetzung der Ansprechperson des Arbeitgebers, der im Auftrag des Arbeitgebers für die Einleitung des BEM gemäß dieser Vereinbarung sorgt. Die Ansprechperson und deren Aufgaben werden den Arbeitnehmern bekannt gemacht. (HBS-Datenbank-Nr: 010301/271)

15.5 Mitgestaltung bei Abläufen, Arbeitsschritten, die in der Einzelfallbearbeitung vorgegeben werden

Wenn Ärzte angehört und eventuelle gesundheitliche Informationen erörtert werden sollen, dürfen die Ärzte ihnen bekannt gewordene gesundheitliche Informationen erst weitergeben, wenn die Betroffenen sie schriftlich von der Schweigepflicht entbunden haben. Bevor eine Unterschrift geleistet wird, sind der Personalrat einzuschalten sowie die Schwerbehindertenvertretung bei Bedarf. Die erhobenen Daten dürfen ausschließlich für die in der Vereinbarung benannten Ziele des BEM verwandt werden. Zu anderen Zwecken ist ihre Verwendung untersagt. (HBS-Datenbank-Nr: 060700/117)

16. Unterrichtung und Beteiligung der Beschäftigten

16.1 Umfassender Informationsanspruch

Die Belegschaft wird durch die Geschäftsführung darüber informiert, dass ein betriebliches Eingliederungsmanagement eingeführt wurde, welche Ziele hiermit verfolgt werden, wer der zuständige Ansprechpartner im Unternehmen ist und wie die Verfahrensordnung ausgestattet ist. (HBS-Datenbank-Nr: 010301/258)

Die Betroffenen sind von Anfang an in die Maßnahmenentwicklung einzubeziehen. Sie werden schriftlich über die Ziele des Eingliederungsmanagements sowie über Art und Umfang der hierfür erhobenen Daten informiert. (HBS-Datenbank-Nr: 010301/249)

16.2 Umfassende Selbstbestimmungsrechte und –verfahren

Das Integrationsteam erarbeitet nun mit der/dem Betroffenen zusammen die erforderlichen Maßnahmen zur Integration und sorgt für die Durchführung. Die/der Betroffene kann zu jeder Zeit das Verfahren stoppen. (HBS-Datenbank-Nr: 010301/244)

17. Konfliktregelung

17.1 Betriebliche Regelungen

Erreichen die Beteiligten bzgl. der Auslegung und Anwendung dieser Vereinbarung oder auch einzelner Bestimmungen dieser Vereinbarung keine Einigung, entscheidet eine Einigungsstelle. Sie besteht aus einer gleichen Zahl von Beisitzerinnen der Theaterleitung, der Personalvertretung und einer/einem unparteiischen Vorsitzenden, auf die/den sich beide Seiten einigen. (HBS-Datenbank-Nr: 010301/295)

17.2 Außerbetriebliche Konfliktregelung

Kann ein Einvernehmen auch auf diese Weise nicht hergestellt werden, entscheidet die Einigungsstelle nach § 76 Abs. 5 BetrVG. Bis zu einer Entscheidung darf eine strittige Maßnahme nicht durchgeführt werden. (HBS-Datenbank-Nr: 010301/225)

(Hans Böckler Stiftung, 2011)

6.7 Checkliste zum Betrieblichen Eingliederungsmanagement (BEM)

Checkliste BEM

Arbeitsunfähigkeit feststellen	Regelmäßig Krankenstände auswerten Betroffene Mitarbeiter ermitteln (mind. 6 Wochen arbeitsunfähig) Feststellen, ob Schwerbehinderung vorliegt Feststellen, ob betriebsärztliche Stellungnahme vorliegt Prüfen, welche Schritte des BEM nötig sind
Kontakt aufnehmen	Mit Mitarbeiter Kontakt aufnehmen (schriftlich, telefonisch oder persönlich) Den Mitarbeiter über Ablauf des BEM informieren Auf Bedeutung ihrer oder seiner Mitwirkung hinweisen Zustimmung des Mitarbeiters zum BEM einholen

Erstes Gespräch führen	Über den Zweck des Gesprächs informieren Möglichkeiten und Grenzen des BEM aufzeigen Betriebliche Ursachen für Arbeitsunfähigkeit abklären Wünsche und Befürchtungen des Mitarbeiters besprechen Nächste Schritte vereinbaren
Fall besprechen	Qualifikationen, Stärken und krankheitsbedingte Einschränkungen des Mitarbeiters ermitteln Ziele und Vorstellungen des Mitarbeiters klären Mögliche Maßnahmen zur Eingliederung besprechen und auswählen Gemeinsam das weitere Vorgehen planen
Maßnahmen durchführen	Maßnahmen organisieren Ggf. Förderung beim zuständigen Leistungsträger beantragen Maßnahmen umsetzen Mitarbeiter während der Maßnahmen begleiten Rechtzeitig Schwierigkeiten erkennen und beseitigen
Eingliederung bewerten	Die Einzelfallarbeit bewerten (Achtung: Voraussetzung Dokumentation!) Regelmäßig mit den Beteiligten Erfahrungen austauschen Mitarbeiter und Vorgesetzte zum BEM befragen Krankheitszeiten des Mitarbeiters nach Abschluss des BEM erfassen

Tab. 6.5: Vorgehen beim BEM

(nach: Bundesarbeitsgemeinschaft der Integrationsämter und Hauptfürsorgestellen; Bundesagentur für Arbeit, 2008)

6.8 Adressen für betroffene Mitarbeiter

Kassenärztliche Vereinigungen

„Die Kassenärztliche Bundesvereinigung (KBV) ist die politische Interessenvertretung der Vertragsärzte und Vertragspsychotherapeuten auf Bundesebene.“ Kassenärztliche Vereinigungen gibt es auch in jedem Bundesland. Die Adressen finden Sie hier:
http://www.kbv.de/wir_ueber_uns/4130.html
Die kassenärztlichen Vereinigungen können bei der Vermittlung eines ambulanten Psychotherapieplatzes helfen.
www.kbv.de

NAKOS – Nationale Kontakt- und Informationsstelle zur Anregung und Unterstützung von Selbsthilfegruppen
Wilmersdorfer Str. 39, 10627 Berlin
Tel.: 030/31 01 89 60
E-Mail: selbsthilfe@nakos.de
www.nakos.de
„Die NAKOS ist die bundesweite Aufklärungs-, Service- und Netzwerkeinrichtung im Feld der Selbsthilfe. Die NAKOS leistet generelle Aufklärungsarbeit über Möglichkeiten der Selbsthilfe für Betroffene und Angehörige. Dafür werden themenübergreifend Informationen über Möglichkeiten und Nutzen von Selbsthilfegruppen (Aufklärungsbroschüren, Informationsblätter, Arbeitshilfen, Plakate) entwickelt und publiziert." Auf der Website der NAKOS finden sich auch Datenbanken, mit denen sich Selbsthilfegruppen sowohl nach Thema als auch nach Region suchen lassen.

Psychenet – Hamburger Netz psychische Gesundheit
Adolphsplatz 1, 20457 Hamburg
Tel: 040/36 138 – 94 00
E-Mail: info@psychenet.de
www.psychenet.de
„Für Betroffene mit psychischen Belastungen und Erkrankungen, ihre Angehörigen und Interessierte haben wir im Bereich Psychische Gesundheit Informationen zu häufigen psychischen Erkrankungen und weiteren Themen rund um psychische Gesundheit zusammengestellt und bieten erste Anlaufstellen, um Hilfe zu finden."

Psychotherapie-Informationsdienst
Am Köllnischen Park 2, 10179 Berlin

Tel.: 030/209 16 – 63 30
E-Mail: pid@dpa-bdp.de
www.psychotherapiesuche.de
Der Berufsverband der Deutschen Psychologinnen und Psychologen hat einen Informationsdienst zur Suche von Psychotherapeuten eingerichtet.

„Sie benötigen kompetente Beratung zur Wahl der geeigneten Therapeutin oder des geeigneten Therapeuten? Dann können Sie entweder über Therapeutensuche in unserer Online-Datenbank selbst suchen oder Sie nehmen unsere Telefonberatung in Anspruch."

Stiftung Deutsche Depressionshilfe
Semmelweisstr. 10, 04103 Leipzig
Tel: 03 41/97 — 244 93
E-Mail: info@deutsche-depressionshilfe.de
www.deutsche-depressionshilfe.de
„Ziel ist es, Forschung anzustoßen und den Betroffenen schnell und kompetent zu einer optimalen Behandlung sowie mehr Akzeptanz in der Gesellschaft zu verhelfen."

6.9 Adressen für Profis (Personalabteilung, Unternehmensleitung, Führungskräfte, Betriebs- und Personalräte)

Aktionsnetz Depression am Arbeitsplatz
Semmelweisstr. 10, 04103 Leipzig
Tel: 03 41/97 — 244 93
E-Mail: info@deutsche-depressionshilfe.de
www.deutsche-depressionshilfe.de
„Die Stiftung Deutsche Depressionshilfe hat das Aktionsnetz ins Leben gerufen, mit dem Ziel, Wissen über die Erkrankung Depression in die betriebliche Praxis zu tragen, um depressiv erkrankten Arbeitnehmern früh eine konsequente Behandlung zu ermöglichen und um Missverständnisse über die Krankheit Depression und das damit verbundene Stigma zu vermeiden. … Innerhalb des Aktionsnetzes begleitet die Stiftung Unternehmen bei der Ein- und Durchführung von Maßnahmen zum Umgang mit Depression am Arbeitsplatz und stellt hierfür verschiedene Interventionsbausteine zur Verfügung."

Bundesanstalt für Arbeitsschutz und Arbeitsmedizin (BAuA)
Friedrich-Henkel-Weg 1 — 25, 27568 Dortmund
Tel.: 02 31 — 90 710
www.baua.de

Deutsches Netzwerk für betriebliche Gesundheitsförderung (DNBGF)
c/o Bundesverband der Betriebskrankenkassen
Kronprinzenstr. 6, 45128 Essen
www.dnbgf@bkk-bv.de

Familien-Selbsthilfe Psychiatrie (BApK e. V.)
Am Michaelshof 4 b, 53177 Bonn
Tel.: 02 28 — 632 646
www.bapk.de
Beratungshotline zu psychischen Erkrankungen im Arbeitsleben: 018 05 — 950 951 (12 ct/Min.); Mail: beratung.bapk@psychiatrie.de
Kontaktadresse für Informationsveranstaltungen: Tel.: 02 28 — 96 59 757;
Mail: hommelsen.bapk@psychiatrie.de

Integrationsfachdienste: Eine Suche nach Bundesländern finden Sie im Internet unter http://integrationsaemter.de/Integrationsfachdienste/88c51/index.html

psyGA-transfer — Infoportal „Psychische Gesundheit in der Arbeitswelt"
c/o Bundesverband der Betriebskrankenkassen
Kronprinzenstr. 6, 45128 Essen
psyga@bkk-bv.de

6.10 Literaturempfehlungen

Badura, B. (2010). *Fehlzeiten-Report 2009 Arbeit und Psyche: Belastungen reduzieren – Wohlbefinden fördern.* Heidelberg: Springer Medizin Verlag.

Badura, B., Ducki, A., Schröder, H., Klose, J., & Macco, K. (2011). *Fehlzeiten-Report 2011 – Führung und Gesundheit.* Berlin, Heidelberg: Springer Verlag.

Benien, K. (2010). *Schwierige Gespräche führen.* Reinbek: Rowohlt Taschenbuch Verlag.

Berndt, F. (2009). *30 Minuten gegen Burn-out.* Offenbach: GABAL Verlag.

Bundesanstalt für Arbeitsschutz und Arbeitsmedizin. (2006). *Qualität der Arbeit verbessern – Psychische Fehlbelastungen im Betrieb vermeiden.* Dortmund: Wirtschaftsverlag NW.

Bundesarbeitsgemeinschaft der Integrationsämter und Hauptfürsorgestellen; Bundesagentur für Arbeit. (2008). *Betriebliches Eingliederungsmanagement.* Wiesbaden: Universum Verlag.

Bundespsychotherapeutenkammer. (2012). BPtk-Studie zur Arbeitsunfähigkeit — Psychische Erkrankungen und Burnout. Berlin.

Burisch, M. (2010). *Das Burnout-Syndrom*. Berlin, Heidelberg: Springer Verlag.

Deutsche Gesellschaft für Personalführung. (2004). *Unternehmenserfolg durch Gesundheitsmanagement*. Bielefeld: W. Bertelsmann Verlag.

Giesert, M., & Wendt-Danigel, C. (2011). *Handlungsleitfaden für ein Betriebliches Eingliederungsmanagement*. Düsseldorf: Hans-Böckler-Stiftung.

Hommelsen, M. (2006). *Psychisch krank im Job. Was tun?* Essen, Bonn: BKK Bundesverband, Familien-Selbsthilfe Psychitatrie.

Kaluza, G. (2005). *Stressbewältilgung*. Heidelberg: Springer Medizin Verlag.

Matyssek, A. K. (2003). *Gesundes Team – gesunde Bilanz*. Wiesbaden: Universum Verlagsanstalt.

Matyssek, A. K. (2007). *Führungsfaktor Gesundheit*. Offenbach: GABAL Verlag.

Rischar, K. (2011). *Schwierige Mitarbeitergespräche*. Hamburg: Windmühle Verlag.

Rothlin, P., & Werder, P. (2007). *Diagnose Boreout*. Heidelberg: Redline Wirtschaft.

Scharnhorst, J. (2010). Individuelle Widerstandskraft — eine notwendige Kernkompetenz? *Personalführung*, S. 34 — 41.

Schulz von Thun, F., Ruppel, J., & Roswitha, S. (2011). *Miteinander reden: Kommunikationspsychologie für Führungskräfte*. Reinbek: Rowohlt Taschenburch Verlag.

Seiwert, L. (2009). Noch mehr Zeit für das Wesentliche — Zeitmanagement neu entdecken. München: Wilhelm Goldmann Verlag.

Siebert, A. (2010). *The Survivor Personality*. New York: Perigee.

Unger, H.-P., & Kleinschmidt, C. (2006). *Bevor der Job krank macht*. München: Kösel-Verlag.

6.11 Literaturverzeichnis

Ahola, K., Honkonen, T., Ismetsä, E., Kalimo, R., Nykyri, E., Koskinen, S., et al. (Januar 2006). Burnout in the general population. Results from the Finnish Health 2000 Study. *Soc Psychiatry Psychiatr Epidemiol.*

Ahola, K., Honkonen, T., Kivimäki, M., Virtanen, M., Isometsä, E., Aromaa, A., et al. (Oktober 2006). Contribution of burnout to the association between job strain and depression: the health 2000 study. *JOccup Environ Med*, S. 1023-1030.

Ahola, K., Honkonen, T., Virtanen, M., Koskinen, S., Vahtera, J., & Lönnqvist, J. (2 2008). Occupational burnout and medically certified sickness absence: a population-based study of Finnish employees. *JPsychosom Res.*, S. 185-193.

Badura, B. (2010). *Fehlzeiten-Report 2009 Arbeit und Psyche: Belastungen reduzieren – Wohlbefinden fördern.* Heidelberg: Springer Medizin Verlag.

Badura, B., Ducki, A., Schröder, H., Klose, J., & Macco, K. (2011). *Fehlzeiten-Report 2011 – Führung und Gesundheit.* Berlin, Heidelberg: Springer Verlag.

Badura, B., Ritter, W., & Scherf, M. (1999). *Betriebliches Gesundheitsmanagement – ein Leitfaden für die Praxis.* Berlin: Edition Sigma.

Bamberg, E., Ducki, A., & Metz, A.-M. (1998). *Handbuch Betriebliche Gesundheitsförderung.* Göttingen: Verlag für Angewandte Psychologie.

Benien, K. (2010). *Schwierige Gespräche führen.* Reinbek: Rowohlt Taschenbuch Verlag.

Bergner, T. (2009). *Burnout-Prävention.* Stuttgart: Schattauer Verlag.

Berndt, F. (2009). *30 Minuten gegen Burn-out.* Offenbach: GABAL Verlag.

Bertelsmann Stiftung. (2004). *Zukunftsfähige betriebliche Gesundheitspolitik.* Gütersloh: Verlag Bertelsmann Stiftung.

Bertelsmann Stiftung, BKK-Bundesverband. (2006). *Unternehmenskultur und betriebliche Gesundheitspolitik: Erfolgsfaktoren für Business Excellence.* Bielefeld.

Bödecker, W., & Hüsing, T. (2007). *IGA-Barometer 2. Welle.* Essen: BKK Bundesverband; DGUV; AOK-Bundesverband; Arbeiter-Ersatzkassen-Verband.

Bundesanstalt für Arbeitsschutz und Arbeitsmedizin. (2006). *Qualität der Arbeit verbessern – Psychische Fehlbelastungen im Betrieb vermeiden*. Dortmund: Wirtschaftsverlag NW.

Bundesarbeitsgemeinschaft der Integrationsämter und Hauptfürsorgestellen; Bundesagentur für Arbeit. (2008). *Betriebliches Eingliederungsmanagement*. Wiesbaden: Universum Verlag.

Bundespsychotherapeutenkammer. (2012). *BPtk-Studie zur Arbeitsunfähigkeit – Psychische Erkrankungen und Burnout*. Berlin.

Bundesverband der Betriebskrankenkassen. (2010). *BKK Gesundheitsreport 2010*. Essen.

Bundeszentrale für gesundheitliche Aufklärung. (1996). *Leitbegriffe der Gesundheitsförderung*. Schwabenheim: Verlag Peter Sabo.

Burisch, M. (2010). *Das Burnout-Syndrom*. Berlin, Heidelberg: Springer Verlag.

Demmer, H. (1992). *Wirksamkeit und Nutzen betrieblicher Gesundheitsförderung*. Essen: Bundesverband der Betriebskrankenkassen.

Demmer, H. (1995). *Betriebliche Gesundheitsförderung – von der Idee zur Tat*. Kopenhagen/Essen: Bundesverband der Betriebskrankenkassen.

Deutsche Gesellschaft für Personalführung. (2004). *Unternehmenserfolg durch Gesundheitsmanagement*. Bielefeld: W. Bertelsmann Verlag.

Deutsche Gesellschaft für Psychiatrie, Psychotherapie und Nervenheilkunde. (3. März 2012). *Positionspapier der DGPPN zum Thema Burnout*. Berlin.

Dilling, H., Mombour, W., & Schmidt, M. (2011). *Inernationale Klassifikation psychischer Störungen: ICD-10 Kapitel V (F)*. Bern: Huber Verlag.

Dunckel, H. (1999). *Handbuch psychologischer Arbeitsanalyseverfahren*. Zürich: vdf Hochschulverlag.

Faller, G. (2010). *Lehrbuch Betriebliche Gesundheitsförderung*. Bern: Verlag Hans Huber.

Fuchs, T. (2006). *Was ist gute Arbeit? – Anforderungen aus der Sicht von Erwerbstätigen*. Bremerhaven: Wirtschaftsverlag NW.

Giesert, M., & Wendt-Danigel, C. (2011). *Handlungsleitfaden für ein Betriebliches Eingliederungsmanagement.* Düsseldorf: Hans-Böckler-Stiftung.

Hans Böckler Stiftung. (2011). *Datenbank Betriebsvereinbarungen.* Abgerufen am 24. Juni 2012 von Thema: Psychische Fehlbelastungen und Fehlbeanspruchungen: http://www.boeckler.de/cps/rde/xchg/hbs/hs.xsl/4129.htm?bvdoku.theme=64#bvdoku3

Harvard Business Review. (2003). *Building Personal and Organizational Resilience.* Boston.

Heyse, H. (2008). Psychische Gesundheit im Lehrerberuf. *Psychische Gesundheit am Arbeitsplatz in Deutschland,* S. 37 — 44.

Hillert, A. (2010). Burnout — was ist das? Eine kritische Annhäherung an das Phänomen. *Wirtschaftspsychologie aktuell*(2/2010), S. 28 — 32.

Hillert, A. (2012). Wie wird Burn-out behandelt? *Bundesgesundheitsblatt – Gesundheitsforschung – Gesundheitsschutz 2,* S. 190-196.

Hollmann, D., & Hanebuth, D. (2011). Burnout-Prävention bei Managern — Romantik oder Realität in Unternehmen? In B. Badura, A. Ducki, H. Schröder, J. Klose, & K. Macco, *Fehlzeiten-Report 2011 – Führung und Gesundheit* (S. 81-88). Berlin, Heidelberg: Springer Verlag.

Hommelsen, M. (2006). *Psychisch krank im Job. Was tun?* Essen, Bonn: BKK Bundesverband, Familien-Selbsthilfe Psychitatrie.

Hunziger, A., & Grüterich, F. (2003). *Work-Life-Balance von Führungskräften.* Berlin: Kienbaum Management Consultants.

Kaluza, G. (2005). *Stressbewältilgung.* Heidelberg: Springer Medizin Verlag.

Kamp, L., & Pickshaus, K. (2011). *Regelungslücke psychische Belastungen schließen.* Düsseldorf: Hans-Böckler-Stiftung.

Kaschka, W., Korczak, D., & Broich, K. (18.. November 2011). Modediagnose Burnout. *Deutsches Ärzteblatt,* S. 781-787.

Klemens, S., Wieland, R., & Krajewski, J. (2004). *Fähigkeits- und führungsbezogene Risikofaktoren in der IT-Branche.* Dortmund: GfA-Press.

Kurth, B.-M. (2012). Erste Ergebnisse aus der „Studie zur Gesundheit Erwachsener in Deutschland" (DEGS). *Bundesgesundheitsblatt*, S. 1-11.

Malachoswki, D. (11.. Juli 2005). *www.sfgate.com*. Abgerufen am 20. Mai 2012 von http://www.sfgate.com/cgi-bin/article.cgi?f=/g/a/2005/07/11/wastingtime.TMP&ao=all

Malachowski, D., & Simonini, J. (2006). *www.salary.com*. Abgerufen am 20. Mai 2012 von www.salary.com/wasted-time-at-work-still-costing-companies-billions-in-2006/

Matyssek, A. K. (2003). *Gesundes Team – gesunde Bilanz*. Wiesbaden: Universum Verlagsanstalt.

Matyssek, A. K. (2007). *Führungsfaktor Gesundheit*. Offenbach: GABAL Verlag.

Meckel, M. (2010). *Brief an mein Leben*. Reinbek: Rowohlt Taschenbuch Verlag.

Meifert, M., & Kesting, M. (2004). *Gesundheitsmanagement im Unternehmen*. Berlin: Springer-Verlag.

Norlund, S., Reuterwall, C., Höög, J., Lindahl, B., Janlert, U., & Birgander, L. (9. Juni 2010). Burnout, working conditions and gender — results from the northern Sweden MONICA Study. *BMC Public Health*, S. 326.

Rischar, K. (2011). *Schwierige Mitarbeitergespräche*. Hamburg: Windmühle Verlag.

Rothlin, P., & Werder, P. (2007). *Diagnose Boreout*. Heidelberg: Redline Wirtschaft.

Rothlin, P., & Werder, P. (2009). *Die Boreout-Falle*. München: Redline Wirtschaft.

Scharnhorst, J. (2010). Individuelle Widerstandskraft — eine notwendige Kernkompetenz? *Personalführung*, S. 34 — 41.

Schaufeli, W., & Enzmann, D. (1998). *The Burnout Companion to Study & Practice*. London: Taylor & Francis.

Schellenberg, S. (2008). *Instrumente zur Prävention und Reduzierung krankheitsbedingter Fehlzeiten*. Salzwasser Verlag.

Schmidbauer, W. (4 2011). Burnout: Depression der Erfolgreichen? Die merkwürdige Karriere eines Begriffs. *Psychotherapeutenjournal*, S. 354 — 355.

Schulz von Thun, F., Ruppel, J., & Roswitha, S. (2011). *Miteinander reden: Kommunikationspsychologie für Führungskräfte*. Reinbek: Rowohlt Taschenburch Verlag.

Seiwert, L. (2009). *Noch mehr Zeit für das Wesentliche – Zeitmanagement neu entdecken*. München: Wilhelm Goldmann Verlag.

Siebert, A. (2010). *The Survivor Personality*. New York: Perigee.

Simon, D., Heger, G., & Reszies, S. (2011). *Praxishandbuch Betriebliche Gesundheitsförderung*. Stuttgart: Kohlhammer Verlag.

Sockoll, I. (2008). *Psychische Gesundheit im Erwerbsleben*. Essen: BKK Bundesverband.

Spath, D., Braun, M., & Grunewald, P. (2004). *Gesundheits- und leistungsförderliche Gestaltung geistiger Arbeit*. Bielefeld: Erich Schmidt Verlag.

Stadler, P., & Spieß, E. (2003). *Psychosoziale Gefährdung am Arbeitsplatz*. Dortmund: Wirtschaftsverlag NW.

Stock, C. (2011). *Burnout – erkennen und verhindern*. Freiburg: Haufe Lexware Verlag.

Techniker Krankenkasse. (2005). *Gesund bleiben mit Schichtarbeit*. Hamburg.

Theisen, S. (8.. Juni 2009). *www.presseportal.de*. Abgerufen am 20.. Mai 2012 von http://www.presseportal.de/pm/38447/1418843/boreout-statt-burnout-stepstone-umfrage-39-prozent-der-deutschen-manager-fuehlen-sich-unterfordert

Uhle, T., & Treier, M. (2011). *Betriebliches Gesundheitsmanagement*. Berlin: Springer-Verlag.

Ulich, E., & Strohm, O. (1997). *Unternehmen arbeitspsychologisch bewerten*. Zürich: vdf Hochschulverlag.

Ulich, E., & Wülser, M. (2005). *Gesundheitsmanagement in Unternehmen*. Wiesbaden: Gabler Verlag.

Unger, H.-P., & Kleinschmidt, C. (2006). *Bevor der Job krank macht.* München: Kösel-Verlag.

Weber, A., & Hörmann, G. (2008). *Psychosoziale Gesundheit im Beruf.* Stuttgart: Gentner Verlag.

Weinreich, I. (2002). *Gesundheitsmanagement erfolgreich umsetzen.* Neuwied: Hermann Luchterhand Verlag.

Windemuth, D., Jung, D., & Petermann, O. (2010). *Praxishandbuch psychische Belastungen im Beruf.* Wiesbaden: Universum Verlag.

Stichwortverzeichnis